监理工程师实用指南

（第 2 版）

俞宗卫　编著

中国建材工业出版社

图书在版编目（CIP）数据

监理工程师实用指南／俞宗卫编著．—2 版．—北京：中国建材工业出版社，2012.8

ISBN 978-7-5160-0187-5

Ⅰ．监… Ⅱ．①俞… Ⅲ．①建筑工程—施工监理—工程技术人员—指南 Ⅳ．①TU712-62

中国版本图书馆 CIP 数据核字（2012）第 134322 号

内 容 简 介

随着时代的进步和科技的发展，国家对建设工程的监管也有了新的变化，新的标准和规范也在不断地修订出版，对安全的监管力度也在不断强化。基于以上的变化，监理工程师实用指南（第 2 版）在第 1 版的基础上依照最新颁布的标准和规范进行了全面的修订，收录的条目也随着市场热点的变化进行了更新，以便更贴近市场的需求。本书内容包括：建设工程监理基本知识；建设工程监理法规；建设工程监理合同管理；建设工程监理进度控制；建设工程监理投资控制；建设工程监理的主要技术工作；建设工程监理质量控制。

监理工程师实用指南（第 2 版）

俞宗卫 编著

出版发行：中国建材工业出版社

地　　址：北京市西城区车公庄大街 6 号

邮　　编：100044

经　　销：全国各地新华书店

印　　刷：北京雁林吉兆印刷有限公司

开　　本：850mm×1168mm　1/32

印　　张：15.75

字　　数：420 千字

版　　次：2012 年 8 月第 2 版

印　　次：2012 年 8 月第 1 次

定　　价：43.00 元

本社网址：www.jccbs.com.cn　　责任编辑邮箱：jiancai186@sohu.com

本书如出现印装质量问题，由我社发行部负责调换。联系电话：(010) 88386906

前　　言

　　土木工程建设监理已成为我国工程建设领域中的一项重要管理制度。建设工程监理制度的实施，使建设工程项目管理形成发包方、承包方和监理方三位一体的管理模式。我国建设工程项目管理发展很快，近年来国家陆续修订发布了许多新的建设工程项目管理规范、质量管理体系标准、质量验收规范、安全技术规程及安全检查标准，对于 2005 年出版的《监理工程师实用指南》一书使用的技术文件相对滞后。因此，本书的关键内容有必要按新情况和现行的技术文件进行修改，以适应建设工程项目管理新的标准和要求。

　　鉴于建设工程项目管理的问题涉及面广、实践性强、技术要求高、影响因素多，《监理工程师实用指南》（第 2 版）在第 1 版的基础上依照最新颁布的标准和规范进行了全面的修订、更新与增补，采用问答的形式，按类别分类编写，以应用为主，适应建设工程监理行业新的需求，增强监理人员的自身实力，提高监理人员的自身素质。

　　《监理工程师实用指南》（第 2 版）重点帮助监理人员解决在监理实际中主要的技术管理工作、质量控制以及安全控制管理中的实际操作问题，以满足监理人员在建设项目管理应用中的工程实践需要。修订后内容包括：建设工程监理基本知识；建设工程监理法规；建设工程监理合同管理；建设工程监理进度控制；建设工程监理投资控制；建设工程监理的主要技术工作；建设工程监理质量控制。

本书可供从事建设工程项目管理的监理人员和管理人员使用，可作为监理工程师、建造师、质量工程师、投资建设项目管理师、安全工程师、咨询工程师等参考使用。

由于建设工程监理是一项实践性很强的建设工程项目管理，建设工程项目管理理论和实践的发展都很快，由于作者知识和能力都有限，第 2 版的编写可能会有很多问题，甚至有错误之处，恳请广大读者提出宝贵意见和建议或予以批评指正。

编者
2012 年 8 月于西安

目　　录

第一篇　建设工程监理基本知识

第二篇　建设工程监理法规

第三篇　建设工程监理合同管理

第四篇　建设工程监理进度控制

第五篇　建设工程监理投资控制

第七篇　建设工程监理质量控制

11

16

第一篇 建设工程监理基本知识

1. 建设工程监理的基本概念及其要点是什么？

建设工程监理是指具有相应资质的工程监理企业，接受建设单位的委托，承担其项目管理工作，并代表建设单位对承建单位的建设行为进行监督管理的专业化服务活动。

（1）我国的建设工程监理是参照国际惯例并结合我国国情而建立起来的，其监理概念要点如下：

1）建设工程监理行为主体是工程监理企业，这是我国建设工程监理制度的一项重要规定。

2）建设工程监理实施的前提是需要建设单位的委托和授权。工程监理企业应根据委托的监理合同和有关建设工程合同的规定实施监理。

3）建设工程监理是有明确依据的，包括工程建设文件，有关的法律、法规、规章和标准规范，建设工程委托合同和有关的建设工程合同。

4）建设工程监理是有明确的监理范围的，建设工程监理范围可以分为监理的工程范围和监理的建设阶段范围。

①监理的工程范围，在《建筑法》第三十条、《建设工程质量管理条例》第十二条对强制性监理的工程范围作为原则性规定，《建筑工程监理范围和规模标准规定》第三、四、五、六、七条中对实行强制性监理的工程范围作了具体规定。

②监理的建设阶段范围，建设监理可以适用于工程建设投资决策阶段和实施阶段，目前主要是对建设工程施工阶段实施监理。

5）建设工程监理规范第1.0.3条强制监理的内容。

①实施建设工程监理前，监理单位必须与建设单位签订书面建设工程委托监理合同，合同中应包括监理单位对建设工程质量、造价、进度进行全面控制和管理的条款；

②建设单位与承包单位之间与建设工程合同有关的联系活动应当通过监理单位进行。

（2）现阶段建设工程监理的特点：

1）建设工程监理的服务对象有单一性属性，即我国的建设工程监理就是为建设单位服务的项目管理。

2）建设工程监理属于强制推行的制度，即依靠行政手段和法律手段在全国范围推行的。

3）建设工程监理具有监督功能，即对承包单位施工过程和施工工序的监督。检查和验收，并实行旁站监理的规定。

4）建设工程监理实行市场准入的双重控制，即采取企业资质和人员资格的双重控制。

2. 建设工程监理的性质是什么？

建设工程监理是一种特殊的工程建设活动，《建筑法》第三十二条规定："建筑工程监理应当依据法律、规及有关的技术标准、设计文件和建筑工程承包合同，对承包单位在施工质量、建设工期和建设资金使用等方面代表建设单位实施监督"。因此，建设工程监理性质见表1-1。要充分理解我国建设工程监理制度，必须深刻认识建设监理的性质。

表1-1　建设工程监理性质

性质	内　容
服务性	1. 服务对象是建设单位，按照委托监理合同规定的授权范围代表建设单位进行管理，但不能完全取代建设单位的管理活动。 2. 建设工程监理的主要手段是规划、控制、协调；主要任务是控制建设工程的投资、进度和质量；基本目的是协助建设单位在计划的目标内将建设工程建成投入使用。 3. 在工程建设中，监理人员利用自己的知识、技能和经验、信息以及必要的试验、检测手段为建设单位提供管理服务。不直接进行设计、施工，不承包造价，不参与利润分成。

性质	内　容
科学性	1. 监理组织的科学性，要求监理企业应当有足够数量的、丰富管理经验和应变能力的监理工程师；要有一套健全的管理制度，现代化的管理手段和掌握先进的管理理论方法和手段。 2. 监理运作的科学性，要求监理人员积累足够的技术经济资料和数据，有严谨的工作作风和工作态度，按实事求是、创造性的方法和手段开展监理工作。
独立性	1. 工程监理单位应作为一个独立的法人机构，与建设单位和承包单位没有任何隶属关系和其他利益关系。 2. 工程监理单位应严格按照有关法律、法规、规章、工程建设文件、工程建设技术标准，建设工程委托监理合同、有关的建设工程合同等规定实施监理。 3. 在开展监理活动的过程中，应建立自己的组织，按自己的工作计划、程序、流程、方法、手段，根据自己的判断，独立地开展工作。
公正性	1. 工程监理单位和监理工程师应以公正的态度对待委托的建设单位和承包单位，特别是在两方发生利益冲突或矛盾时，能够以事实为依据，以法律和有关合同为准绳，既要维护建设单位的利益，也不能损害承包单位的合法利益。 2. 是监理单位和监理工程师的基本职业道德准则，是对监理行业的必然要求。

3. 建设工程监理的范围包括哪些？

《建筑法》在明确规定国家推行建设工程监理制度时，还授权国务院可以规定实行强制监理的建设工程的范围。2001 年 1 月 7 日建设部第 86 号令《建设工程监理范围和规模标准规定》中作了规定。必须实行监理的建设工程范围包括：

（1）国家重点建设工程

国家重点建设工程，是指依据《国家重点建设项目管理办法》所确定的对国民经济和社会发展有重大影响的骨干项目。

（2）大中型公用事业工程

大中型公用事业工程，是指项目总投资额在 3000 万元以上的下列工程项目：

1）供水、供电、供气、供热等市政工程项目。

3

2）科技、教育、文化等项目。

3）体育、旅游、商业等项目。

4）卫生、社会福利等项目。

5）其他公用事业项目。

（3）成片开发建设的住宅小区工程

成片开发建设的住宅小区工程，建筑面积在 5 万 m² 以上的住宅建设工程必须实行监理；5 万 m² 以下的住宅建设工程，可以实行监理，具体范围和规模标准由省、自治区、直辖市人民政府建设行政主管部门规定。

（4）利用外国政府或者国际组织贷款、援助资金的工程

利用外国政府或者国际组织贷款、援助资金的工程范围包括：

1）使用世界银行、亚洲开发银行等国际组织贷款资金的项目。

2）使用国外政府及其机构贷款资金的项目。

3）使用国际组织或者国外政府援助资金的项目。

（5）国家规定必须实行监理的其他工程

国家规定必须实行监理的其他工程是指：

1）项目总投资额在 3000 万元以上关系社会公共利益、公共安全的基础设施项目。

2）学校、影剧院、体育场馆项目。

国务院建设行政主管部门商同国务院有关部门后，可以对本规定确定的必须实行监理的建设工程具体范围和规模标准进行调整。

4. 我国建设工程监理制度的基本内容是什么？

1988 年发布了"关于开展建设监理工作的通知"，明确提出要建立建设监理制度，并开始试点，5 年后逐步推开。1997 年《建筑法》以法律的形式做出规定，国家推行建设工程监理制度，从而使建设工程监理在全国范围内进入全面推行阶段。这些法

4

律、法规的具体规定构成了我国建设监理制度的主要内容，包括以下几方面：

（1）一定范围内的建设工程项目实行强制性建设监理

《建筑法》第三十条规定："国家推行建设工程监理制度。国务院可以规定实行强制性的建设工程的范围"。同时在《建筑工程质量管理条例》第十二条规定了建筑工程必须实行监理的范围。

我国在一定范围内强制实行监理是完全必要的，它对推进我国的建设监理事业起到了重要的作用。第一，加强了对涉及国计民生的建设工程的管理。国家重点建设项目、大中型项目和成片开发建设的住宅小区工程等。其工程质量、投资效益等直接影响国民经济的发展和人民生命财产的安全。对此类工程应当采用先进、科学的管理方式，实行监理制度。第二，加强了对政府和国有企业投资项目的管理。在工程建设管理方式上，实行监理制，即引入了制约机制，提高了政府和国有企业的投资效益，确保了工程质量。

（2）建设工程监理单位实行资质管理

严格工程监理单位的资质管理，是保证建筑市场秩序的重要措施。《建筑法》第三十四条规定："工程监理单位应当在其资质等级许可的监理范围内，承担工程监理业务"。《工程监理企业资质管理规定》详细地对工程监理单位的资质等级与标准、申请与审批、业务范围等做出了明确规定。并对工程监理单位的行为规范还作了限制性规定。包括：监理单位应当根据建设单位的委托，客观、公正地执行监理任务；与被监理单位，建筑材料、构配件设备供应单位不得有隶属关系或者其他利害关系；不得转让监理业务。如果违反这些规定，要受到相应的处罚。

（3）监理工程师实行考试注册制度和继续教育制度

《建筑法》第十四条规定："从事建筑活动的专业技术人员，应当依法获取相应的执业资格证书，并在执业资格证书许可的范围内从事建筑活动"。监理工程师执业资格一般要通过考试方式取得。体现执业资格制度公开、公平、公正的原则；监理工程师注册制度是政府对监理从业人员实行现场准入的有效手段。注册形式分为：初始注册、续期注册和变更注册；要求注册监理工程师应采取多种不同方式进行继续教育，更新知识，扩大知识面，学习新理论、政策法规，了解新技术等，不断提高执业能力和工作水平。

（4）从事监理工作可以合法获取监理酬金

监理酬金是指业主依据委托监理合同支付给监理企业的建设工程监理费，由监理直接成本、间接成本、税金和利润四部分构成。监理费的计算方法，一般由业主与工程监理企业协商确定。

5. 监理工程师需要具备哪些素质和要求？

监理工程师是指经全国监理工程师执业资格统一考试合格，取得监理工程师执业资格证书，并经注册从事建设工程监理活动的专业人员。监理工作需要一专多能的复合型人才承担，监理工程师不仅要求有理论知识，熟悉设计、施工、管理，还要有组织、协调能力，更重要的是应掌握并应用合同、经济、法律知识，具有复合型的知识结构。因此，监理工作对监理工程师的素质要求相当全面，其素质主要包括以下几方面：

（1）监理工程师的素质

1）精通专业知识。

2）具有经济管理知识。

3）要有丰富的工程建设实践经验。

4）具备一定的计算机知识。

5）具有充沛的精力。

（2）监理工程师的工作纪律

1）遵守国家的法律和政府的有关条例、规定和办法等。

2）认真履行工程建设监理合同所承诺的义务和承担约定的责任。

3）坚持公正的立场、公平地处理有关各方的争议。

4）坚持科学的态度和实事求是的原则。

（3）监理工程师的职业道德要求

1）维护国家的荣誉和利益，按照"守法、诚信、公正、科学"的准则执业。

2）执行有关工程建设的法律、法规、标准、规范、规程和制度，履行监理合同规定的义务和职责。

3）努力学习专业技术和建设监理知识，不断提高业务能力和监理水平。

4）不以个人名义承揽监理业务。

5）不同时在两个或两个以上监理单位注册和从事监理活动，不在政府部门和施工、材料设备的生产供应等单位兼职。

6）不为所监理的建设工程项目指定承包商、建筑构配件、设备、材料生产厂家和施工方法。

7）不收受被监理单位的任何礼金。

8）不泄露所监理工程各方认为需要保密的事项。

9）坚持独立自主地开展工作。

（4）监理工程师的能力要求

1）组织协调能力。

2）表达能力。

3）管理能力。

4）综合解决问题的能力。

（5）监理工程师的法律地位

1）监理工程师执业有明确的法律依据，监理工程师作为专业人士有明确的法律地位。

2）监理工程师的主要业务是受建设单位委托从事监理工作，其权利和义务在合同中有具体约定。

（6）监理工程师的法律责任

1）违反法律法规的违法行为的责任。

2）违反合同约定的违约行为的责任。

3）间接或连带承担安全生产责任。

6. 监理工程师应如何接受继续教育?

(1) 继续教育的目的

通过继续教育使注册监理工程师及时掌握与工程监理有关的政策、法律法规和标准规范,熟悉工程监理与工程项目管理的新理论、新方法,了解工程建设新技术、新材料、新设备及新工艺,适时更新业务知识,不断提高注册监理工程师业务素质和执业水平,以适应开展工程监理业务和工程监理事业发展的需要。

(2) 继续教育的学时

注册监理工程师在每一注册有效期(3 年)内应接受 96 学时的继续教育,其中必修课和选修课各为 48 学时。

(3) 继续教育方式和内容

继续教育方式为集中面授和网络教学两种。

继续教育内容主要有:

(1) 必修课。国家近期颁布的与工程监理有关的法律法规、标准规范和政策;工程监理与工程项目管理的新理论、新方法;工程监理案例分析;注册监理工程师职业道德。

(2) 选修课。地方及行业近期颁布的与工程监理有关的法规、标准规范和政策;工程建设新技术、新材料、新设备及新工艺;专业工程监理案例分析;需要补充的其他与工程监理业务有关的知识。

7. 赋予监理工程师哪些法律地位和相应的法律责任?

监理工程师的法律地位是由国家法律法规确定的,并建立在委托监理合同的基础上的。这也就决定了监理工程师在执业中一般应享有的权利和应履行的义务。

(1) 监理工程师的权利

1) 使用监理工程师的名称。

2) 依法自主执行监理业务。

3) 依法签署工程监理及相关文件并加盖执业印章。

4）法律、法规赋予的其他权利。

（2）监理工程师的义务

1）遵守法律、法规，严格依照相关的技术标准和委托监理合同开展工作。

2）恪守职业道德准则、维护社会公共利益。

3）在执业中保守委托单位申明的商业秘密。

4）不得同时受聘于两个及以上单位执行监理业务。

5）不得出借《监理工程师执业资格证书》、《监理工程师注册证书》和执业印章。

6）接受职业继续教育，不断提高业务水平。

（3）监理工程师的违法行为

《建筑法》第三十五条规定："工程监理单位不按照委托监理合同的约定履行监理业务，对应当监督检查的项目不检查或者不按规定检查，给建设单位造成损失的，应当承担相应的赔偿责任"。

《中华人民共和国刑法》第一百三十七条规定："建设单位、设计单位、施工单位、工程监理单位违反国家规定，降低工程质量标准，造成重大安全事故的，对直接责任人员处五年以下有期徒刑或者拘役，并处罚金。后果特别严重的，处五年以上十年以下有期徒刑，并处罚金。"

《建筑工程质量管理条例》第三十六条规定："工程监理单位应当依照法律、法规以及有关技术标准、设计文件和建设工程承包合同，代表建设单位对施工质量实施监理并对施工质量承担监理责任"。

（4）监理工程师的违约行为

监理工程师出现工作过失，违反了合同约定，其行为将被视为监理企业违约，由监理企业承担相应的违约责任。

监理工程师个人过失引发的合同违约行为，监理工程师应当与监理企业承担一定的连带责任。其连带责任的基础是监理企业与监理工程师签订的聘用协议、或责任保证书、或监理企业法定代表人对监理工程师签发的授权委托书。

（5）监理工程师的安全生产责任

安全生产责任是法律责任的一部分，来源于法律法规和委托监理合同。监理工程师虽然不管理安全生产，不直接承担安全责任，但不能排除其间接或连带承担安全责任的可能性。

监理工程师有下列行为之一，则应当与质量、安全事故责任主体承担连带责任：

1）违章指挥或者发出错误指令，引发安全事故的。

2）将不合格的建筑工程、建筑材料、建筑构配件和设备按照合格签字，造成工程质量事故，由此引发安全事故的。

3）与建设单位或施工企业串通，弄虚作假降低工程质量，从而引发安全事故的。

8. 施工现场开工前监理工程师应具备哪些相关资料？

（1）项目监理机构的基础资料

1）建设工程委托监理合同（副本）。

2）监理单位法定代表人对本工程项目的总监理工程师的任命授权书。

3）项目监理机构中配备监理人员的数量、专业及分工。

4）总监理工程师主持下编制，经监理单位技术负责人批准的监理规划。

（2）建设单位应向项目监理机构提交的文件和资料

1）建设工程规划许可证（复印件）。

2）建设工程施工许可证，提供有关安全施工措施资料。

3）经建设行政主管部门审查批准的设计图纸及设计文件。

4）提供施工现场及毗邻区域地下管线、工程地质勘察报告、规划部门签发的建筑红线通知书、水准点等资料。

5）建设工程施工承包合同（副本）。

（3）施工单位向项目监理机构提交的资料

1）施工企业资质等级证书、营业执照（复印件）。

2）施工企业安全资格审查认可证（复印件）。

3）施工单位现场项目管理机构的质量管理体系、技术管理体系和质量保证体系。

4）施工单位的试验室资质等级及试验人员的资格证书（复印件）。

5）经审定的施工组织设计（施工方案）。

6）建设工程施工项目经理资格证书、专职管理人员和特种作业人员的资格证、上岗证（复印件）。

7）施工测量成果报验申请表。

（4）其他资料

1）施工文件（包括施工图纸、设计变更、规范规程、标准图集等）。

2）开工前所需要的原材料已进场，质保资料、试验报告应齐全、有效。

3）施工单位质量体系文件、安全保证体系文件，以及质量安全组织机构健全，措施落实到位。

9. 监理工程师的违规行为及相应的处罚办法是什么？

（1）对于未取得《监理工程师执业资格证书》、《监理工程师注册证书》和执业印章，以监理工程师名义执行业务的人员，政府建设行政主管部门将予以取缔，并处以罚款；有违法所得的，予以没收。

（2）对于以欺骗手段取得《监理工程师执业资格证书》、《监理工程师注册证书》和执业印章的人员，政府建设行政主管部门将吊销其证书，收回执业印章并处以罚款；情节严重的，3年之内不允许考试及注册。

（3）如果监理工程师出借《监理工程师执业资格证书》、《监理工程师注册证书》和执业印章，情节严重的，将被吊销证书，收回执业印章，3年之内不允许考试和注册。

（4）监理工程师注册内容发生变更，未按照规定办理变更手续的，将被责令改正，并可能受到罚款的处罚。

（5）同时受聘于两个或两个以上监理单位执业的将被注销其《监理工程师注册证书》，收回执业印章，并将受到罚款处理；有违法所得的，将被没收。

（6）对于监理工程师在执业中出现的行为过失，产生不良后果的，《建设工程质量管理条例》有明确规定：监理工程师因过错造成质量事故的，责令停止执业1年，造成重大质量事故的，吊销执业资格证书，5年以内不予注册；情节特别恶劣的，终身不予注册。

10. 建设工程监理工作文件的构成及其相互之间的关系如何？

建设工程监理工作文件是指监理单位投标时编制的监理大纲、监理合同签订以后由总监理工程师主持编制的监理规划和专业监理工程师主持编制的监理实施细则。

（1）监理大纲是监理单位在业主开始委托监理的过程中，特别是在业主进行监理招标过程中，为承揽到监理业务而编写的监理方案性文件。

1）监理大纲的作用

①使业主认可监理大纲中的监理方案，从而承揽到监理业务。

②为项目监理机构今后开展监理工作制定基本的方案。

（2）监理大纲的内容，应根据业主所发布的监理招标文件的要求而制定。

一般应包括以下的内容

①拟派往项目管理机构的监理人员的情况介绍。

②拟采用的监理方案。

③向业主提供阶段性的监理文件。

（3）监理大纲编制人员

监理单位经营部或技术管理部门人员，也应包括拟订的总监理工程师。

（2）监理规划是在监理单位接受业主委托并签订委托监理合同之后，在项目总监理工程师的主持下，根据委托监理合同，在监理大纲的基础上，结合工程的具体情况，广泛收集工程信息和资料的情况下制定，经监理单位技术负责人批准，用来指导项目监理机构全面开展监理工作的指导性文件。

（3）监理实施细则是在监理规划的基础上，由项目监理机构的专业监理工程师针对建设工程中某一专业或某一方面的监理工作编写，并经总监理工程师批准实施的操作性文件。

对中型及以上或专业性较强的工程项目，项目管理机构应编制监理实施细则。

监理实施细则应体现项目监理机构对于该工程项目在各专业技术、管理和目标控制方面的具体要求，做到详细具体，具有可操作性。

监理大纲、监理规划、监理实施细则是相互关联的，都是建设工程监理工作文件的组成部分，它们之间存在着明显的依据性关系，即在编写监理规划时，一定要严格根据监理大纲的有关内容来编写；在编制监理实施细则时，一定要在监理规划的指导下进行。

11. 建设工程监理规划编写依据、编写要求是什么？包括哪些主要内容？

（1）监理规划编写依据

1）工程建设方面的法律、法规。

包括三方面：①国家颁布的有关工程建设的法律、法规；②工程所在地或所属部门颁布的工程建设相关的法规、规定和政策；③工程建设的各种标准、规范。

2）政府批准的工程建设文件。

包括两方面：①政府工程建设主管部门批准的可行性研究报告、立项批文；②政府规划部门确定的规划条件、土地使用条件、环境保护要求、市政管理规定。

3）建设工程监理合同。

4）其他建设工程合同。

5）监理大纲。

（2）监理规划编写的要求

1）基本构成内容应当力求统一。

监理规划的基本构成内容包括：目标规划、项目组织、监理组织、目标控制、合同管理和信息管理。

2）具体内容应具有针对性。

监理规划都是针对某一个具体建设工程的监理工作计划，只有具有针对性，建设工程监理规划才能起到指导具体监理工作的作用。

3）应当遵循建设工程的运行规律。

监理规划应与工程运行客观规律具有一致性，把握、遵循建设工程运行的规律，监理规划的运行才是有效的，才能实施对这项工程的有效监理。

4）项目总监理工程师是监理规划编写的主持人。

监理规划应当在项目总监理工程师主持下编写制定，这是建设工程监理实施项目总监理工程师负责制的必然要求。

5）监理规划一般要分阶段编写。

监理规划编写可按工程实施的各阶段来划分，可划分为设计阶段、施工招标阶段和施工阶段。

6）监理规划的表达方式应当格式化、标准化。

7）监理规划应该经过审核。

监理规划在编写完成后需进行审核并经批准。监理单位的技术主管部门是内部审核单位，其负责人应当签认。监理规划是否要经过业主的认可，由委托监理合同或双方协商确定。

（3）监理规划的主要内容

1）工程项目概况。

2）监理工程范围。

3）监理工作内容。

4）监理工作目标。

5）监理工作依据。

6）项目监理机构的组织形式。

7）项目监理机构的人员配备计划。

8）项目监理机构的人员岗位职责。

9）监理工作程序。

10）监理工作方法及措施。

11）监理工作制度。

12）监理实施。

12. 建设工程监理工作中一般需要制定哪些工作制度？

（1）施工招标阶段

1）招标准备工作有关制度。

2）编制招标文件有关制度。

3）标的编制及审核制度。

4）合同条件拟订及审核制度。

5）组织招标实务有关制度。

（2）施工阶段

1）设计文件、图纸审查制度。

2）施工图纸会审及设计交底制度。

3）施工组织设计审核制度。

4）工程开工申请审批制度。

5）工程材料、半成品质量检验制度。

6）隐蔽工程、分项（部）工程质量验收制度。

7）单位工程质量检验验收制度。

8）设计变更处理制度。

9）工程质量缺陷与事故处理制度。

10）施工进度检查及报告制度。

11）施工旁站监理制度。

12）监理报告制度。

13）工程竣工验收制度。

14）监理日志和监理例会制度。

（3）项目监理机构内部工作制度

1）项目监理机构工作会议制度。

2）对外行文、发文、审批制度。

3）监理工作日志填写制度。

4）监理月报编写制度。

5）见证取样、送验制度。

6）技术、经济资料及档案管理制度。

13. 建设工程监理实施的程序是什么？

建设工程委托监理合同签订后，监理单位应根据合同要求组织建设工程监理的实施。

（1）确定项目总监理工程师，成立项目监理机构

监理单位应根据工程项目的规模、性质、业主对监理的要求，委派称职的人员担任项目总监理工程师，代表监理单位全面负责项目的监理工作。

项目监理机构的组织形式和规模，应根据委托监理合同规定的服务内容、服务期限、工程类别、规模、技术复杂程度、工程环境等因素确定。

（2）编制建设工程监理规划

监理规划应在签订委托监理合同及收到设计文件后开始编制，监理规划应由总监理工程师主持，专业监理工程师参加编制，完成后必须经监理单位技术负责人审核批准，并在召开第一次工地会议前报送建设单位。

（3）制定各专业监理实施细则

监理实施细则应在相应工程施工开始前，由专业监理工程师负责编制完成，并必须经总监理工程师批准。

监理实施细则应符合监理规划的要求，并应结合工程项目的专业特点，做到详细、具体，具有可操作性。

（4）规范化地开展监理工作

监理工作的规范化体现在：

①工作的时序性；②职责分工的严密性；③工作目标的确定性。

（5）参与验收、签署建设工程监理意见

总监理工程师应组织专业监理工程师，依据有关法律、法规、工程建设强制性标准，设计文件及施工合同，对承包单位报送的竣工资料进行审查，并对工程质量进行竣工预验收。对存在的问题，应及时要求承包单位整改。整改完毕，由总监理工程师签署工程竣工报验单，并应在此基础上提出工程质量评估报告。工程质量评估报告应经总监理工程师和监理单位技术负责人审核签字。

项目监理机构应参加由建设单位组织的竣工验收，并提出相关监理资料。对验收中指出的整改问题，项目监理机构应要求承包单位进行整改。工程质量符合要求，由总监理工程师会同参加验收的各方签署竣工验收报告。

（6）向业主提交建设工程监理档案资料

建设工程监理工作完成后，监理单位向业主提交的监理档案资料应在委托监理合同文件中约定。如在合同中没有做出明确规定，监理单位一般应提交：设计变更、工程变更资料，监理指令性文件，各种签证资料等档案资料。

14. 施工阶段项目监理机构的工作内容包括哪些？

（1）制定监理工作程序

根据专业工程特点制定工作总程序，并按工作内容分别制定具体的监理工作程序。工作程序应体现事前控制和主动控制的要求，必须坚持监理工作"先审核后实施、先验收后施工（下道工序）"的基本原则。

（2）施工准备阶段的监理工作

1）项目总监理工程师组织监理人员熟悉设计文件，并对图纸中存在的问题通过建设单位向设计单位提出书面意见和建议。

2）项目监理人员参加设计技术交底会。

3）审核施工组织设计，并经总监理工程师审核、签认后报建设单位。

4）审核承包单位现场项目管理机构的质量管理体系、技术管理体系和质量保证体系。

5）专业监理工程师审查分包单位的资格。

6）专业监理工程师审核测量成果及保护措施。

7）审查工程开工报告，具备条件由总监理工程师签发开工报审表，并报送建设单位备案。

8）监理人员参加由建设单位主持召开的第一次工地会议。

（3）主持召开工地例会

在施工过程中，总监理工程师应定期主持召开工地例会，根据需要及时组织专题会议，解决施工过程中的各种专项问题。

（4）工程质量控制工作

1）要求承包单位必须严格按批准的施工组织设计组织施工，对重点部位、关键工序的施工工艺和确保工程质量的措施，必须审核同意后签认。

2）对采用的新材料、新工艺、新技术、新设备应组织专题论证，审定后签认。

3）对施工测量放线成果进行复验和确认。

4）定期检查直接影响工程质量的计量设备的技术状况。

5）对未经验收或验收不合格的工程材料、构配件、设备，监理人员应拒绝签认，并书面通知承包单位限期将不合格的材料等撤出现场；对未经验收或验收不合格的工序，监理人员应拒绝签认，并要求承包单位严禁进行下一道工序的施工。

6）监理人员应经常地、有目的地对承包单位的施工过程进行巡视检查、检测。对完成的隐蔽工程，承包单位应在自检合格后，报送项目监理机构，经检验合格签认后，承包单位方可进行下一道工序施工。

7）监理人员应按国家施工质量验收标准检查分项、分部及单位工程质量。

（5）工程造价控制工作

1）项目监理机构应按规范规定的程序进行工程计量、工程款支付和竣工结算。

2）项目监理机构应依据施工合同条款、施工图，对工程项目造价目标进行风险分析，并制定防范性对策。

3）总监理工程师应从造价、项目的功能要求、质量和工期等方面审查工程变更的方案，并宜在工程变更实施前与建设单位、承包单位协商工程变更的价款。

4）专业监理工程师应对实施完成量与计划完成量进行比较、分析，制定调整措施，并应在监理月报中向建设单位报告。

5）专业监理工程师应及时收集、整理有关施工和监理资料，为处理费用索赔提供证据。

6）未经监理人员质量验收合格的工程量，或不符合施工规定的工程量，监理工程师应拒绝计量和该部分工程款支付申请。

（6）工程进度控制工作

1）项目监理机构应按规范规定的程序进行工程进度控制。

2）专业监理工程师应依据施工合同有关条款、施工图及经过批准的施工组织设计制定进度控制方案，对进度目标进行风险分析，制定防范性对策，经总监理工程师审定后报送建设单位。

3）检查和记录实际进度完成情况，当发现实际进度滞后于计划进度时，总监理工程师应指令承包单位采取调整措施，并提出合理预防由建设单位原因导致的工程延期及其相关费用索赔的建议。

（7）竣工验收

1）总监理工程师应组织专业监理工程师，依据有关法律、法规、工程建设强制性标准、设计文件和施工合同，对承包单位报送的竣工资料进行检查，并对工程质量进行竣工预验收。

2）项目监理机构应参加由建设单位组织的竣工验收，并提供相关资料。对验收中提出的整改问题项目监理机构应要求承包单位进行整改。工程质量符合要求，由总监理工程师会同参加验收的各方签署竣工验收报告。

（8）工程质量保修期的监理工作

1）监理单位应依据委托监理合同约定的工程质量保修期监理工作的时间、范围和内容开展工作。

2）对承包单位修复的工程质量进行验收和签认，应由专业监理工程师负责。

3）对于非承包单位原因造成的工程质量缺陷，修复费用的核实及签署支付证明，宜由原施工阶段的总监理工程师或其授权人签认。

15. 什么是项目范围管理？

（1）项目范围是指为了成功达到项目的目标，完成最终可交付工程的所有工作总和，它们构成项目的实施过程。最终可交付物工程是实现项目目标的物质条件，它是确认项目范围的核心。

（2）项目范围管理的对象应包括为完成项目所必需的专业工作和管理工作。

专业工作是指专业设计、施工和供应等工作；管理工作是指为实现项目目标所必需的预测、决策、计划和控制工作，另外还可以分为各种职能管理工作，如进度管理、质量管理、合同管理、资源管理和信息管理等。

（3）项目范围管理的过程应包括项目范围的确定、项目结构分析、项目范围控制等。

项目范围确定是明确项目的目标和可交付成果的内容，确定项目的总体系统范围并形成文件，以此作为项目设计、计划、实施和评价项目成果的依据。

项目结构分析是对项目系统范围进行结构分解（工作结构分解），用可测量的指标定义项目的工作任务，并形成文件，以此作为分解项目目标、落实组织责任、安排工作计划和实施控制的依据。

项目范围控制是指保证在预定的项目范围内进行项目的实施（包括设计、施工、采购等），对项目管理范围的变更进行有效的控制，保证项目系统的完备性和合理性。

（4）项目范围管理应作为项目管理的基础工作，并贯穿于项目实施的全过程。组织应确定项目范围管理的工作职责和程序，并对范围的变更进行检查、分析和处置。

16. 监理工程师应如何做好项目范围变更管理？

（1）项目范围变更涉及目标变更、设计变更、实施过程中变更等。范围变更会导致费用、工期和组织责任的变化以及实施计划的调整、索赔和合同争执等问题发生。

（2）监理工程师在项目范围变更管理时应注意符合下列要求：

1）项目范围变更要有严格的审批程序和手续。

2）范围变更后调整相关的计划。

3）组织对重大的项目范围变更，应提出影响报告。

范围管理应有一定的审查和批准程序以及授权。特别要注重项目范围变更责任的落实和影响的处理程序。

17. 监理工程师在进行建设工程项目范围控制时应注意哪些问题？

监理工程师在进行建设工程项目的项目范围控制时应着眼于整个建设工程项目目标系统的实现，应明确建设工程项目质量目标、进度目标、投资目标是一个不可分割的系统。因此，监理工程师在进行项目范围控制时应注意的问题如下：

（1）力求三大目标的统一

监理工程师在对建设工程项目进行目标规划时，必须要注意统筹兼顾，合理确定投资目标、进度目标、质量目标三者的标准。监理工程师需要在需求与目标之间、三大目标之间进行反复

21

协调，力求做到需求与目标的统一，三大目标的统一。

（2）要针对整个目标系统实施控制

由于三大目标构成了一个统一的整体目标系统，建设工程项目的目标控制就必须针对整个目标系统实施控制，防止建设工程项目在建设过程中发生盲目追求单一目标而冲击或干扰其他目标的现象。

（3）追求目标系统的整体效果

在实施目标控制过程中，应该以实现工程建设项目的整体目标系统作为衡量目标控制效果的标准，追求目标系统整体效果，做到各目标的互补。

18. 监理单位监理的主要职责、权限、形式及责任是什么？

（1）工程监理的职责和权限

1）未经监理工程师签字，建筑材料、建筑构配件和设备不得在工程上使用或者安装，施工单位不得进行下一道工序的施工。

2）未经总监理工程师签字，建设单位不拨付工程款，不进行竣工验收。

3）总监理工程师依法和在授权范围内可以发布有关指令，全面负责受委托的监理工程。

（2）工程监理的形式

《建设工程质量管理条例》规定，监理工程师应当按照工程监理规范的要求，采取旁站、巡视和平行检验等形式，对建设工程实施监理。

（3）对施工质量承担监理责任，包括违约责任和违法责任两个方面：

1）违约责任。如果监理单位不按照监理合同约定履行监理义务，给建设单位或其他单位造成损失的，应当承担相应的赔偿责任。

2）违法责任。如果监理单位违法监理，或者降低工程质量标准，造成质量事故的，要承担相应的法律责任。

19. 在建设工程安全生产管理过程中的监理任务是什么?

监理工作是受建设单位的委托,按照合同规定的要求,完成授权范围内的工作,并依据相关的建筑施工安全生产的法规和标准进行监督和管理。

贯彻执行"安全第一、预防为主"的方针,国家规定的建设工程安全生产管理的法律、法规,建设行政主管部门的安全生产的规定和标准。

安全生产涉及施工现场所有的人、物和环境。凡是与生产有关的人、单位、机械、设备、设施、工具等都与安全生产有关,安全生产贯穿了施工生产的全过程。所以,监理工作是对施工全过程进行监理的,对安全工作也就自然地进行了监理。

比如,监理工程师在施工现场,往往要对脚手架的搭设、模板的安装、拆除进行检查验收,这正是安全工作的内容。

安全监理的任务主要是贯彻落实国家安全生产的方针政策,督促施工单位按照建筑施工安全生产法规和标准组织施工,消除施工中的冒险性、盲目性和随意性,落实各项安全技术措施,有效杜绝各类安全隐患,杜绝、控制和减少各类伤亡事故,实现安全生产。

20. 在建设工程安全生产管理过程中监理的具体工作主要包括哪些?

(1) 督促承包单位从立法和组织上加强安全生产的科学管理;贯彻执行国家关于施工安全生产管理方面的方针、政策、规程、制度、条例;拟订安全生产管理规章和安全操作规程。

(2) 督促承包单位落实安全生产的组织保证体系,建立健全安全生产制度,如安全生产责任制度、管理制度、检查制度、教育制度、例会制度、统计分析与报告制度。

(3) 审查施工组织设计、施工方案和安全技术措施,并督促承包单位对工人进行安全生产教育及分部分项工程的安全技术措施。

（4）检查并督促承包单位按照建筑施工安全技术标准和规范要求，落实分部、分项工程或各工序、关键部位的安全防护措施。

（5）监督检查施工现场的消防工作、冬季防寒、夏季防暑、文明施工、卫生防疫等项工作，改善劳动条件，消除不安全因素。

（6）不定期地组织安全综合检查，可按《建筑施工安全检查评分标准》进行评价，提出处理意见并限期改正。

（7）发现违章指挥、违章冒险作业的要责令其停止作业，发现隐患的要责令其停工整改，限期解决。

（8）应重点控制"人的不安全行为"和"物的不安全状态"，应以人的不安全行为作为安全控制的核心工作。

21. 在进行建设工程项目信息管理过程中监理的基本任务和工作原则是什么？

（1）工程项目信息管理的基本任务

监理工程师作为项目管理者，承担着项目信息管理的任务，负责收集项目实施情况的信息，做各种信息处理工作，并向上级、向外界提供各种信息。因此，监理工程师信息管理的任务主要包括：

1）组织项目基本情况信息的收集并系统化，编制项目手册。

2）项目报告及各种资料的规定，例如资料的格式、内容、数据结构要求。

3）按照项目实施、项目组织、项目管理工作过程建立项目信息系统流程，在实际工作中保证这个系统正常进行，并控制信息流。

4）文件档案管理工作。

（2）建设工程信息管理工作的原则

1）标准化原则。应规格化、规范化地对信息进行编码，以简化信息的表达和综合工作。

2）有效性原则。监理工程师所提供的信息应针对不同层次管理者的要求进行适当加工，针对不同管理层提供不同要求和浓缩程度的信息。

3）定量化原则。监理工程师应用定量的方法分析数据，定性的方法归纳知识，以实施控制、优化方案。

4）时效性原则。建设工程的信息都有一定的生产周期，因此监理工程师应及时、准确和全面地提供信息，如月报表、季度报表、年度报表等。

5）高效处理原则。应尽可能高效、低耗地处理信息，以提高信息的利用率和效益。

6）可预见性原则。监理工程师应将建设工程产生的信息通过采用先进的方法和工具为决策者制定未来目标和行动规划提供必要的信息。

22. 施工阶段建设工程信息如何进行收集？

我国目前建设工程监理大部分在施工阶段进行，监理工程师在施工阶段的信息收集，可从施工准备期、施工期、竣工保修期三个子阶段分别进行。

（1）施工准备期的信息收集

1）监理大纲、施工图设计及施工图预算，特别要掌握结构特点，掌握工程难点、要点、特点，掌握工业工程的工艺流程特点、设备特点，了解工程预算体系，了解施工合同。

2）施工单位项目经理部组成，进场人员资质，进场设备的规格型号、保修记录，施工场地准备情况，施工单位质量保证体系及施工单位的施工组织设计，进场材料、构配件管理，检测、试验制度，分包单位的资质等。

3）建设工程场地的地质勘察报告，了解地质、水文、测量、气象数据，地上原有建筑物、道路、树木及周围建筑物，地下管线、洞垒、建筑红线、标高、坐标、水电气管道的引入标志等。

4）施工图的会审、交底记录，第一次工地会议纪要，施工单位提交的开工报告及实际准备情况。

5）与本工程有关的建筑法律、法规、规范、规程，有关的质量检验、控制的技术法规和质量验收标准。

（2）施工期的信息收集

1）施工单位人员、设备、水、电、气等能源的动态信息。

2）施工期气象数据信息的收集。

3）建筑原材料、构配件等进场、加工、保管、使用的信息。

4）施工单位项目管理部的管理程序、管理方法、管理制度。

5）施工中需要执行的国家和地方规范、规程、标准，施工合同执行情况。

6）施工中有关建筑材料的检验、试验及隐蔽工程检验记录等。

7）设备安装的试行和测试、调试有关资料。

8）施工中索赔相关信息。包括：索赔程序、索赔依据、索赔证据、索赔处理意见等。

（3）竣工保修期的信息收集

1）工程准备阶段文件。如立项文件，建设用地、征地、拆迁文件，开工审批文件等。

2）监理文件。如监理规划、监理实施细则、有关质量问题和质量事故的相关记录、监理工作总结，以及监理过程中各种控制和审批文件等。

3）施工资料。分建筑安装工程和市政基础设施工程两大类分别收集。

4）竣工图。分建筑安装工程和市政基础设施工程两大类分别收集。

5）竣工验收资料。如工程竣工总结、竣工备案表、电子档案等。

23. 对项目的风险管理应采取哪些具体活动？

对项目的风险管理应采取识别、评估、响应和控制等活动。

项目风险管理是项目管理的一项重要管理过程，它包括对风险的预测、辨识、分析、判断、评估及采取相应的对策，如风险规避、控制、分隔、分散、转移、自留及利用等活动。这些活动对项目的目标实现至关重要，设置这些活动会决定项目的成败。

风险管理水平是衡量组织素质的重要标准，风险控制能力则是判定项目管理者管理能力的重要依据。因此，项目管理者必须建立风险管理制度和方法体系。

风险管理的任务一般包括确定和评估风险，识别潜在损失因素及估算损失大小，制定风险的财务对策，采取应对措施，制定保护方案，落实安全措施以及管理索赔等。

项目中各个组织所承担的风险是不相同的。发包人应采用合同或其他方式，将风险分配给最可能避免风险发生的组织承担。

24. 建设工程风险对策有哪几种？风险对策的要点是什么？

风险对策也称为风险防范手段或风险管理技术。建设工程风险对策是指通过风险分析，风险的承受者面对明确了的风险采取何种措施进行处理，这种风险处置的方法称为对策。

风险对策具体内容包括：

（1）风险回避

风险回避就是以一定的方式中断风险源，使其不发生或不发展，从而避免可能产生的潜在损失。在采用风险回避对策时应注意的问题：

1）回避一种风险可能产生另一种新的风险。

2）回避风险的同时也失去了从风险中获益的可能性。

3）回避风险可能不实际或不可能。

（2）损失控制

损失控制是指要减少损失发生的机会或降低损失的严重性，

设法使损失最小化。

1）损失控制是一种主动、积极的风险对策，可分为：

①预防损失。指采取各种预防措施以降低或消除损失发生的概率。

②减少损失。指在风险损失已经不可避免地发生的情况下，通过各种措施以降低损失的严重性或遏制损失的进一步发展，使损失最小化。

2）制定损失控制措施的依据和代价。

①依据。以定量风险评价的结果为依据。应特别注意间接损失和隐蔽损失。

②代价。包括费用和时间两方面的代价。时间方面的代价往往会引起费用方面的代价。

③损失控制措施的选择。应采用多方案的技术经济分析和比较。

3）损失控制的计划系统应由三部分组成：

①预防计划。目的在于有针对性地预防损失的发生，其主要作用是降低损失发生的概率，在许多情况下也能在一定程度上降低损失的严重性。具体采取的措施包括：组织措施、管理措施、合同措施和技术措施。

②灾难计划。是针对严重风险事件制定的计划。是一组事先编好的、目的明确的工作程序和具体措施。为现场人员提供明确的行动指南，使其在各种严重的、恶性的紧急事件发生后，不至于惊慌失措，也不需要临时讨论研究应对措施，可以做到从容不迫，及时妥善地处理，从而减少人员伤亡以及财产和经济损失。

③应急计划。指在风险损失基本确定后的处理计划，其宗旨是使因严重风险事件而中断的工程实施过程尽快全面恢复，并减少进一步的损失，使其影响程度减至最小。

（3）风险自留

指将风险留给自己承担的一种风险管理方式，是从企业内部财务的角度应对的风险。

1）风险自留的类型。

①非计划性风险自留。指风险管理人员没有意识到建设工程某些风险的存在，或者不曾有意识采取有效措施，以致风险发生后只好自己承担。导致主要原因：a）缺乏风险意识；b）风险识别失误；c）风险评价失误；d）风险决策延误；e）风险决策实施延误。

②计划性风险自留。指风险管理人员在经过正确的风险识别和风险评价后做出的风险对策决策。这种对策是主动的、有意识的、有计划的选择，是整个建设工程风险对策计划的一个组成部分。

2）计划性风险自留的计划性主要体现在两方面：

①风险自留水平。指选择哪些风险事件作为风险自留的对象。

②损失支付方式。指在风险事件发生后，对所造成的损失通过什么方式或渠道来支付。

3）风险自留的适用条件。

①自留费用低于保险公司所收取的费用。

②企业的期望损失低于保险人的估计。

③企业有较多的风险单位（意味着单位风险小，且企业有能力准确地预测损失）。

④企业的最大潜在损失或最大期望损失较小。

⑤短期内企业有承受最大潜在损失或最大期望损失的经济能力。

⑥风险管理的目标可以承受年度损失的重大差异。

⑦费用和损失支付分布于很长的时间里，因而导致很大的机会成本。

⑧投资机会好。

⑨内部服务或非保险人服务优良。

（4）风险转移

1）非保险转移。

这种风险转移一般是指通过签订合同的方式将建设工程风险转移给非保险人的对方当事人。建设工程风险最常见的非保险转移有三种情况：

①业主将合同责任和风险转移给对方当事人。

②承包商进行合同转让或工程分包。

③第三方担保。

2）保险转移。

对于建设工程风险来说，为工程保险，通过购买保险，建设工程业主或承包商作为投保人将应由自己承担的工程风险（包括第三方责任）转移给保险公司，从而使自己免受风险损失。

25. 监理工程师的风险有哪些？应做好哪些风险防范措施？

（1）监理工程师的风险

1）来自业主的风险。

①业主对监理认识上的缺陷带来的问题。

②业主的行为不规范。

③业主的资金不到位。

④业主不懂工程，不遵循建设规律，盲目干预。

2）来自承包商的风险。

①承包商对监理认识不清，不配合监理工作。

②承包商缺乏职业道德，且多层次转包、挂靠承包。

③承包商素质低。

④承包商投标不诚实，施工过程不履约。

（2）来自职业责任的风险

1）行为责任风险。

①监理工程师违反了委托监理合同规定的职责、义务，超出了业主委托的监理工作范围，并造成了工程上的损失，就可能因此承担相应的风险。

②监理工程师未能正确地履行合同中规定的职责，在工作中发生失职行为。

③监理工程师由于主观上的无意行为未能严格履行自身职责并因此而造成了工程损失。

2）工作技能风险。

监理工程师应具备专业理论知识，并应了解和掌握一定的工程建设经济、法律和组织管理等方面的理论知识，不断了解新技术、新设备、新材料、新工艺，熟悉与工程建设相关的现行法律法规、政策规定，成为一专多能的复合型人才，持续保持较高的知识水准。

监理工程师如果不具备以上条件，自身的能力和水平不适应，就很难完成监理这一艰巨任务，随之而来的风险自然难以避免。

3）职业道德风险。

监理工程师如果不能遵守监理工程师职业道德的约束，自私自利，敷衍了事，回避问题，甚至为谋求私利而损害工程利益，则必然会因此而面对相应的风险。

（3）监理工程师的风险防范措施

1）坚持公正、独立、自主的原则。

2）在工程建设中实现权责一致原则。

3）遵守监理的各项规章制度，严格监理。

4）提高监理工程师的个人素质和职业道德。

5）处理好与业主的关系，防范业主的风险。

6）处理好与承包商的关系，防范承包商的风险。

7）签订公平合理的合同，防范合同风险。

8）通过监理企业的组织形式降低风险。

第二篇　建设工程监理法规

26.《建筑法》对建设工程监理作了哪些规定？

（1）我国对建设工程监理制度的政策

1）国家推行建设工程监理制度。

2）国务院可以规定实行强制监理的建筑工程的范围。

（2）建设单位应与其委托的具备相应资质条件的工程监理单位订立书面合同

1）建设单位要委托具有相应资质条件的工程监理单位承担监理业务。

2）建设单位与其委托的工程监理单位应当订立书面委托监理合同。

（3）建设工程监理应依法行使职权

1）建设工程监理的依据：

①法律行政法规；②有关的技术标准；③设计文件；④建设工程承包合同。

2）建设工程监理实施：

对承包单位在施工质量、建设工期和建设资金使用等方面，代表建设单位实施监督。

3）工程监理人员有权要求建设工程企业对不符合工程设计要求、施工技术标准和合同约定的工程进行改正。

4）工程监理人员对发现的不符合建设工程质量标准或者合同约定的质量要求的工程设计应当报告建设单位要求设计单位改正。

（4）建设单位应在实施工程监理前将工程监理单位有关情况

书面通知建筑施工企业

1）建设单位将委托工程监理的有关事项书面通知被监理的建筑施工企业。

2）建设单位书面通知建筑施工企业有关监理事项内容：

①工程监理单位名称、地址、法定代表人等。

②建设工程监理内容。

③监理工程师权限。

3）建设单位通知建筑施工企业有关建设工程监理的事项要采用书面形式。

（5）对建设工程监理活动的义务性规定

1）工程监理单位不得超越资质等级许可的范围承担工程监理业务。

2）工程监理单位应当根据建设单位的委托，客观、公正地执行监理任务。

3）工程监理单位与被监理工程的承包单位以及建筑材料、建筑构配件和设备供应单位不得有隶属关系或者其他利害关系。

4）工程监理单位不得转让工程监理业务。

（6）对工程监理单位民事责任的规定

1）工程监理单位不按照委托监理合同的约定履行监理义务，对应当监督检查的项目不检查或者不按照规定检查，给建设单位造成损失的，应当承担相应的赔偿责任。

2）工程监理单位与承包单位串通，为承包单位谋取非法利益，给建设单位造成损失的，应当与承包单位承担连带赔偿责任。

27.《建筑法》规定申请领取建设工程施工许可证应具备什么条件？

（1）已经办理该建设工程用地批准手续。

（2）在城市规划区的建设工程，已经取得规划许可证。

（3）需要拆迁的，其拆迁进度符合施工要求。

（4）已经确定建筑施工企业。

（5）有满足施工需要的施工图纸及技术资料。

（6）有保证工程质量和安全的具体措施。

（7）建设资金已经落实。

（8）法律、行政法规规定的其他条件。

建设行政主管部门应当自收到申请之日起 15 日内，对符合条件的申请颁发施工许可证。

28. 《建筑法》对施工单位的质量责任和总分包单位的质量责任是如何规定的？

（1）施工单位对施工质量负责

1）《建筑法》规定，建筑施工企业对工程的施工质量负责。

2）《建设工程质量管理条例》进一步规定，施工单位对建设工程的施工质量负责。施工单位应当建立质量责任制，确定工程项目的项目经理、技术负责人和施工管理负责人。

3）对施工质量负责是施工单位法定的质量责任。施工单位是建设工程质量的重要责任主体，但不是唯一的责任主体。

4）建立质量责任制，主要包括制定质量目标计划，建立考核标准，并层层分解落实到具体的责任单位和责任人，特别是工程项目的项目经理、技术负责人和施工管理负责人。

（2）总分包单位的质量责任

1）《建筑法》规定，建设工程实行总承包的，工程质量由工程总承包单位负责，总承包单位将建设工程分包给其他单位的，应当对分包工程的质量与分包单位承担连带责任。分包单位应当接受总承包单位的质量管理。

2）《建设工程质量管理条例》进一步规定，建设工程实行总承包的，总承包单位应当对全部建设工程质量负责。总承包单位依法将建设工程分包给其他单位的，分包单位应当按照分包合同的约定对其分包工程的质量向总承包单位负责，总承包单位与分包单位对分包工程的质量承担连带责任。

3) 两种合同法律关系：

①总承包单位要按照总包合同向建设单位负总体质量责任。

②在总承包单位承担责任后，可以依据分包合同的约定，追究分包单位的质量责任，包括追偿经济损失。

③分包单位应当接受总承包单位的质量管理。总承包单位与分包单位对分包工程的质量还要依法承担连带责任。

29. 《建筑法》对建设工程质量管理作了哪些规定？

（1）建设工程勘察、设计、施工质量必须符合有关建设工程安全标准的规定。

（2）国家对从事建筑活动的单位推行质量体系认证制度的规定。

（3）建筑单位不得以任何理由要求设计单位和施工企业降低工程质量的规定。

（4）关于总承包单位和分包单位工程质量责任的规定。

（5）关于勘察、设计单位工程质量责任的规定。

（6）设计单位对设计文件选用的建筑材料、构配件和设备不得指定生产厂家、供应商的规定。

（7）施工企业质量责任。

（8）施工企业对进场材料、构配件和设备进行检验的规定。

（9）关于建筑物合理使用寿命内和工程竣工时的工程质量要求。

（10）关于工程竣工验收的规定。

（11）建设工程实行质量保修制度的规定。

（12）关于工程质量实行群众监督的规定。

30. 《建设工程质量管理条例》对影响工程质量的责任主体作了哪些规定？

《条例》第一章第三条规定："建设单位、勘察单位、设计单位、施工单位、工程监理单位依法对建设工程质量负责。"因此，在建设工程的建设过程中，影响工程质量的责任主体主要有：

（1）建设单位。是建设工程的投资人，也称"业主"。建设单位可以是法人或自然人，包括房地产开发商。建设单位是工程建设项目过程的总负责人，具有确定建设项目的规模、功能、外观、选用材料设备，按照国家法律法规规定选择承包单位的权力。

（2）勘察单位。是指已通过建设行政主管部门的资质审查，从事工程测量、水文地质和岩土工程等工作的单位。依据建设项目的目标，查明并分析、评价建设场地和有关范围内的地质环境特征和岩土工程条件，编制建设项目所需的勘察文件，提供相关服务和咨询。

（3）设计单位。是指已通过建设行政主管部门的资质审查，从事建设工程可行性研究、建设工程设计、工程咨询等工作的单位。依据建设项目的目标，对其技术、经济、资源、环境等条件进行综合分析，制定方案，论证比选，编制建设工程项目所需的设计文件，并提供相关服务和咨询。

（4）施工单位。是指经过建设行政主管部门的资质审查，从事土木工程、建筑工程、线路管道与设备安装、装修工程施工承包的单位。

（5）工程监理单位。是指经过建设行政主管部门的资质审查，受建设单位委托，依据国家法律规定要求和建设单位的要求，在建设单位委托的范围内，对建设工程进行监督管理的单位。

31.《建设工程质量管理条例》对建设单位的质量责任和义务作了哪些规定？

（1）依法发包工程

《建设工程质量管理条例》规定，建设单位应当将工程发包给具有相应资质等级的单位。建设单位不得将建设工程肢解发包。建设单位应当依法对工程建设项目的勘察、设计、施工、监理以及与工程建设有关的重要设备、材料等的采购进行招标。

（2）依法向有关单位提供原始资料

《建设工程质量管理条例》规定，建设单位必须向有关的勘察、设计、施工、工程监理等单位提供与建设工程有关的原始资料。原始资料必须真实、准确、齐全。向有关单位提供原始资料，并保证这些资料的真实、准确、齐全，是其基本的责任和义务。

（3）限制不合理的干预行为

《建筑法》规定，建设单位不得以任何理由，要求建筑设计单位或者建筑施工企业在工程设计或者施工作业中，违反法律、行政法规和建设工程质量、安全标准，降低工程质量。

《建设工程质量管理条例》进一步规定，建设工程发包单位，不得迫使承包方以低于成本的价格竞标，不得任意压缩合理工期。建设单位不得明示或者暗示设计单位或者施工单位违反工程建设强制性标准，降低建设工程质量。

（4）依法报审施工图设计文件

《建设工程质量管理条例》规定，建设单位应当将施工图设计文件报县级以上人民政府建设行政主管部门或者其他有关部门审查。施工图设计文件未经审查批准的，不得使用。

（5）依法实行工程监理

目前，我国的工程监理主要是对工程的施工过程进行监督

（6）依法办理工程质量监督手续

《建设工程质量管理条例》规定，建设单位在领取施工许可证或者开工报告前，应当按照国家有关规定办理工程质量监督手续。

建设单位办理工程质量监督手续，应提供以下文件和资料：①工程规划许可证；②设计单位资质等级证书；③监理单位资质等级证书、监理合同及《工程项目监理登记表》；④施工单位资质等级证书及营业执照副本；⑤工程勘察设计文件；⑥中标通知书及施工承包合同等。

（7）依法保证建筑材料等符合要求

《建设工程质量管理条例》规定，按照合同约定，由建设单位采购建筑材料、建筑构配件和设备的，建设单位应当保证建筑材料、建筑构配件和设备符合设计文件和合同要求。建设单位不得明示或者暗示施工单位使用不合格的建筑材料、建筑构配件和设备。

（8）依法进行装修工程

《建设工程质量管理条例》规定，涉及建筑主体和承重结构变动的装修工程，建设单位应当在施工前委托原设计单位或者具有相应资质等级的设计单位提出设计方案；没有设计方案的，不得施工。房屋建筑使用者在装修过程中，不得擅自变动房屋建筑主体和承重结构。

32. 《建设工程质量管理条例》对工程监理单位的质量责任和义务作了哪些规定？

（1）依法承担工程监理业务

《建筑法》规定，工程监理单位应当在其资质等级许可的监理范围内，承担工程监理业务。工程监理单位不得转让工程监理业务。

《建设工程质量管理条例》进一步规定，工程监理单位应当依法取得相应等级的资质证书，并在其资质等级许可的范围内承担工程监理业务。工程监理单位不得转让工程监理业务。

监理单位按照资质等级承担工程监理业务，是保证监理工作质量的前提。

（2）有隶属关系或其他利害关系的回避

《建设工程质量管理条例》规定，工程监理单位与被监理的施工承包单位以及建筑材料、建筑构配件和设备供应单位有隶属关系或者其他利害关系的，不得承担该项建设工程的监理业务。

（3）监理工作的依据和监理责任

1）工程监理的依据是：

①法律、法规，如《建筑法》、《合同法》、《建设工程质量管理条例》等。

②有关技术标准，如《工程建设标准强制性条文》以及建设工程承包合同中确认采用的推荐性标准等。

③设计文件、施工图设计等设计文件。

④建设工程承包合同。

2）监理单位对施工质量承担监理责任，包括违约责任和违法责任两个方面：

①违约责任。如果监理单位不按照监理合同约定履行监理义务，给建设单位或其他单位造成损失的，应当承担相应的赔偿责任。

②违法责任。如果监理单位违法监理，或者降低工程质量标准，造成质量事故的，要承担相应的法律责任。

（4）工程监理的职责和权限

1）未经监理工程师签字，建筑材料、建筑构配件和设备不得在工程上使用或者安装，施工单位不得进行下一道工序的施工。

2）未经总监理工程师签字，建设单位不拨付工程款，不进行竣工验收。

3）总监理工程师依法在授权范围内可以发布有关指令，全面负责受委托的监理工程。

（5）工程监理的形式

《建设工程质量管理条例》规定，监理工程师应当按照工程监理规范的要求，采取旁站、巡视和平行检验等形式，对建设工程实施监理。

（6）工程监理单位质量违法行为应承担的法律责任

《建筑法》规定，工程监理单位与建设单位或者建筑施工企业串通，弄虚作假、降低工程质量的，责令改正，处以罚款，降低资质等级或者吊销资质证书；有违法所得的，予以没收；造成损失的，承担连带赔偿责任；构成犯罪的，依法追究刑事责任。

《建设工程质量管理条例》规定，工程监理单位有下列行为之一的，责令改正，处 50 万元以上 100 万元以下的罚款，降低资质等级或者吊销资质证书；有违法所得的，予以没收；造成损失的，承担连带赔偿责任：①与建设单位或者施工单位串通，弄虚作假、降低工程质量的；②将不合格的建设工程、建筑材料、建筑构配件和设备按照合格签字的。

33.《建设工程质量管理条例》对施工质量检验制度作了哪些规定？

《建设工程质量管理条例》规定，施工单位必须建立、健全施工质量的检验制度，严格工序管理，作好隐蔽工程的质量检查和记录。隐蔽工程在隐蔽前，施工单位应当通知建设单位和建设工程质量监督机构。

施工质量检验，通常是指工程施工过程中工序质量检验（或称为过程检验），包括预检、自检、交接检、专职检、分部工程中间检验以及隐蔽工程检验等。

（1）严格工序质量检验和管理

施工单位要加强对施工工序或过程的质量控制，特别是要加强影响结构安全的地基和结构等关键施工过程的质量控制。

（2）强化隐蔽工程质量检查

按照《建设工程施工合同文本》的规定，工程具备隐蔽条件或达到专用条款约定的中间验收部位，施工单位进行自检，并在隐蔽或中间验收前 48 小时以书面形式通知监理工程师验收。验收不合格的，施工单位在监理工程师限定的时间内修改并重新验收。如果工程质量符合标准规范和设计图纸等要求，验收 24 小时后，监理工程师不在验收记录上签字的，视为已经批准，施工单位可继续进行隐蔽或施工。

34.《建设工程质量管理条例》对规划、消防、环保验收作了哪些规定?

《建设工程质量管理条例》规定,建设单位应当自建设工程竣工验收合格之日起 15 日内,将建设工程竣工验收报告和规划、公安消防、环保等部门出具的认可文件或者准许使用文件报建设行政主管部门或者其他有关部门备案。

(1)建设工程竣工规划验收

《城乡规划法》规定,县级以上地方人民政府城乡规划主管部门按照国务院规定对建设工程是否符合规划条件予以核实。未经核实或者经核实不符合规划条件的,建设单位不得组织竣工验收。建设单位应当在竣工验收后 6 个月内向城乡规划主管部门报送有关竣工验收资料。

《城乡规划法》还规定,建设单位未在建设工程竣工验收后 6 个月内向城乡规划主管部门报送有关竣工验收资料的,由所在地城市、县人民政府城乡规划主管部门责令限期补报;逾期不补报的,处 1 万元以上 5 万元以下的罚款。

(2)建设工程竣工消防验收

1)《消防法》规定,按照国家工程建设消防技术标准需要进行消防设计的建设工程竣工,依照下列规定进行消防验收、备案:

①国务院公安部门规定的大型的人员密集场所和其他特殊建设工程,建设单位应当向公安机关消防机构申请消防验收。

②其他建设工程,建设单位在验收后应当报公安机关消防机构备案,公安机关消防机构应当进行抽查。依法应当进行消防验收的建设工程,未经消防验收或者消防验收不合格的,禁止投入使用;其他建设工程经依法抽查不合格的,应当停止使用。

2)公安部《建设工程消防监督管理规定》进一步规定,建设单位申请消防验收应当提供下列材料:

①建设工程消防验收申报表;工程竣工验收报告;消防产品

质量合格证明文件。

②有防火性能要求的建筑构件、建筑材料、室内装修装饰材料符合国家标准或者行业标准的证明文件、出厂合格证。

③消防设施、电气防火技术检测合格证明文件。

④施工、工程监理、检测单位的合法身份证明和资质等级证明文件；其他依法需要提供的材料。

⑤公安机关消防机构应当自受理消防验收申请之日起20日内组织消防验收，并出具消防验收意见。

⑥对于依法应当进行消防验收的建设工程，未经消防验收或者消防验收不合格，擅自投入使用的，《消防法》规定，由公安机关消防机构责令停止施工、停止使用或者停产停业，并处3万元以上30万元以下罚款。

（3）建设工程竣工环保验收

国务院《建设项目环境保护条例》规定，建设项目竣工后，建设单位应当向审批该建设项目环境影响报告书、环境影响报告表或者环境影响登记表的环境保护行政主管部门，申请该建设项目需要配套建设的环境保护设施竣工验收。

环境保护设施竣工验收，应当与主体工程竣工验收同时进行。需要进行试生产的建设项目，建设单位应当自建设项目投入试生产之日起3个月内，向审批该建设项目环境影响报告书、环境影响报告表或者环境影响登记表的环境保护行政主管部门，申请该建设项目需要配套建设的环境保护设施竣工验收。

环境保护行政主管部门应当自收到环境保护设施竣工验收申请之日起30日内，完成验收。

35. 《建设工程质量管理条例》对竣工验收作了哪些规定？

（1）建设工程竣工验收的主体

《建设工程质量管理条例》规定，建设单位收到建设工程竣工报告后，应当组织设计、施工、工程监理等有关单位进行竣工验收。

对工程进行竣工检查和验收，是建设单位法定的权利和义务。

（2）竣工验收应当具备的法定条件

《建筑法》规定，交付竣工验收的建设工程，必须符合规定的建设工程质量标准，有完整的工程技术经济资料和经签署的工程保修书，并具备国家规定的其他竣工条件。建设工程竣工经验收合格后，方可交付使用；未经验收或者验收不合格的，不得交付使用。

《建设工程质量管理条例》进一步规定，建设工程竣工验收应当具备下列条件：

1）完成建设工程设计和合同约定的各项内容。

2）有完整的技术档案和施工管理资料。

3）有工程使用的主要建筑材料、建筑构配件和设备的进场试验报告。

4）有勘察、设计、施工、工程监理等单位分别签署的质量合格文件。

5）有施工单位签署的工程保修书。建设工程经验收合格的，方可交付使用。

（3）完成建设工程设计和合同约定的各项内容

建设工程设计和合同约定的内容，主要是指设计文件所确定的以及承包合同"承包人承揽工程项目一览表"中载明的工作范围，也包括监理工程师签发的变更通知单中所确定的工作内容。

（4）有完整的技术档案和施工管理资料，主要包括以下内容：

1）工程项目竣工验收报告。

2）分项、分部工程和单位工程技术人员名单。

3）图纸会审和技术交底记录。

4）设计变更通知单，技术变更核实单。

5）工程质量事故发生后调查和处理资料。

6）隐蔽验收记录及施工日志。

7）竣工图。

8）质量检验评定资料等。

9）合同约定的其他资料。

36.《建设工程质量管理条例》对建设工程保修作了哪些规定？

（1）建设工程质量保修书的提交时间及主要内容

《建设工程质量管理条例》规定，建设工程承包单位在向建设单位提交工程竣工验收报告时，应当向建设单位出具质量保修书。质量保修书中应当明确建设工程的保修范围、保修期限和保修责任等。

建设工程质量保修书是一项保修合同，是承包合同所约定双方权利与义务的延续，也是施工单位对竣工验收的建设工程承担保修责任的法律文本。

（2）工程质量保修书包括如下主要内容：

1）质量保修范围。《建筑法》规定，建设工程的保修范围应当包括地基基础工程、主体结构工程、屋面防水工程和其他土建工程，以及电气管线、上下水管线的安装工程，供热、供冷系统工程等项目。

2）质量保修期限。

3）承诺质量保修责任。主要是施工单位向建设单位承诺保修范围、保修期限和有关具体实施保修的措施，如保修的方法、人员及联络办法、保修答复和处理时限、不履行保修责任的罚则等。

4）如果是因建设单位或用户使用不当或擅自改动结构、设备位置以及不当装修等造成质量问题的，施工单位不承担保修责任；由此而造成的质量受损或其他用户损失，应当由责任人承担相应的责任。

（3）建设工程质量的最低保修期限

《建设工程质量管理条例》规定，在正常使用条件下，建设工程的最低保修期限为：

1）基础设施工程、房屋建筑的地基基础工程和主体结构工程，为设计文件规定的该工程的合理使用年限。

2）屋面防水工程，有防水要求的卫生间、房间和外墙面的防渗漏，为5年。

3）供热与供冷系统，为2个采暖期、供冷期。

4）电气管线、给排水管道、设备安装和装修工程，为2年。其他项目的保修期限由发包方与承包方约定。

5）其他项目的保修期由发包方与承包方约定。

建设工程的保修期，自竣工验收合格之日起计算。

（4）建设工程在保修范围内和保修期限内发生质量问题的，施工单位应当履行保修义务，并对造成的损失承担赔偿责任。

（5）建设工程在超过合理使用年限后需要继续使用的，产权所有人应当委托具有相应资质等级的勘察、设计单位鉴定，并根据鉴定结果采取加固、维修措施，重新界定使用期。

37.《建设工程质量管理条例》等规定对质量责任的损失赔偿作了哪些规定？

《建设工程质量管理条例》规定，建设工程在保修范围和保修期限内发生质量问题的，施工单位应当履行保修义务，并对造成的损失承担赔偿责任。

保修义务的责任落实与损失赔偿责任的承担。

最高人民法院《关于审理建设施工合同适用法律问题的解释》规定，因保修人未及时履行保修义务，导致建筑物损毁或者造成人身、财产损害的，保修人应当承担赔偿责任。

建设工程保修的质量问题是指在保修范围和保修期限内的质量问题。对于保修义务的承担和维修的经济责任承担应当按下述原则处理：

（1）施工单位未按照国家有关标准规范和设计要求施工所造成的质量缺陷，由施工单位负责返修并承担经济责任。

（2）由于设计问题造成的质量缺陷，先由施工单位负责维修，其经济责任按有关规定通过建设单位向设计单位索赔。

（3）因建筑材料、构配件和设备质量不合格引起的质量缺陷，先由施工单位负责维修，其经济责任属于施工单位采购的或经其验收同意的，由施工单位承担经济责任；属于建设单位采购的，由建设单位承担经济责任。

（4）因建设单位（含监理单位）错误管理而造成的质量缺陷，先由施工单位负责维修，其经济责任由建设单位承担；如属监理单位责任，则由建设单位向监理单位索赔。

（5）因使用单位使用不当造成的损坏问题，先由施工单位负责维修，其经济责任由使用单位自行负责。

（6）因地震、台风、洪水等自然灾害或其他不可抗拒原因造成的损坏问题，先由施工单位负责维修，建设参与各方再根据国家具体政策分担经济责任。

38. 对工程建设各方主体实施强制性标准实施的法律规定有哪些？

《建筑法》和《建设工程质量管理条例》规定，建设单位不得以任何理由，要求建筑设计单位或者建筑施工企业在工程设计或者施工作业中，违反法律、行政法规和建设工程质量、安全标准，降低工程质量。建设单位不得明示或者暗示设计单位或者施工单位违反工程建设强制性标准，降低建设工程质量。

勘察、设计单位必须按照工程建设强制性标准进行勘察、设计。

施工单位必须按照工程设计图纸和施工技术标准施工，不得擅自修改工程设计，不得偷工减料。

建设工程监理应当依照法律、行政法规及有关的技术标准、设计文件和建设工程承包合同，对承包单位在施工质量、建设工期和建设资金使用等方面，代表建设单位实施监督。

在对工程建设强制性标准实施改革后，我国目前实行的强制性标准包含三部分：

（1）批准发布时已明确为强制性标准的。

（2）批准发布时虽未明确为强制性标准，但其编号中不带"/T"的，仍为强制性标准。

（3）自 2000 年后批准发布的标准，批准时虽未明确为强制性标准，但其中有必须严格执行的强制性条文（黑体字），编号也不带"/T"的，也应视为强制性标准。

39. 对工程建设强制性标准的监督检查的方式和内容有哪些？

（1）监督管理机构

1）建设项目规划审查机关应当对工程建设规划阶段执行强制性标准的情况实施监督。

2）施工图设计文件审查单位应当对工程建设勘察、设计阶段执行强制性标准的情况实施监督。

3）建筑安全监督管理机构应当对工程建设施工阶段执行施工安全强制性标准的情况实施监督。

4）工程质量监督机构应当对工程建设施工、监理、验收等阶段执行强制性标准的情况实施监督。

（2）监督检查的方式和内容

工程建设标准批准部门应当对工程项目执行强制性标准情况进行监督检查。监督检查可以采取重点检查、抽查和专项检查的方式。

强制性标准监督检查的内容包括：

1）工程技术人员是否熟悉、掌握强制性标准。

2）工程项目的规划、勘察、设计、施工、验收等是否符合强制性标准的规定。

3）工程项目采用的材料、设备是否符合强制性标准的规定。

4）工程项目的安全、质量是否符合强制性标准的规定。

5）工程项目采用的导则、指南、手册、计算机软件的内容是否符合强制性标准的规定。

工程事故报告应当包含是否符合工程建设强制性标准的意见。

40.《建设工程质量管理条例》对工程监理单位违反强制性标准的处罚作了哪些规定?

（1）工程监理单位超越资质等级承揽工程的，责令停止违法行为，处以合同约定的监理酬金1倍以上2倍以下的罚款。

（2）工程监理单位允许其他单位或者个人以本单位名义承揽工程的，责令改正，没收非法所得，处以合同约定的监理酬金1倍以上2倍以下的罚款。

（3）工程监理单位转让工程监理业务的，责令改正，没收非法所得，处以合同约定的监理酬金25%以上50%以下的罚款；可以责令停业整顿，降低资质等级；情节严重的，吊销资质证书。

（4）工程监理单位与建设单位或者施工单位串通，弄虚作假，降低工程质量的；将不合格的建筑材料、建筑构配件和设备按照合格签字的，责令改正，处50万元以上100万元以下的罚款，降低资质等级或者吊销资质证书；有违法所得的，予以没收；造成损失的，承担连带赔偿责任。

（5）工程监理单位与被监理工程的施工承包单位以及建筑材料、建筑构配件和设备供应单位有隶属关系或者其他利害关系承担该项建设工程的监理业务的，责令改正，处5万元以上10万元以下的罚款，降低资质等级或者吊销资质证书；有违法所得的，予以没收。

（6）工程监理单位违反国家规定，降低工程质量规定，造成重大安全事故、构成犯罪的，对直接责任人员依法追究刑事责任。

（7）监理工程师注册执业人员因过错造成质量事故的，责令停止执业1年；造成重大事故的，吊销执业资格证书，5年内不予注册；情节特别恶劣的，终身不予注册。

41. **《房屋建筑和市政基础设施工程竣工验收备案管理办法》对工程竣工作了哪些规定？**

凡在我国境内新建、扩建、改建各类房屋建筑工程和市政基础设施工程，都必须按规定进行竣工验收备案。

（1）房屋建筑工程竣工验收备案的期限

1）建设单位应当自工程竣工验收合格之日起15d内，依照规定，向工程所在地的县级以上地方人民政府建设行政主管部门（以下简称备案机关）备案。

工程竣工验收备案表一式两份，一份由建设单位保存，一份留备案机关存档。

2）工程质量监督机构应当在工程竣工验收之日起5d内，向备案机关提交工程质量监督报告。

3）备案机关发现建设单位在竣工验收过程中有违反国家有关建设工程质量管理规定行为的，应当在收讫竣工验收备案文件15d内，责令停止使用，重新组织竣工验收。

（2）房屋建筑工程竣工验收备案时应提交的文件

1）工程竣工验收备案表。

2）工程竣工验收报告。竣工验收报告应当包括工程报建日期，施工许可证号，施工图设计文件审查意见，勘察、设计、施工、工程监理等单位分别签署的质量合格文件及验收人员签署的竣工验收原始文件，市政基础设施的有关质量检测和功能性试验资料以及备案机关认为需要提供的有关资料。

3）法律、行政法规规定应当由规划、环保等部门出具的认可文件或者准许使用文件。

4）法律规定应当由公安消防部门出具的对大型人员密集场所和其他特殊建设工程验收合格的证明文件。

5）施工单位签署的工程质量保修书。

6）法规、规章规定必须提供的其他文件。住宅工程还应当提交《住宅质量保证书》和《住宅使用说明书》。

42. 《建设工程监理规范》对项目监理机构有哪些要求?

(1) 监理单位履行施工阶段的委托监理合同时，必须在施工现场建立项目监理机构。项目监理机构在完成委托监理合同约定的监理工作后可撤离施工现场。撤离前，应由监理单位书面通知建设单位，并办理相应的移交手续。

(2) 项目监理机构的组织形式和规模，应根据委托监理合同规定的服务内容、服务期限、工程类别、规模、技术复杂程度、工程环境等因素确定。项目监理机构的组成应符合适应、精简、高效的原则。

(3) 监理人员应包括总监理工程师、专业监理工程师和监理员，必要时可配备总监理工程师代表，监理人员一般不少于三人。监理人员的数量和专业配备可随工程施工进展情况相应调整，从而满足不同阶段监理工作的需要。

(4) 监理单位应于委托合同签订后 10 天内将监理机构的组织形式、人员构成及对总监理工程师任命书通知监理单位。当总监理工程师需要调整时，监理单位应征得建设单位同意并书面通知建设单位；当专业监理工程师需要调整时，总监理工程师应书面通知建设单位和承包单位。调整监理人员应考虑监理工作的延续性，并应做好相应的交接工作。

43. 《建设工程监理规范》涉及施工阶段项目监理机构的工作内容包括哪些?

(1) 制定监理工作程序的一般规定。

1) 制定监理工作程序应有利于监理机构的工作规范化、程序化、制度化，有利于建设单位、承包单位及其他相关单位与监理单位之间工作配合协调。

2) 制定监理工作程序应体现事前控制和主动控制要求。

3) 制定监理工作程序应明确工作内容、行为主体、考核标准、工作时限。

4）在监理工作实施过程中，应根据实际情况的变化对监理工作程序进行调整和完善，但无论出现何种变化都必须坚持监理工作"先审核后实施、先验收后施工（下道工序）"的基本原则。

（2）施工准备阶段的监理工作。

1）项目总监理工程师组织监理人员熟悉施工图。

2）项目监理人员应参加由建设单位组织的设计技术交底会，总监理工程师应对设计技术交底会议纪要进行签认。

3）审查承包单位报送的施工组织设计（方案）、承包单位现场项目管理机构的质量管理体系、技术管理体系和质量保证体系。

4）审查分包单位的资质。

5）审核测量成果及现场查验桩、线的准确性及桩点、桩位保护措施的有效性。

6）监理人员应参加由建设单位主持召开的第一次工地会议，由项目监理机构负责起草第一次工地会议纪要，并经与会各方代表会签。

7）检查开工的具备条件，符合条件由总监理工程师签发工程开工报审表，并报送建设单位备案。

（3）工程质量、造价、进度控制工作。

（4）竣工验收及工程质量保修期的监理工作。

（5）施工合同管理的其他工作，包括：工程暂停及复工、工程变更、费用索赔的处理、工程延期及工程延误的处理、合同争议的调解、合同的解除等。

（6）施工阶段监理资料的管理。

44. 《建设工程监理规范》要求专业监理工程师从哪几方面对承包单位的试验室进行考核？

（1）试验室的资质等级及其试验范围。

（2）法定计量部门对试验设备出具的计量检定证明。

（3）试验室的管理制度。

（4）试验人员的资格证书。

（5）本工程的试验项目及其要求。

45. 《建设工程监理规范》规定在发生什么情况时，总监理工程师可签发工程暂停令？

总监理工程师在签发工程暂停令时，应根据暂停工程的影响范围和影响程度，按照施工合同和委托监理合同的约定签发。

（1）建设单位要求暂停施工、且工程需要暂停施工。

（2）为了保证工程质量而需要进行停工处理。

（3）施工出现了安全隐患，总监理工程师认为有必要停工以消除隐患。

（4）发生了必须暂时停止施工的紧急事件。

（5）承包单位未经许可擅自施工，或拒绝项目监理机构管理。

46. 《建设工程监理规范》规定项目监理机构处理工程变更应符合什么要求？

（1）项目监理机构在处理工程变更的质量、费用和工期方面取得建设单位授权后，应按施工合同规定与承包单位进行协商，经协商达成一致后，总监理工程师应将协商结果向建设单位周报，并由建设单位与承包单位在变更文件上签字。

（2）在项目监理机构未能就工程变更的质量、费用和工期方面取得建设单位授权时，总监理工程师应协助建设单位和承包单位进行协商，并达成一致。

（3）在建设单位和承包单位未能就工程变更的费用等方面达成协议时，项目监理机构应提出一个暂定的价格，作为临时支付工程进度款的依据。该工程款最终结算时，应以建设单位和承包单位达成的协议为依据。

在总监理工程师签发工程变更单之前，承包单位不得实施工程变更。

未经总监理工程师审查同意而实施的工程变更，项目监理机构不得予以计量。

47.《节约能源法》对建筑节能验收作了哪些规定？

（1）建筑工程节能验收

1）《节约能源法》规定，不符合建筑节能标准的建筑工程，建设主管部门不得批准开工建设；已经开工建设的，应当责令停止施工、限期改正；已经建成的，不得销售或者使用。

2）单位工程竣工验收应在建筑节能分部工程验收合格后进行。

3）建筑节能工程为单位工程的一个分部工程，并按规定划分为分项工程和检验批。

（2）建筑节能分部工程进行质量验收的条件

建筑节能分部工程的质量验收，应在检验批、分项工程全部合格的基础上，进行建筑围护结构的外墙节能构造实体检验，严寒、寒冷和夏热冬冷地区的外窗气密性现场检测，以及系统节能性能检测和系统联合试运转与调试，确认建筑节能工程质量达到验收的条件后方可进行。

（3）建筑节能分部工程验收的组织，应符合下列规定：

1）节能工程的检验批验收和隐蔽工程验收应由监理工程师主持，施工单位相关专业的质量检查员与施工员参加。

2）节能分项工程验收应由监理工程师主持，施工单位项目技术负责人和相关专业的质量检查员、施工员参加，必要时可邀请设计单位相关专业的人员参加。

3）节能分部工程验收应由总监理工程师（建设单位项目负责人）主持，施工单位项目经理、项目技术负责人和相关专业的质量检查员、施工员参加，施工单位的质量或技术负责人应参加，设计单位节能设计人员应参加。

（4）建筑节能工程验收的程序

1）施工单位自检评定。

2）监理单位进行节能工程质量评估。

3）建筑节能分部工程验收。

由监理单位总监理工程师（建设单位项目负责人）主持验收会议，组织施工单位的相关人员、设计单位节能设计人员对节能工程质量进行检查验收。验收各方对工程质量进行检查，提出整改意见。

建筑节能质量监督管理部门的验收监督人员到施工现场对节能工程验收的组织形式、验收程序、执行验收标准等情况进行现场监督。

4）施工单位按验收意见进行整改。

5）节能工程验收结论。

6）验收资料归档。

（5）建筑节能工程专项验收应注意事项

1）建筑节能工程验收重点是检查建筑节能工程效果是否满足设计及规范要求。

2）单位工程在办理竣工备案时应提交建筑节能相关资料，不符合要求的不予备案。

3）工程项目存在以下问题之一的，监理单位不得组织节能工程验收。

①未完成建筑节能工程设计内容的。

②隐蔽验收记录等技术档案和施工管理资料不完整的。

③工程使用的主要建筑材料、建筑构配件和设备未提供进场检验报告的，未提供相关的节能性检测报告的。

④工程存在违反强制性条文的质量问题而未整改完毕的。

⑤对监督机构发出的责令整改内容未整改完毕的。

⑥存在其他违反法律、法规行为而未处理完毕的。

4）工程项目验收存在以下问题之一的，应重新组织建筑节能工程验收：

①验收组织机构不符合法规及规范要求的。

②参加验收人员不具备相应资格的。

③参加验收各方主体验收意见不一致的。

④验收程序和执行标准不符合要求的。

⑤各方提出的问题未整改完毕的。

48. 《民用建筑节能条例》对新建民用建筑节能作了哪些规定?

（1）施工图设计文件审查机构应当按照民用建筑节能强制性标准对施工图设计文件进行审查；经审查不符合民用建筑节能强制性标准的，县级以上地方人民政府建设行政主管部门不得颁发施工许可证。

（2）建设单位不得明示或者暗示设计单位、施工单位违反民用建筑节能强制性标准进行设计、施工，不得明示或者暗示施工单位使用不符合施工图设计文件要求的墙体材料、保温材料、门窗、采暖制冷系统和照明设备。

（3）按照合同约定由建设单位采购墙体材料、保温材料、门窗、采暖制冷系统和照明设备的，建设单位应当保证其符合施工图设计文件要求。

（4）设计单位、施工单位、工程监理单位及其注册执业人员，应当按照民用建筑节能强制性标准进行设计、施工、监理。

（5）工程监理单位发现施工单位不按照民用建筑节能强制性标准施工的，应当要求施工单位改正；施工单位拒不改正的，工程监理单位应当及时报告建设单位，并向有关主管部门报告。

（6）墙体、屋面的保温工程施工时，监理工程师应当按照工程监理规范的要求，采取旁站、巡视和平行检验等形式实施监理。

未经监理工程师签字，墙体材料、保温材料、门窗、采暖制冷系统和照明设备不得在建筑上使用或者安装，施工单位不得进行下一道工序的施工。

（7）建设单位组织竣工验收，应当对民用建筑是否符合民用建筑节能强制性标准进行查验；对不符合民用建筑节能强制性标准的，不得出具竣工验收合格报告。

（8）在正常使用条件下，保温工程的最低保修期限为 5 年，保温工程的保修期，自竣工验收合格之日起计算。

保温工程在保修范围和保修期内发生质量问题的，施工单位应当履行保修义务，并对造成的损失依法承担赔偿责任。

49. 《建筑施工企业安全生产许可证管理规定》对建筑施工企业取得安全生产许可证作了哪些具体规定？

建筑施工企业取得安全生产许可证应当具备安全生产条件的具体规定：

（1）建立、健全安全生产责任制，制定完备的安全生产规章制度和操作规程。

（2）保证本单位安全生产条件所需资金的投入。

（3）设置安全生产管理机构，按照国家有关规定配备专职安全生产管理人员。

（4）主要负责人、项目负责人、专职安全生产管理人员经建设行政主管部门或者其他有关部门考核合格。

（5）特种作业人员经有关业务主管部门考核合格，取得特种作业操作资格证书。

（6）管理人员和作业人员每年至少进行 1 次安全生产教育培训并考核合格。

（7）依法参加工伤保险，依法为施工现场从事危险作业的人员办理意外伤害保险，为从业人员交纳保险费。

（8）施工现场的办公、生活区及作业场所和安全防护用具、机械设备、施工机具及配件符合有关安全生产法律、法规、标准和规程的要求。

（9）有职业危害防治措施，并为作业人员配备符合国家标准或者行业标准的安全防护用具和安全防护服装。

（10）有对危险性较大的分部分项工程及施工现场易发生重大事故的部位、环节的预防、监控措施和应急预案。

（11）有生产安全事故应急救援预案、应急救援组织或者应急救援人员，配备必要的应急救援器材、设备。

（12）法律、法规规定的其他条件。

50. 《建设工程安全生产管理条例》对建设工程安全生产管理总要求是什么？

（1）在中华人民共和国境内从事建设工程的新建、扩建、改建和拆除等有关活动及实施对建设工程安全生产的监督管理，必须遵守《建设工程安全生产管理条例》。

（2）建设工程安全生产管理，坚持安全第一、预防为主的方针。

（3）建设单位、勘察单位、设计单位、施工单位、工程监理单位及其他与建设工程安全生产有关的单位，必须遵守安全生产法律、法规的规定，保证建设工程安全生产，依法承担建设工程安全生产责任。

（4）国家鼓励建设工程安全生产的科学技术研究和先进技术的推广应用，推进建设工程安全生产的科学管理。

注：建设工程是指土木工程、建筑工程、线路管道和设备安装工程及装修工程。

51. 《建设工程安全生产管理条例》对编制安全技术措施和施工现场临时用电方案的要求是什么？

《建设工程安全生产管理条例》规定，施工单位应当在施工组织设计中编制安全技术措施和施工现场临时用电方案。

（1）安全技术措施

安全技术措施是为了实现安全生产，在防护上、技术上和管理上采取的措施。

安全技术措施可分为防止事故发生的安全技术措施和减少事故损失的安全技术措施。

常用的防止事故发生的安全技术措施有：消除危险源、限制能量或危险物质、隔离、故障—安全设计、减少故障和失误等。

常用的减少事故损失的安全技术措施有隔离、个体防护、设置薄弱环节、避难与救援等。

（2）施工现场临时用电方案

施工组织设计中还应当包括施工现场临时用电方案，防止施工现场人员触电和电气火灾事故发生。临时用电方案不仅直接关系到用电人员的安全，也关系到施工进度和工程质量。

施工现场临时用电设备在 5 台及以上或设备总容量在 50kW 及以上者，应编制用电组织设计。

施工现场临时用电设备在 5 台以下或设备总容量在 50kW 以下者，应制定安全用电和电气防火措施。

临时用电组织设计及变更时，必须履行"编制、审核、批准"程序，由电气工程技术人员组织编制，经相关部门审核及具有法人资格企业的技术负责人批准后实施。

52. 《建设工程安全生产管理条例》对工程监理单位的安全责任作了哪些规定？

（1）工程监理单位应当审查施工组织设计中的安全技术措施或者专项施工方案是否符合工程建设强制性标准。

（2）工程监理单位在实施监理过程中，发现存在安全事故隐患的，应当要求施工单位整改；情况严重的，应当要求施工单位暂时停止施工，并及时报告建设单位。施工单位拒不整改或者不停止施工的，工程监理单位应当及时向有关主管部门报告。

（3）工程监理单位和监理工程师应当按照法律、法规和工程建设强制性标准实施监理，并对建设工程安全生产承担监理责任。

53. 《建设工程安全生产管理条例》规定了哪些危险性较大的分部分项工程必须编制专项施工方案？

危险性较大的分部分项工程是指建设工程在施工过程中存在的、可能导致作业人员群死群伤或造成重大不良社会影响的分部分项工程。

施工单位应当在施工组织设计中编制安全技术措施和施工现场临时用电方案，对下列达到一定规模的危险性较大的分部分项工程编制专项施工方案，并附具安全验算结果，经施工单位技术负责人、总监理工程师签字后实施，由专职安全生产管理人员进行现场监督。

建设单位在申请领取施工许可证或办理安全监督手续时，应当提供危险性较大的分部分项工程清单和安全管理措施。施工单位、监理单位应当建立危险性较大的分部分项工程安全管理制度。

危险性较大的分部分项工程范围：

（1）基坑支护、降水工程

开挖深度超过3m（含3m）或虽未超过3m但地质条件和周边环境复杂的基坑（槽）支护、降水工程。

（2）土方开挖工程

开挖深度超过3m（含3m）的基坑（槽）的土方开挖工程。

（3）模板工程及支撑体系

1）各类工具式模板工程：包括大模板、滑模、爬模、飞模等工程。

2）混凝土模板支撑工程：搭设高度5m及以上；搭设跨度10m及以上；施工总荷载10kN/m^{2}及以上；集中线荷载15kN/m及以上；高度大于支撑水平投影宽度且相对独立无联系构件的混凝土模板支撑工程。

3）承重支撑体系：用于钢结构安装等满堂支撑体系。

（4）起重吊装及安装拆卸工程

1）采用非常规起重设备、方法，且单件起吊重量在10kN及以上的起重吊装工程。

2）采用起重机械进行安装的工程。

3）起重机械设备自身的安装、拆卸。

（5）脚手架工程

1）搭设高度24m及以上的落地式钢管脚手架工程。

2）附着式整体和分片提升脚手架工程。

3）悬挑式脚手架工程。

4）吊篮脚手架工程。

5）自制卸料平台、移动操作平台工程。

6）新型及异型脚手架工程。

（6）拆除、爆破工程

1）建筑物、构筑物拆除工程。

2）采用爆破拆除的工程。

（7）国务院建设行政主管部门或者其他有关部门规定的其他危险性较大的工程。

1）建筑幕墙安装工程。

2）钢结构、网架和索膜结构安装工程。

3）人工挖（扩）孔桩工程。

4）地下暗挖、顶管及水下作业工程。

5）预应力工程。

6）采用新技术、新工艺、新材料、新设备及尚无相关技术标准的危险性较大的分部分项工程。

54.《建设工程安全生产管理条例》规定了哪些危险性较大的分部分项工程施工单位应当组织专家对专项方案进行论证？

施工单位应当在危险性较大的分部分项工程施工前编制专项方案；对于超过一定规模的危险性较大的分部分项工程，施工单位应当组织专家对专项方案进行论证。

超过一定规模的危险性较大的分部分项工程范围：

（1）深基坑工程

1）开挖深度超过5m（含5m）的基坑（槽）的土方开挖、支护、降水工程。

2）开挖深度虽未超过5m，但地质条件、周围环境和地下管线复杂，或影响毗邻建筑（构筑）物安全的基坑（槽）的土方开挖、支护、降水工程。

（2）模板工程及支撑体系

1）工具式模板工程：包括滑模、爬模、飞模工程。

2）混凝土模板支撑工程：搭设高度8m及以上；搭设跨度18m及以上，施工总荷载15kN/m² 及以上；集中线荷载20kN/m及以上。

3）承重支撑体系：用于钢结构安装等满堂支撑体系，承受单点集中荷载700kg以上。

（3）起重吊装及安装拆卸工程

1）采用非常规起重设备、方法，且单件起吊重量在100kN及以上的起重吊装工程。

2）起重量300kN及以上的起重设备安装工程；高度200m及以上内爬起重设备的拆除工程。

（4）脚手架工程

1）搭设高度50m及以上落地式钢管脚手架工程。

2）提升高度150m及以上附着式整体和分片提升脚手架工程。

3）架体高度20m及以上悬挑式脚手架工程。

（5）拆除、爆破工程

1）采用爆破拆除的工程。

2）码头、桥梁、高架、烟囱、水塔或拆除中容易引起有毒有害气（液）体或粉尘扩散、易燃易爆事故发生的特殊建（构）筑物的拆除工程。

3）可能影响行人、交通、电力设施、通信设施或其他建（构）筑物安全的拆除工程。

4）文物保护建筑、优秀历史建筑或历史文化风貌区控制范围的拆除工程。

（6）其他

1）施工高度50m及以上的建筑幕墙安装工程。

2）跨度大于36m及以上的钢结构安装工程；跨度大于60m及以上的网架和索膜结构安装工程。

3）开挖深度超过 16m 的人工挖孔桩工程。

4）地下暗挖工程、顶管工程、水下作业工程。

5）采用新技术、新工艺、新材料、新设备及尚无相关技术标准的危险性较大的分部分项工程。

55. 专项施工方案编制、审核、实施的具体要求是什么？

（1）专项施工方案的编制

建设工程实行施工总承包的，专项方案应当由施工总承包单位组织编制。其中，起重机械安装拆卸工程、深基坑工程、附着式升降脚手架等专业工程实行分包的，其专项方案可由专业承包单位组织编制。

（2）专项方案编制应当包括以下内容

1）工程概况。

2）编制依据。相关法律、法规、规范性文件、标准、规范及图纸（国标图集）、施工组织设计等。

3）施工计划。包括施工进度计划、材料与设备计划。

4）施工工艺技术。技术参数、工艺流程、施工方法、检查验收等。

5）施工安全保证措施。组织保障、技术措施、应急预案、监测监控等。

6）劳动力计划。专职安全生产管理人员、特种作业人员等。

7）计算书及相关图纸。

（3）专项施工方案的审核

1）专项方案应当由施工单位技术部门组织本单位施工技术、安全、质量等部门的专业技术人员进行审核。经审核合格的，由施工单位技术负责人签字。实行施工总承包的，专项方案应当由总承包单位技术负责人及相关专业承包单位技术负责人签字。

2）不需专家论证的专项方案，经施工单位审核合格后报监理单位，由项目总监理工程师审核签字。

3）超过一定规模的危险性较大的分部分项工程专项方案应

当由施工单位组织召开专家论证会。实行施工总承包的，由施工总承包单位组织召开专家论证会。

（4）安全专项施工方案的实施

施工单位应当指定专人对专项方案实施情况进行现场监督和按规定进行监测。

56. 监理工程师对危险性较大的分部分项工程检查、验收的要求是什么？

（1）监理单位应当将危险性较大的分部分项工程列入监理规划和监理实施细则，应当针对工程特点、周边环境和施工工艺等，制定安全监理工作流程、方法和措施。

（2）监理单位应当对专项方案实施情况进行现场监理：

1）要求施工单位技术负责人应当定期巡查专项方案实施情况。

2）对不按专项方案实施的，应当责令整改，施工单位拒不整改的，应当及时向建设单位报告；建设单位接到监理单位报告后，应当立即责令施工单位停工整改；施工单位仍不停工整改的，建设单位应当及时向住房城乡建设主管部门报告。

（3）对于按规定需要验收的危险性较大的分部分项工程，施工单位、监理单位应当组织有关人员进行验收。验收合格的，经施工单位项目技术负责人及项目总监理工程师签字后，方可进入下一道工序。

57. 《建设工程安全生产管理条例》对施工现场安全防护作了哪些规定？

（1）危险部位设置安全警示标志

1）施工单位应当在施工现场入口处、施工起重机械、临时用电设施、脚手架、出入通道口、楼梯口、电梯井口、孔洞口、桥梁口、隧道口、基坑边沿、爆破物及有害危险气体和液体存放处等危险部位，设置明显的安全警示标志。

2）安全警示标志必须符合国家标准。

（2）根据不同施工阶段等采取相应的安全施工措施

1）施工单位应当根据不同施工阶段和周围环境及季节、气候的变化，在施工现场采取相应的安全施工措施。

2）施工现场暂时停止施工的，施工单位应当做好现场防护，所需费用由责任方承担，或者按照合同约定执行。

（3）施工现场临时设施的安全卫生要求

1）施工单位应当将施工现场的办公、生活区与作业区分开设置，并保持安全距离。

2）办公、生活区的选址应当符合安全性要求。职工的膳食、饮水、休息场所等应当符合卫生标准。

3）施工单位不得在尚未竣工的建筑物内设置员工集体宿舍。

4）施工现场临时搭建的建筑物应当符合安全使用要求。施工现场使用的装配式活动房屋应当具有产品合格证。

（4）对施工现场周边的安全防护措施

1）施工单位对因建设工程施工可能造成损害的毗邻建筑物、构筑物和地下管线等，应当采取专项防护措施。

2）施工单位应当遵守有关环境保护法律、法规的规定，在施工现场采取措施，防止或者减少粉尘、废气、废水、固体废物、噪声、振动和施工照明对人和环境的危害和污染。

3）在城市市区内的建设工程，施工单位应当对施工现场实行封闭围挡。

（5）安全防护设备、机械设备等的安全管理

1）施工单位采购、租赁的安全防护用具、机械设备、施工机具及配件，应当具有生产（制造）许可证、产品合格证，并在进入施工现场前进行查验。

2）施工现场的安全防护用具、机械设备、施工机具及配件必须由专人管理，定期进行检查、维修和保养，建立相应的资料档案，并按照国家有关规定及时报废。

（6）施工起重机械设备等的安全使用管理

1）施工单位在使用施工起重机械和整体提升脚手架、模板等自升式架设设施前，应当组织有关单位进行验收，也可以委托具有相应资质的检验检测机构进行验收。

2）使用承租的机械设备和施工机具及配件的，由施工总承包单位、分包单位、出租单位和安装单位共同进行验收。验收合格后方可使用。

3）《特种设备安全监察条例》规定的施工起重机械，在验收前应当经有相应资质的检验检测机构监督检验合格。

4）施工单位应当自施工起重机械和整体提升脚手架、模板等自升式架设设施验收合格之日起 30 日内，向建设行政主管部门或者其他有关部门登记。登记标志应当置于或者附着于该设备的显著位置。

（7）危险作业的施工现场安全管理

《安全生产法》规定，生产经营单位进行爆破、吊装等危险作业，应当安排专门人员进行现场安全管理，确保操作规程的遵守和安全措施的落实。

58. 《安全生产法》等法规对施工生产安全事故报告及采取相应措施作了哪些规定？

（1）实行施工总承包的建设工程，由总承包单位负责上报事故。

1）事故报告的基本要求

《安全生产法》规定，生产经营单位发生生产安全事故后，事故现场有关人员应当立即报告本单位负责人。单位负责人接到事故报告后，应当迅速采取有效措施，组织抢救，防止事故扩大，减少人员伤亡和财产损失，并按照国家有关规定立即如实报告当地负有安全生产监督管理职责的部门。

2）事故报告的时间要求

《生产安全事故报告和调查处理条例》规定，事故发生后，

65

事故现场有关人员应当立即向本单位负责人报告；单位负责人接到报告后，应当于1小时内向事故发生地县级以上人民政府安全生产监督管理部门和负有安全生产监督管理职责的有关部门报告。情况紧急时，事故现场有关人员可以直接向事故发生地县级以上人民政府安全生产监督管理部门和负有安全生产监督管理职责的有关部门报告。

3）事故报告的内容要求

①事故发生单位概况。

②事故发生的时间、地点以及事故现场情况。

③事故的简要经过。

④事故已经造成或者可能造成的伤亡人数（包括下落不明的人数）和初步估计的直接经济损失。

⑤已经采取的措施。

⑥其他应当报告的情况。

4）发生事故后应采取的相应措施

《建设工程安全生产管理条例》规定，发生生产安全事故后，施工单位应当采取措施防止事故扩大，保护事故现场。需要移动现场物品时，应当做出标记和书面记录，妥善保管有关证物。

《生产安全事故报告和调查处理条例》规定，事故发生单位负责人接到事故报告后，应当立即启动事故相应应急预案，或者采取有效措施，组织抢救，防止事故扩大，减少人员伤亡和财产损失。

（2）事故调查报告的期限与内容

1）事故调查组应当自事故发生之日起60日内提交事故调查报告；特殊情况下，经负责事故调查的人民政府批准，提交事故调查报告的期限可以适当延长，但延长的期限最长不超过60日。

2）事故调查报告应当包括下列内容：①事故发生单位概况；②事故发生经过和事故救援情况；③事故造成的人员伤亡和直接

经济损失；④事故发生的原因和事故性质；⑤事故责任的认定以及对事故责任者的处理建议；⑥事故防范和整改措施。

（3）事故的处理

1）事故处理时限

《生产安全事故报告和调查处理条例》规定，重大事故、较大事故、一般事故，负责事故调查的人民政府应当自收到事故调查报告之日起 15 日内做出批复；特别重大事故，30 日内做出批复，特殊情况下，批复时间可以适当延长，但延长的时间最长不超过 30 日。

2）事故调查处理

"四不放过"原则，即①事故原因未查清不放过。②事故责任者未受到处理不放过。③事故责任人和周围群众未受到教育不放过。④防范措施未落实不放过。

59. 工程监理单位违反《建设工程安全生产管理条例》规定后应负的法律责任有哪些？

违反本条例的规定，工程监理单位有下列行为之一的，责令限期改正；逾期未改正的，责令停业整顿，并处 10 万元以上 30 万元以下的罚款；情节严重的，降低资质等级，直至吊销资质证书；造成重大安全事故，构成犯罪的，对直接责任人员，依照刑法有关规定追究刑事责任；造成损失的，依法承担赔偿责任：

（1）未对施工组织设计中的安全技术措施或者专项施工方案进行审查的。

（2）发现安全事故隐患未及时要求施工单位整改或者暂时停止施工的。

（3）施工单位拒不整改或者不停止施工，未及时向有关主管部门报告的。

（4）未依照法律、法规和工程建设强制性标准实施监理的。

60. 注册执业人员违反《建设工程安全生产管理条例》规定后应负的法律责任有哪些？

（1）注册执业人员未执行法律、法规和工程建设强制性标准的，责令停止执业3个月以上1年以下。

（2）情节严重的，吊销执业资格证书，5年内不予注册。

（3）造成重大安全事故的，终身不予注册。

（4）构成犯罪的，依照刑法有关规定追究刑事责任。

61. 监理工程师如何做好职业健康安全管理控制？

（1）项目经理应负责职业健康安全的全面管理工作。项目负责人、专职安全生产管理人员应持证上岗。

（2）项目监理机构应遵照《建设工程安全生产管理条例》和《职业健康安全管理体系》GB/T 28000标准，要求项目经理部坚持安全第一、预防为主和防治结合的方针，建立职业健康安全方针、策划实施和运行、检查和纠正措施、管理评审以及持续改进等模式。

（3）项目职业健康安全管理应遵循下列程序：

1）识别并评价危险源及风险。

2）确定职业健康安全目标。

3）编制并实施项目职业健康安全技术措施计划。

4）职业健康安全技术措施计划实施结果验证。

5）持续改进相关措施和绩效。

项目的职业健康安全管理也应实施PDCA的循环原则。

（4）项目职业健康安全管理应特别注意以下问题：

1）应根据风险预防要求和项目的特点，制定职业健康安全生产技术措施计划，确定职业健康及安全生产事故应急救援预案，完善应急准备措施，建立相关组织。发生事故，应按照国家有关规定，向有关部门报告。在处理事故中，应防止二次伤害。

2）在施工阶段进行施工平面图设计和安排施工计划时，应充分考虑安全、防火、防爆和职业健康因素。

3）应按有关规定必须为从事危险作业的人员在现场工作期间办理意外伤害保险。

4）现场应将生产区与生活、办公区分离，配备紧急处理医疗设施，使现场的生活设施符合卫生防疫要求，采取防暑、降温、保暖、消毒、防毒等措施。

62. 制定应急预案有哪些具体要求？

（1）施工项目经理部应对可能出现的风险因素进行监控，根据需要制定应急计划。

（2）应急计划也可称为应急预案，其编制依据如下：

1）依据政府有关文件制定。

2）中华人民共和国国务院 373 号《特种设备安全监察条例》。

3）《职业健康安全管理体系 规范》GB/T 28001—2011。

4）环境管理体系系列标准 GB/T 24000。

5）《施工企业安全生产评价标准》JGJ/T 77—2010。

（3）应急计划编制程序

1）成立预案编制小组。

2）制定编制计划。

3）现场调查，收集资料。

4）环境因素或危险源的辨识和风险评价。

5）控制目标、能力与资源的评估。

6）编制应急预案文件。

7）应急预案评估。

8）应急预案发布。

（4）应急计划编制内容

1）应急预案的目标。

2）参考文献。

3）适用范围。

4）组织情况说明。

5）风险定义及其控制目标。

6）组织职能（职责）。

7）应急工作流程及其控制。

8）培训。

9）演练计划。

10）演练总结报告。

63. 《建筑施工安全检查标准》对安全管理检查评定作了哪些规定？

（1）安全管理检查评定应符合国家现行有关安全生产的法律、法规、标准的规定。

（2）安全管理检查评定保证项目应包括：安全生产责任制、施工组织设计及专项施工方案、安全技术交底、安全检查、安全教育、应急救援。

（3）安全管理检查评定一般项目应包括：分包单位安全管理、持证上岗、生产安全事故处理、安全标志。

64. 《建筑施工安全检查标准》对安全管理保证项目检查评定有哪些具体规定？

（1）安全生产责任制

1）工程项目部应建立以项目经理为第一责任人的各级管理人员安全生产责任制。

2）安全生产责任制应经责任人签字确认。

3）工程项目部应有各工种安全技术操作规程。

4）工程项目部应按规定配备专职安全员。

5）对实行经济承包的工程项目，承包合同中应有安全生产考核指标。

6）工程项目部应制定安全生产资金保障制度。

7）按安全生产资金保障制度，应编制安全资金使用计划，并应按计划实施。

8）工程项目部应制定以伤亡事故控制、现场安全达标、文明施工为主要内容的安全生产管理目标。

9）按安全生产管理目标和项目管理人员的安全生产责任制，应进行安全生产责任目标分解。

10）应建立对安全生产责任制和责任目标的考核制度。

11）按考核制度，应对项目管理人员定期进行考核。

（2）施工组织设计及专项施工方案

1）工程项目部在施工前应编制施工组织设计，施工组织设计应针对工程特点、施工工艺制定安全技术措施。

2）危险性较大的分部分项工程应按规定编制安全专项施工方案，专项施工方案应有针对性，并按有关规定进行设计计算。

3）超过一定规模、危险性较大的分部分项工程，施工单位应组织专家对专项施工方案进行论证。

4）施工组织设计、安全专项施工方案，应由有关部门审核，经施工单位技术负责人、监理单位项目总监理工程师批准。

5）工程项目部应按施工组织设计、专项施工方案组织实施。

（3）安全技术交底

1）施工负责人在分派生产任务时，应对相关管理人员、施工作业人员进行书面安全技术交底。

2）安全技术交底应按施工工序、施工部位、分部分项进行。

3）安全技术交底应结合施工作业场所状况、特点、工序，对危险因素、施工方案、规范标准、操作规程和应急措施进行交底。

4）安全技术交底应由交底人、被交底人、专职安全员进行签字确认。

（4）安全检查

1）工程项目部应建立安全检查制度。

2）安全检查应由项目负责人组织，专职安全员及相关专业人员参加，定期进行并填写检查记录。

3）对检查中发现的事故隐患应下达隐患整改通知单，定人、定时间、定措施进行整改。重大事故隐患整改后，应由相关部门组织复查。

（5）安全教育

1）工程项目部应建立安全教育培训制度。

2）当施工人员入场时，工程项目部应组织进行以国家安全法律法规、企业安全制度、施工现场安全管理规定及各工种安全技术操作规程为主要内容的三级安全教育培训和考核。

3）当施工人员变换工种或采用新技术、新工艺、新设备、新材料施工时，应进行安全教育培训。

4）施工管理人员、专职安全员每年度应进行安全教育培训和考核。

（6）应急救援

1）工程项目部应针对工程特点，进行重大危险源的辨识。应制定防触电、防坍塌、防高处坠落、防起重及机械伤害、防火灾、防物体打击等主要内容的专项应急救援预案，并对施工现场易发生重大安全事故的部位、环节进行监控。

2）施工现场应建立应急救援组织，培训、配备应急救援人员，定期组织员工进行应急救援演练。

3）按应急救援预案要求，应配备应急救援器材和设备。

65.《建设工程项目管理规范》对建设工程项目风险评估作了哪些规定？

（1）组织应按下列内容进行风险评估：

1）风险因素发生的概率。

①风险因素发生的概率应利用已有数据资料和相关专业方法进行估计。

②风险因素发生的概率应利用已有数据资料（包括历史资料和类似工程的资料），通常采用的相关专业方法主要指概率论方法和数理统计方法。

2）风险损失量的估计，其内容有：

①工期损失的估计。

②费用损失的估计。

③对工程的质量、功能、使用效果等方面的影响。

通常采用专家预测方法、趋势外推法预测、敏感性分析和盈亏平衡分析、决策树等方法。

3）风险等级评估。见表2-1。

表2-1　风险等级评估表

风险等级　　后果 可能性	轻度损失	中度损失	很大损失
很大	Ⅲ	Ⅳ	Ⅴ
中等	Ⅱ	Ⅲ	Ⅳ
极小	Ⅰ	Ⅱ	Ⅲ

注：Ⅰ—可忽略的风险；Ⅱ—可容许的风险；Ⅲ—中度风险；Ⅳ—重大风险；
　　Ⅴ—不容许的风险。

4）风险评估后应提出风险评估报告。

风险评估报告是在风险识别报告、风险概率分析、风险损失量分析和风险分级的基础上，加以系统整理和综合说明而形成的。

（2）组织应确定针对项目风险的对策进行风险响应。

确定针对项目风险的对策可利用表2-2。

表2-2　项目风险等级与控制对策

风险等级	控制对策
Ⅰ可忽略的	不采取控制措施且不必保留文件记录
Ⅱ可容许的	不需要另外的控制措施，但应考虑效果更佳的方案或不增加额外成本的改进措施，并监视该控制措施的兑现
Ⅲ中度的	应努力降低风险，仔细测定并限定预防成本，在规定期限内实施降低风险的措施
Ⅳ重大的	直至风险降低后才能开始工作。为降低风险，有时配给大量的资源。如果高风险涉及正在进行的工作时，应采取应急措施
Ⅴ不容许的	只有当风险已经降低时，才能开始或继续工作。如果无限地投入也不能降低风险，就必须禁止工作

（3）常用的风险对策应包括风险规避、减轻、自留、转移及其组合等策略。

1）风险规避即采取措施避开风险。方法有主动放弃或拒绝实施可能导致风险损失的方案、制定制度禁止可能导致风险的行为或事件发生等。

2）风险减轻可采用损失预防和损失抑制方法。

3）风险自留即承担风险，需要投入人力、财力才能承担得起。

4）风险转移指采用合同的方法确定由对方承担风险，采用保险的方法把风险转移给保险组织；采用担保的方法把风险转移给担保组织等。

5）风险策略是同时采用以上两种或两种以上的策略。

（4）风险对策应形成风险管理计划，其内容有：

1）风险管理目标。

2）风险管理范围。

3）可使用的风险管理方法、工具以及数据来源。

4）风险分类和风险排序要求。

5）风险管理的职责与权限。

6）风险跟踪的要求。

7）响应的资源预算。

66. 工程监理单位对新建建筑的节能义务是什么？

（1）《节约能源法》规定，国家实行固定资产投资项目节能评估和审查制度。

（2）建设工程的建设、设计、施工和监理单位应当遵守建筑节能标准。

（3）工程监理单位对新建建筑的节能义务：

1）工程监理单位发现施工单位不按照民用建筑节能强制性标准施工的，应当要求施工单位改正；

2）施工单位拒不改正的，工程监理单位应当及时报告建设单位，并向有关主管部门报告。

3）墙体、屋面的保温工程施工时，监理工程师应当按照工程监理规范的要求，采取旁站、巡视和平行检验等形式实施监理。

67.《建筑内部装修防火施工及验收规范》对建筑内部防火施工作了哪些规定？

（1）建筑内部装修工程的防火施工与验收，应按装修材料种类划分为纺织织物子分部装修工程、木质材料子分部装修工程、高分子合成材料子分部装修工程、复合材料子分部装修工程及其他材料子分部装修工程。

（2）建筑内部装修工程防火施工（简称装修施工）应按照批准的施工图设计文件和本规范的有关规定进行。

（3）装修施工应按设计要求编写施工方案。施工现场管理应具备相应的施工技术标准、健全的施工质量管理体系和工程质量检验制度，并应按本规范附录 A 的要求填写有关记录。

（4）装修施工前，应对各部位装修材料的燃烧性能进行技术交底。

（5）进入施工现场的装修材料应完好，并应核查其燃烧性能或耐火极限、防火性能型式检验报告、合格证书等技术文件是否符合防火设计要求。核查、检验时，要求填写进场验收记录。

（6）装修材料进入施工现场后，应按本规范的有关规定，在监理单位或建设单位监督下，由施工单位有关人员现场取样，并应由具备相应资质的检验单位进行见证取样检验。

（7）装修施工过程中，装修材料应远离火源，并应指派专人负责施工现场的防火安全。

（8）装修施工过程中，应对各装修部位的施工过程作详细记录。

（9）建筑工程内部装修不得影响消防设施的使用功能。装修施工过程中，当确需变更防火设计时，应经原设计单位或具有相应资质的设计单位按有关规定进行。

（10）装修施工过程中，应分阶段对所选用的防火装修材料按本规范的规定进行抽样检验。对隐蔽工程的施工，应在施工过程中及完工后进行抽样检验。现场进行阻燃处理、喷涂、安装作业的施工，应在相应的施工作业完成后进行抽样检验

第三篇 建设工程监理合同管理

68. 合同管理的概念要点是什么？

合同管理包括合同订立、履行、变更、索赔、解除、终止、争议解决以及控制和综合评价等内容，并应遵守《中华人民共和国合同法》和《中华人民共和国建筑法》的有关规定。

《中华人民共和国合同法》是民法的重要组成部分，是市场经济的基本法律制度。

《中华人民共和国建筑法》是我国工程建设的专用法律，其颁布实施，对加强建筑活动的监督管理、维护建筑市场秩序和合同当事人的合法权益、保证建设工程质量和安全，提供了明确的目标和法律保障。

69. 合同履行应遵循的原则是什么？

合同履行是指合同当事人双方依据合同条款的规定，实现各自享有的权利，并承担各自负有的义务，使相对人的权利得以实现，从而为各社会组织及自然人之间的生产经营及其他交易活动的顺利进行创造条件。在一定意义上讲，合同的履行不仅仅是当事人双方的义务，也是当事人对国家和社会共同承担的义务。因为当事人双方履行各自的义务，从宏观上看也就是直接地或间接地促进我国社会主义市场经济的发展，保障国民经济发展计划的实现。

合同履行的原则：

《合同法》第六十条规定："当事人应当按照约定全面履行自己的义务。

当事人应当遵循诚实信用原则，根据合同的性质、目的和交易习惯履行通知、协助、保密等义务。"

依照《合同法》的规定，合同当事人履行合同时，应遵循以下原则：

（1）全面、适当履行的原则

全面、适当履行，是指合同当事人双方应当按照合同约定全面履行自己的义务，包括履行义务的主体、标的、数量、质量、价款或者报酬以及履行的方式、地点、期限等，都应当按照合同的约定全面履行。

（2）遵循诚实信用的原则

诚实信用原则，是我国《民法通则》的基本原则，也是《合同法》的一项十分重要的原则，它贯穿于合同的订立、履行、变更、终止等全过程。因此，当事人在订立合同时，要讲诚实，要守信用，要善意，当事人双方要互相协作，合同才能圆满地履行。

诚实信用原则的基本内容，是指合同当事人善意的心理状况，它要求当事人在进行民事活动中不为欺诈行为，恪守信用，尊重交易习惯，不得回避法律和歪曲合同条款。正当竞争，反对垄断，尊重社会公共利益和不得滥用权利等。

（3）公平合理，促进合同履行的原则

合同当事人双方自订立合同起，直到合同的履行、变更、转让以及发生争议时对纠纷的解决，都应当依据公平合理的原则，按照《合同法》的规定，根据合同的性质、目的和交易习惯善意地履行通知、协助、保密等义务。

（4）当事人一方不得擅自变更合同的原则

合同依法成立，即具有法律约束力，因此，合同当事人任何一方均不得擅自变更合同。《合同法》在若干条款中根据不同的情况对合同的变更，分别作了专门的规定。这些规定更加完善了我国的合同法律制度，并有利于促进我国社会主义市场经济的发展和保护合同当事人的合法权益。

70.《中华人民共和国合同法》对建设工程施工合同的履行作了哪些具体规定?

《合同法》是建筑施工合同签订履行的基础,合同是平等主体的自然人、法人、其他组织之间设立、变更、终止民事权利义务关系的协议。合同当事人的法律地位平等,一方不得将自己的意志强加给另一方。

《合同法》第四条:当事人依法享有自愿订立合同的权利,任何单位和个人不得非法干预。

《合同法》第五条:当事人应当遵循公平原则确定各方的权利和义务。

《合同法》第六条:当事人行使权利、履行义务应当遵循诚实信用原则。

《合同法》第七条:当事人订立、履行合同,应当遵守法律、行政法规,尊重社会公德,不得扰乱社会经济秩序,损害社会公共利益。

《合同法》第八条:依法成立的合同,对当事人具有法律约束力。当事人应当按照约定履行自己的义务,不得擅自变更或者解除合同。依法成立的合同,受法律保护。

依法成立的合同,自成立时生效。法律、行政法规规定应当办理批准、登记等手续生效的,依照其规定。

(1)《合同法》第五十二条:有下列情形之一的,合同无效:

1)一方以欺诈、胁迫的手段订立合同,损害国家利益。

2)恶意串通,损害国家、集体或者第三人利益。

3)以合法形式掩盖非法目的。

4)损害社会公共利益。

5)违反法律、行政法规的强制性规定。

(2)《合同法》第五十三条:合同中的下列免责条款无效:

1)造成对方人身伤害的。

2)因故意或者重大过失造成对方财产损失的。

（3）《合同法》第五十四条：下列合同，当事人一方有权请求人民法院或者仲裁机构变更或者撤销：

1）因重大误解订立的。

2）在订立合同时显失公平的。

一方以欺诈、胁迫的手段或者乘人之危，使对方在违背真实意愿的情况下订立的合同，受损害方有权请求人民法院或者仲裁机构变更或者撤销。当事人请求变更的，人民法院或者仲裁机构不得撤销。

71. 监理合同当事人双方都有哪些权利和义务？

（1）委托人义务

1）委托人应负责建设工程的所有外部关系的协调工作，满足开展监理工作所需提供的外部条件。

2）与监理人做好协调工作。委托人要授权一位熟悉建设工程情况、能迅速做出决定的常驻代表，负责与监理人联系。更换此人要提前通知监理人。

3）为了不耽搁服务，委托人应在合同约定的时间内就监理人以书面形式提交并要求做出决定的一切事宜做出书面决定。

4）为监理人顺利履行合同义务，做好协助工作。协助工作包括以下几方面内容：

①将授予监理人的监理权利，以及监理人监理机构主要成员的职能分工、监理权限及时书面通知已选择的第三方，并在第三方签订的合同中予以明确。

②在双方议定的时间内，免费向监理人提供与工程有关的监理服务所需要的工程资料。

③为监理人驻工地监理机构开展正常工作提供协助服务。服务内容包括信息服务、物质服务和人员服务3个方面。

a. 信息服务是指协助监理人获取工程使用的原材料、构配件、设备等生产厂家名录，以掌握产品质量信息，向监理人提供与本工程有关的协作单位、配合单位的名录，以方便监理工作的组织协调。

b. 物质服务是指免费向监理人提供合同专用条件约定的设备、设施、生活条件等。一般包括检测实验设备、测量设备、通信设备、交通设备、气象设备、照相录像设备、打字复印设备、办公用房及生活用房等。这些属于委托人财产的设备和物品，在监理任务完成和终止时，监理人应将其交还委托人。如果双方议定某些本应由委托人提供的设备由监理人自备，则应给监理人合理的经济补偿。对于这种情况，要在专用条件的相应条款内明确经济补偿的计算方法，通常为：

$$补偿金额 = 设施在工程使用时间占折旧年限的比例$$
$$\times 设施原值 + 管理费$$

c. 人员服务是指如果双方议定，委托人应免费向监理人提供职员和服务人员，也应在专用条件中写明提供的人数和服务时间。当涉及监理服务工作时，委托人所提供的职员只应从监理工程师处接受指示。监理人应与这些提供服务人员密切合作，但不对他们的失职行为负责。如委托人选定某一科研机构的实验室负责对材料和工艺质量的检测实验，并与其签订委托合同。实验机构的人员应接受监理工程师的指示完成相应的实验工作，但监理人既不对检测实验数据的错误负责，也不对由此而导致的判断失误负责。

（2）监理人义务

1）监理人在履行合同的义务期间，应运用合理的技能认真勤奋地工作，公正地维护有关方面的合法权益。当委托人发现监理人员不按监理合同履行监理职责，或与承包人串通给委托人或工程造成损失时，委托人有权要求监理更换监理人员，直到终止合同并要求监理人承担相应的赔偿责任或连带赔偿责任。

2）合同履行期间应按合同约定派驻足够的人员从事监理工作。开始执行监理业务前向委托人报送派往该工程项目的总监理工程师及该项目监理机构的人员情况。合同履行过程中如果需要调换总监理工程师，必须首先经过委托人同意，并派出具有相应资质和能力的人员。

3）在合同期内或合同终止后，未征得有关方同意，不得泄露与本工程、合同业务有关的保密资料。

4）任何由委托人提供的监理人使用的设施和物品都属于委托人财产，监理工作完成或终止时，应将设施和剩余物品归还委托人。

5）非经委托人书面同意，监理人及其职员不应接受委托监理合同约定以外的与监理工程有关的报酬，以保证监理行为的公正性。

6）监理人不得参与可能与合同规定的与委托人利益相冲突的任何活动。

7）在监理过程中，不得泄露委托人申明的秘密，也不得泄露设计、承包等单位申明的秘密。

8）负责合同的协调管理工作。在委托工程范围内，委托人或承包人对对方的任何意见和要求（包括索赔要求），均必须首先向监理机构提出，由监理机构研究处置意见，再同双方协商确定。当委托人和承包人发生争议时，监理机构应根据自己的职能，以独立的身份判断，公正地进行调解。当双方的争议由行政部门调解或仲裁机构仲裁时，应当提供作证的事实材料。

（3）委托人权利

1）授予监理人权限的权利

同是要求监理人对委托人与第三方签订的各种承包合同的履行实施监理，监理人在委托人授权范围内对其他合同进行监督管理，因此在监理内除需明确委托的监理任务外，还应规定监理人的权限。在委托人授权范围内，监理人可对所监理的合同自主地采取各种措施进行监督、管理和协调，如果超越权限时，应首先征得委托人同意后方可发布有关指令。委托人授予监理人权限的大小，要根据自身的管理能力、建设工程项目的特点及需要等因素考虑。监理合同内授权监理人的权限，在执行过程中可随时通过书面附加协议予以扩大或减小。

2）对其他合同承包人的选定权

委托人是建设资金的持有者和建筑产品的所有人，因此对设计合同、施工合同、加工制造合同等承包单位有选定权和订立合同的签字权。监理人在选定其他合同承包人的工程中仅有建议权而无决定权。监理人协助委托人选择承包人的工作可能包括：邀请招标时提供有关资格和能力的承包人名录；帮助起草招标文件；组织现场考察；参与评标，以及接受委托代理招标等。但标准条件中规定，监理设计和施工等总包单位所选定的分包单位，拥有批准权或否决权。

3）委托监理工程重大事项的决定权

委托人有对工程规模、规划设计、生产工艺设计、设计标准和使用功能等要求的认定权；工程设计变更审批权。

4）对监理人履行合同的监督控制权

委托人对监理人履行合同的监督权利体现在以下三个方面：

①对监理合同转让和分包的监督。除了支付款的转让外，未经委托人的书面同意，监理人不得将所涉及利益或规定义务转让给第三方。监理所选择的监理单位必须事先征得委托人的认可。在没有取得委托人的书面同意前，监理人不得开始实行、更改或终止全部或部分服务的任何分包合同。

②对监理人员的控制监督。合同专用条款或监理人的投标书内，应明确总监理工程师人选，监理机构派驻人员计划。合同开始履行时，监理人应向委托人报送委派的总监理工程师及其监理机构的主要成员名单，以保证完成监理合同专用条件中约定的监理工作范围内的任务。当监理人调换总监理工程师时，须经委托人同意。

③对合同履行的监督权。监理人有义务按期提交月、季、年度的监理报告，委托人也可以随时要求其对重大问题提交专项报告，这些内容应在专用条款中明确约定。委托人按照合同约定检查监理工作的执行情况，如果发现监理人员不按监理合同履行职责或与承包方串通，给委托人或工程造成损失，有权要求监理人

更换监理人员，直至终止合同，并承担相应赔偿责任。

（4）监理人权利

监理合同中涉及监理人权利的条款可分为两大类，一类是监理人在委托合同中应享有的权利，另一类是监理人履行委托人与第三方签订的承包合同的监理任务时可行使的权利。

1）委托监理合同中赋予监理人的权利包括

①完成监理任务后获得酬金的权利。监理人不仅可获得完成合同内规定的正常监理任务酬金，如果合同履行过程中因主、客观条件的变化，完成附加工作和额外工作后，也有权按照专用条件中约定的计算方法，得到额外工作的酬金。正常酬金的支付程序和金额，以及附加与额外工作酬金的计算办法，应在专用条款内写明。

②获得奖励的权利。如由于监理人提出的合理化建议，委托人应给予适当的物质奖励。奖励的办法通常参照国家颁布的合理化建议奖励办法，写明在专用条件相应的条款内。

③终止合同的权利。如果由于委托人违约严重拖欠应付监理人的酬金，或由于非监理人责任而使监理暂停的期限超过半年以上，监理人可按照终止合同规定程序，单方面提出终止合同，以保护自己的合法权益。

2）监理人执行监理业务可以行使的权利

按照范本通用条件的规定，监理委托人和第三方签订承包合同时同时可行使的权利包括：

①建设工程有关事项和工程设计的建议权，工程设计是指按照安全和优化方面的要求，就某些技术问题自主向设计单位提出建议。但如果由于提出的建议提高了工程造价，或延长了工期，应事先征得委托人的同意，如果发现工程设计不符合建设工程质量标准或约定的要求，应当报告委托人要求设计单位更改，并向委托人提出书面报告。

②对实施项目的质量、工期和费用的监督控制权。主要表现为：对承包人报的工程施工组织设计和技术方案，按照保质量、

保工期和降低成本要求，自主进行审批和向承包人提出建议；征得委托人同意，发布开工令、停工令、复工令；对工程上使用的材料和施工质量进行检验；对施工进度进行检查、监督，未经监理工程师签字，建筑材料、建筑构配件和设备不得在工地上使用，施工单位不得进行下一道工序的施工；工程实施竣工日期提前或延误期限的签订；在工程承包合同方限定的工程范围内，工程款的审核和签认权，以及结算工程款的复核确认与否定权。未经监理人签字确认，委托人不支付工程款，不进行竣工验收。

③工程建设有关协作单位组织协调的主持权。

④在业务紧急情况下，为了工程和人身安全，尽管变更指令已超越了委托人授权而又不能事先得到批准时，也有权发布变更指令，但应尽快通知委托人。

⑤审核承包人索赔的权利。

72. 监理合同要求监理人必须完成的工作包括哪几类？

建设工程监理工作包括：

工程监理的正常工作、附加工作和额外工作。

（1）建设工程监理的正常工作是指合同约定的投资、质量、工期的三大控制，以及合同、信息两项管理。

（2）建设工程监理的附加工作是指：

1）委托人委托正常监理工作范围以外，通过双方书面协议另外增加的工作内容。

2）由于委托人或者承包人原因，使监理工作受到阻碍或延误，因增加工作量或持续时间而增加的工作。

3）建设工程监理的额外工作是指正常工作和附加工作以外，但根据合同规定监理人必须完成的工作，或者非监理人自己的原因而暂停或终止监理业务，其善后工作及恢复监理业务前不超过42天的准备工作时间。

由于附加工作和额外工作是委托正常工作之外要求监理人员必须履行的义务，因此委托人在其完成工作后，应另行支付附加监理工作酬金和额外监理工作酬金。酬金的计算办法应在专用条款内予以约定。

73. 监理人执行监理业务过程中，民事责任的承担原则是什么？发生哪些情况不应由他承担责任？

在监理活动中的民事责任主要是指违约责任的承担。在监理活动中，任何一方对另一方负有责任时的赔偿原则是：

（1）赔偿应限于由于违约所造成的、可以合理预见的损失和损害的数额。

（2）在任何情况下，赔偿的累计数额不应超过专用条款中规定的最大赔偿限额；在监理一方，其赔偿总额不应超出监理酬金总额（除去税金）。

（3）如果任何一方与第三方共同对另一方负有责任时，则负有责任一方所应付的赔偿比例应限于由其违约所应负责的那部分比例。

在监理活动中，如果因工程进展的推迟或延误而使完成全部议定监理任务超过议定的日期，双方应进一步商定相应延长的责任期，监理单位不对责任期以外的任何事件所引起的损失或损害负责，也不对第三方违反合同规定的质量要求和交工时限承担责任。

74. 委托监理合同履行结束，监理工程师如何写好合同总结报告？

合同履行结束即合同终止。项目监理机构应及时进行合同评价，总结合同签订和执行过程中的经验和教训，提出总结报告。

由于合同的重要性和复杂性，对于合同履行过程中的经验教训的总结就更为重要，项目监理机构应抓好合同的综合评价工作，将建设工程项目个体的经验教训变成监理组织财富。

合同总结报告应包括下列内容：

（1）合同签订情况评价。

（2）合同执行情况评价。

（3）合同管理工作评价。

（4）对本项目有重大影响的合同条款的评价。

（5）其他经验和教训。

由于项目的唯一性，合同的总结报告应根据实际情况编写。监理组织管理层应针对项目的总结报告提出要求。

75. 竣工工程质量发生争议时应如何处理？

（1）建设工程竣工时只要发现质量问题或质量缺陷，无论是建设单位的责任还是施工单位的责任，施工单位都有义务进行修复或返修。对于非施工单位原因出现的质量问题或质量缺陷，其返修的费用和造成的损失是应由责任方承担的。

（2）承包方责任的处理

《合同法》规定，因施工人的原因致使建设工程质量不符合约定的，发包人有权要求施工人在合理期限内无偿修理或者返工、改建。

如果承包人拒绝修理、返工或改建的，最高人民法院《关于审理建设施工合同纠纷案件适用法律问题的解释》第11条规定，因承包人的过错造成建设工程质量不符合约定，承包人拒绝修理、返工或者改建，发包人请求减少支付工程价款的，应予支持。

（3）发包方责任的处理

最高人民法院《关于审理建设施工合同纠纷案件适用法律问题的解释》第12条规定，发包人具有下列情形之一，造成建设工程质量缺陷，应当承担过错责任：①提供的设计有缺陷；②提供或者指定购买的建筑材料、建筑构配件、设备不符合强制性标准；③直接指定分包人分包专业工程。

（4）未经竣工验收擅自使用的处理原则

《建筑法》、《合同法》、《建设工程质量管理条例》均规定，建设工程竣工经验收合格后，方可交付使用；未经验收或验收不合格的，不得交付使用。

最高人民法院《关于审理建设施工合同纠纷案件适用法律问题的解释》第 13 条规定，建设工程未经竣工验收，发包人擅自使用后，又以使用部分质量不符合约定为由主张权利的，不予支持；但是承包人应当在建设工程的合理使用寿命内对地基基础工程和主体结构质量承担民事责任。

76. 竣工阶段工程师应作好哪些工作?

（1）竣工前的试车

竣工前的试车工作分为单机无负荷试车和联动无负荷试车两类。双方约定需要试车的，试车内容应与承包人承包的安装范围一致。单机无负荷试车合格，工程师在试车记录上签字；联动无负荷试车由发包人组织试车，试车合格，发包人和承包人在试车记录上签字。

（2）竣工验收

竣工验收分为分项工程竣工验收和整体工程竣工验收两大类，视施工合同约定的工作范围而定。

1）总监理工程师应对承包人递交的工程竣工报告签署意见。

2）在验收过程中，监理单位应向验收组汇报工程合同履约情况和在工程建设各个环节执行法律、法规和工程建设强制性标准的情况，并提供监理工程档案资料。

3）验收组通过检查验收，监理单位应签署工程竣工验收意见。

（3）竣工时间的确定

工程竣工验收后，承包人送交竣工验收报告的日期为实际竣工日期。

合同约定的工期指协议书中写明的时间与施工过程中遇到合同约定可以顺延工期条件情况后，经过工程师确认应予承包人顺延工期之和。

77. 监理工程师在处理合同变更时应注意哪几个问题？

合同的变更是指合同签订后或在履行过程中，因履行合同的主观情况发生了变化，承发包双方根据法律法规或者合同约定的条件和程序，对原合同的内容进行修改或者补充。合同变更后，当事人的权利义务随之发生变化。

监理工程师在处理合同变更时应注意以下几个问题：

（1）监理工程师在接受由业主或设计单位提出的变更要求后，应对变更内容所引起的进度、费用、工程量等变化在业主授权范围内审查和批准合同变更；对于超出授权范围的，提交变更意见，报送业主决策。

（2）与当事人双方就合同变更事宜进行充分协商，在协商一致的情况下，需报送主管部门批准的，在正式批准后合同变更方能生效。

（3）对于合同变更给一方当事人造成损失的，监理工程师应该公正地处理受损方提出的赔偿损失的要求。

（4）协助业主做好合同变更后的有关事宜。

78. 监理工程师对合同违约的处理程序、处理原则是什么？如何对违约事件进行确认？

违约是指建设工程合同当事人不履行合同义务或履行合同义务不符合约定时，依法应当承担的民事法律责任。

（1）违约处理的基本程序

违约处理的基本程序如图 3-1 所示：

（2）处理违约的原则

1）及时提醒有关各方，防止或减少违约事件的发生。

2）对已发生的违约事件，要以事实为根据，以合同的约定为准绳，公正处理。

3）处理违约事件应认真听取各方意见，在与当事人充分协商的基础上确定解决方案。

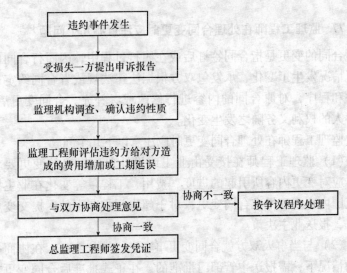

图 3-1 违约处理基本程序图

（3）对违约事件的确认

1）按合同规定，业主不按合同约定及时给示必要的指令、确认或批准；不按合同约定履行义务；不按合同约定及时支付工程款，监理工程师有权确认业主违约。

2）按合同规定，承包商不按合同工期竣工，施工质量达不到设计、规范和合同要求；发生其他使合同无法履行的行为，监理工程师有权确认承包商违约。

79. 监理工程师处理索赔的依据、原则和应负有的职责是什么?

（1）处理索赔的依据

1）法律依据。

主要包括，相关法律、行政法规、部门规章、地方性法规、其他规范性文件。

2）合同文件依据。

组成合同的文件及先后解释顺序为：

合同协议书；中标通知书；投标书及其附件；合同专用条

款；合同通用条款；标准、规范及有关技术文件；图纸；工程量清单；工程报价或预算书。

3）索赔事实。

索赔事实主要有合同当事人的违约行为，以及双方当事人意志以外的造成当事人损失的某种事实。

（2）处理索赔的原则

1）预防为主的原则。

2）公正合理的原则。

3）授权的原则。

4）协商的原则。

5）及时处理的原则。

（3）监理工程师在处理索赔事件上应负有的职责

在接受承包商提出的索赔要求后，应立即进行处理的有关索赔工作，在仔细审查索赔报告书后，及时进行以下工作：

1）依据建设工程合同文件规定，对索赔的有效性进行审查、评价和认证，并提出初步意见。

2）对支持索赔的有关资料和事实进行调查、核实、取证、分析和认证。

3）对索赔费用的计算依据、计算方法、取费标准及其合理性进行落实和审查，提出应合理索赔费用的初步意见。

4）对工期的索赔应检查工期的损失是否发生在关键线路上，合理分析工期延期的有关计算依据，提出应合理索赔延期的初步意见。

5）对由业主与承包商应共同承担的损失，与双方协商，公平合理地提出初步处理意见。

6）在合同双方协商取得一致意见后，提出索赔审查意见，连同索赔报告文件提交业主，由业主支付已批准的索赔费用。在双方协商无法取得一致的情况下，发布总监理工程师的决定意见。

80. 监理工程师应如何处理索赔具体事项？

在建设工程合同履行过程中，当发生索赔事件后，承包人一般向发包人进行索赔，当然，发包人也可以根据合同和规定向承包人进行反索赔。由于工程索赔是双向的，合同的任何一方均有权利向对方提出索赔。

（1）建设工程施工合同索赔

索赔通常分为费用索赔和工期索赔两种。

1）工期索赔的计算方法

①网络分析法。网络分析法通过分析延误前后的施工网络计划，比较两种工期（关键线路）计算结果，计算出工程应顺延的工程工期。

②比例分析法。比例分析法通过分析增加或减少的单项工程量（工程造价）与合同总量（合同总造价）的比值，推断出增加或减少的工程工期。

③其他方法。工程现场施工中，可以按照索赔事件实际增加的天数确定索赔的工期；通过发包方与承包方协议确定索赔的工期。

2）费用索赔计算方法

①总费用法。又称为总成本法，通过计算出某单项工程的总费用，减去单项工程的合同费用，剩余费用为索赔的费用。

②分项法。按照工程造价的确定方法，逐项进行工程费用的索赔。可以分为人工费、机械费、管理费、利润等分别计算索赔费用。

（2）建筑工程施工合同反索赔

1）反索赔的内容包括直接经济损失和间接经济损失。

2）反索赔的主要内容：

①延迟工期的反索赔。在工程建设项目建设中，承包方在合同规定的工期内没有完成合同约定的工程量和设计内容，延迟交付工程，影响了发包方对施工项目的使用和运营生产，造成发包

方的经济损失。因此，发包方可就该事件向承包方进行反索赔。承包方依据合同的约定和拖延的工期等因素对发包方的损失进行赔偿。

②工程施工质量缺陷的反索赔。在工程建设项目建设中，当出现承包方所使用的建筑材料或设备不符合合同规定；工程质量没有满足施工技术规范、验收规范的规定；出现质量缺陷而未在质量缺陷责任期满之前完成质量缺陷的修复工作，发包方可就该事件进行反索赔。

③合同担保的反索赔。承包方在项目建设过程中，按照规定对合同的相关内容进行担保（例如预付款的合同担保等），当承包方没有按照合同约定的内容履行合同义务，发包方可就该事件进行反索赔，承包方及其担保单位应承担反索赔的经济损失。

④发包方其他损失的反索赔。

81. 建设工程施工合同中的赔偿损失是如何约定的？

（1）承担赔偿损失责任的构成要件

1）具有违约行为。

2）造成损失后果。

3）违约行为与财产等损失之间有因果关系，违约人有过错，或者虽无过错，但法律规定应当赔偿。

（2）发包人应当承担的赔偿损失

1）未及时检查隐蔽工程造成的损失。

发包人没有及时检查的，承包人可以顺延工程日期，并有权要求赔偿停工、窝工等损失。

2）未按照约定提供原材料、设备等造成的损失。

承包人可以顺延工程日期，并有权要求赔偿停工、窝工等损失。

3）因发包人原因致使工程中途停建、缓建造成的损失。

因发包人的原因致使工程中途停建、缓建的，发包人应当采取措施弥补或者减少损失，赔偿承包人因此造成的停工、窝工、倒运、机械设备调迁、材料和构件积压等损失和实际费用。

4）提供图纸或者技术要求不合理且怠于答复等造成的损失。

5）中途变更承揽工作要求造成的损失。

6）要求压缩合同约定工期造成的损失。

7）验收违法行为造成的损失。

《建设工程质量管理条例》规定，建设单位有下列行为之一的，……造成损失的，依法承担赔偿责任：①未组织竣工验收，擅自交付使用的；②验收不合格，擅自交付使用的；③对不合格的建设工程按照合格工程验收的。

（3）承包人应当承担的赔偿损失

1）转让、出借资质证书等造成的损失。

2）转包、违法分包造成的损失。

3）偷工减料等造成的损失。

4）与监理单位串通造成的损失。

5）不履行保修义务造成的损失。

6）保管不善造成的损失。

7）合理使用期限内造成的损失。

因承包人的原因致使建设工程在合理使用期限内造成人身和财产损害的，承包人应当承担损害赔偿责任。

82. 施工合同的解除是如何约定的？

（1）发包人解除施工合同

最高人民法院《关于审理建设工程施工合同纠纷案件适用法律问题的解释》规定，承包人具有下列情形之一，发包人请求解除建设工程施工合同的，应予支持：

1）明确表示或者以行为表明不履行合同主要义务的。

2）合同约定的期限内没有完工，且在发包人催告的合理期限内仍未完工的。

3）已经完成的建设工程质量不合格，并拒绝修复的。

4）将承包的建设工程非法转包、违法分包的。

（2）承包人解除施工合同

最高人民法院《关于审理建设工程施工合同纠纷案件适用法律问题的解释》规定，发包人具有下列情形之一，致使承包人无法施工，且在催告的合理期限内仍未履行相应义务，承包人请求解除建设工程施工合同的，应予支持：

1）未按约定支付工程价款的。

2）提供的主要建筑材料、建筑构配件和设备不符合强制性标准的。

3）不履行合同约定的协助义务的。

（3）施工合同解除的法律后果

最高人民法院《关于审理建设工程施工合同纠纷案件适用法律问题的解释》规定，建设工程施工合同解除后，已经完成的建设工程质量合格的，发包人应当按照约定支付相应的工程价款。

83. 工程师如何处理设计变更？

（1）施工合同范本中将工程变更分为工程设计变更和其他变更两类。其他变更是指，合同履行中发包人要求变更工程质量标准及其他实质性变更。发生这类情况后，由当事人双方协商解决。

（2）工程师在合同履行管理中应严格控制变更，施工中承包人未得到工程师的同意，也不允许对工程设计随意变更。如果由于承包人擅自变更设计，发生的费用和因此而导致的发包人的直接损失，应由承包人承担，延误的工期不予顺延。

（3）施工合同范本通用条款中明确规定，依据工程项目的需求和施工现场的实际情况，工程师可以就以下方面向承包人发出变更通知：

1）更改工程有关部分的标高、基线、位置和尺寸。

2）增减合同中约定的工程量。

3）改变有关工程的施工时间和顺序。

4）其他有关工程变更需要的附加工作。

（4）处理设计变更程序

1）发包人要求的设计变更

①施工中如果发包人需要对原工程设计进行变更，应提前14d以书面形式向承包人发出变更通知。

②由发包人办理设计变更的审批手续，并由原设计单位提供变更的相应图纸和说明。

③工程师向承包人发出设计变更通知后，承包人按照工程师发出的变更通知及有关要求，进行所需的变更。

④发包人承担因设计变更导致合同价款的增减及造成的承包人的损失，延误工期相应顺延。

2）承包人要求的设计变更

①施工中承包人不得因施工方便而要求对原工程设计进行变更。

②施工中承包人提出合理化建议被发包人采纳，涉及对设计图纸的变更，须经工程师同意，由发包人办理设计变更的审批手续。所发生费用和获得收益的分担或享受，由发包人另行约定。

③未经工程师同意承包人擅自更改或换用，承包人应承担由此发生的费用，并赔偿发包人的有关损失，延误的工期不予顺延。

（5）变更价款的确定

1）确定变更价款的原则：

确定变更价款时，应维持承包人按报价单内的竞争性水平。

①合同中已有适用于变更工程的价格，按合同已有的价格变更合同价款。

②合同中只有类似于变更工程的价格，可以参照类似价格变更合同价款。

③合同中设有适用或类似于变更工程的价格，由承包人提出适当的变更价格，经工程师确认后执行。

2）确定变更价款的程序：

①承包人在工程变更确定后 14d 内，可提出变更涉及的追加合同价款要求报告，经工程师确认后相应调整合同价款。

②工程师应在收到承包人的变更合同价格报告后 14d 内，对承包人的要求予以确认或作出其他答复。

③工程师确认增加的工程变更价格作为追加合同价款，与工程进度款同时支出。工程师不同意承包人提出的变更价款，按合同约定的争议条款处理。

第四篇　建设工程监理进度控制

84. 监理工程师编写或审核进度计划的要求是什么？

编制进度计划可使用文字说明、里程碑表、工作量表、横道计划、网络计划等方法。

（1）编写进度计划应包括下列内容：

1）编制说明。

2）进度计划表。

3）资源需要量及供应平衡表。

（2）编写进度计划的步骤：

1）确定进度计划的目标、性质和任务。

2）进行工作分解。

3）收集编制依据。

4）确定工作的起止时间及里程碑。

5）处理各工作之间的逻辑关系。

6）编制进度表。

7）编制进度说明书。

8）编制资源需要量及供应平衡表。

9）报有关部门批准。

编制进度计划应严格程序，确保进度计划的总体质量。

85. 进度计划实施过程中，监理工程师应落实哪些具体工作？

（1）进度计划实施前，应组织进度计划交底，明确执行责任、时间要求、配合要求、资源条件、环境条件、检查要求和考核要求等。

（2）在实施进度计划的过程中应进行下列工作：

1）跟踪检查，收集实际进度数据。

2）将实际数据与进度计划进行对比。

3）分析计划执行的情况。

4）对产生的进度变化，采取措施予以纠正或调整计划。

5）检查措施的落实情况。

6）进度计划的变更必须与有关单位和部门及时沟通。

实施进度计划的核心是进度计划的动态跟踪控制。

86. 建设工程实施阶段进度控制的主要任务有哪些？

（1）设计准备阶段进度控制的任务

1）收集有关工期的信息，进行工期目标和进度控制决策。

2）编制工程项目建设总进度计划。

3）编制设计准备阶段详细工作计划，并控制其执行。

4）进行环境及施工现场条件的调查和分析。

（2）设计阶段进度控制的任务

1）编制设计阶段工作计划，并控制其执行。

2）编制详细的出图计划，并控制其执行。

（3）施工阶段进度控制的任务

1）编制施工总进度计划，并控制其执行。

2）编制单位工程施工进度计划，并控制其执行。

3）编制工程年、季、月实施计划，并控制其执行。

为了有效地控制建设工程进度，监理工程师要在设计准备阶段向建设单位提供有关工期的信息，协助建设单位确定工期总目标，并进行环境及施工现场条件的调查和分析。在设计阶段和施工阶段，监理工程师不仅要审查设计单位和施工单位提交的进度计划，更要编制监理进度计划，以确保进度控制目标的实现。

87. 监理工程师施工进度控制工作包括哪些内容？

监理工程师在建设工程施工进度控制工作中，从审核承包单位提交的施工进度计划开始，直到建设工程保修期满为止，其工作内容主要有：

（1）编制施工进度控制工作细则。

（2）编制或审核施工进度计划。

（3）按年、季、月编制工程综合计划。

（4）下达工程开工令。

（5）协助承包单位实施进度计划。

（6）监督施工进度计划的实施。

（7）组织现场协调会。

（8）签发工程进度款支付凭证。

（9）审批工程延期。

（10）向业主提供进度报告。

（11）督促承包单位整理技术资料。

（12）签署工程竣工报验单、提交质量评估报告。

（13）整理工程进度资料。

（14）工程移交。

88. 监理工程师对施工进度计划审核的内容主要包括哪些？

（1）进度安排是否符合工程项目建筑总进度计划中总目标和分目标的要求，是否符合施工合同中开、竣工日期的规定。

（2）施工总进度计划中的项目是否有遗漏，分期施工是否满足分批动用的需要和配套动用的要求。

（3）施工顺序的安排是否符合施工程序的要求。

（4）劳动力、材料、构配件、机具和设备的供应计划是否能保证进度计划的实现，供应是否均衡，需求高峰期是否有足够能力实现计划供应。

（5）建设单位的资金供应能力是否能满足进度需要。

（6）施工进度的安排是否与设计单位的图纸供应进度一致。

（7）建设单位应提供的场地条件及原材料和设备，特别是国外设备的到货与进度计划是否衔接。

（8）总分包单位分别编制的各项单位工程施工进度计划之间是否相协调，专业分工与计划衔接是否明确合理。

（9）进度安排是否合理，是否有造成建设单位违约而导致索赔的可能存在。

如果监理工程师在审查施工进度计划的过程中发现问题，应及时向承包单位提出书面修改意见（也称整改通知书），并协助承包单位修改。其中重大问题应及时向建设单位汇报。

应当说明，编制和实施施工进度计划是承包单位的责任。承包单位之所以将施工进度计划提交给监理工程师审查，是为了听取监理工程师的建设性意见。因此，监理工程师对施工进度计划的审查或批准，并不解除承包单位对施工进度计划的任何责任和义务。此外，对监理工程师来讲，其审查施工进度计划的主要目的是为了防止承包单位计划不当，以及为承包单位保证实现合同规定的进度目标提供帮助。如果强制地干预承包单位的进度安排，或支配施工中所需要的劳动力、设备和材料，将是一种错误行为。

尽管承包单位向监理工程师提交施工进度计划是为了听取建设性的意见，但施工进度计划一经监理工程师确认，即应当视为合同文件的一部分。它是以后处理承包单位提出的工程延期或费用索赔的一个重要依据。

89. 监理工程师控制建筑工程施工进度程序的要求是什么？

施工进度控制是各项目标实现的重要工作，其任务是实现项目的工期或进度目标。主要分为进度的事前控制、事中控制和事后控制。

（1）进度事前控制内容

1）编制项目实施总进度计划，确定工期目标。

2）将总目标分解为分目标，制定相应细部计划。

3）制定完成计划的相应施工方案和保障措施。

（2）进度事中控制内容

1）检查工程进度，一是审核计划进度与实际进度的差异；二是审核形象进度、实物工程量与工作量指标完成情况的一致性。

2）进行工程进度的动态管理，即分析进度差异的原因，提出调整的措施和方案，相应调整施工进度计划、资源供应计划。

（3）进度事后控制内容

当实际进度与计划进度发生偏差时，在分析原因的基础上应采取以下措施：

1）制定保证总工期不突破的对策措施。

2）制定总工期突破后的补救措施。

3）调整相应的施工计划，并组织协调相应的配套设施和保障措施。

90. 监理工程师对进度计划的实施与监测的内容是什么？

（1）施工进度控制的总目标应进行层层分解，形成实施进度控制、相互制约的目标体系。

（2）目标分解，可按单项工程分解为交工分目标；按承包的专业或施工阶段分解为完工分目标；按年、季、月计划分解为时间分目标。

（3）施工进度计划实施监测的方法有：横道计划比较法、网络计划法、实际进度前锋线法、S形曲线法、香蕉形曲线比较法等。

（4）施工进度计划监测的内容。

1）随着项目进展，不断观测每一项工作的实际开始时间、实际完成时间、实际持续时间、目前现状等内容，并加以记录。

2）定期观测关键工作的进度和关键线路的变化情况，并相应采取措施进行调整。

3）观测检查非关键工作的进度，以便更好地挖掘潜力，调整或优化资源，以保证关键工作按计划实施。

4）定期检查工作之间的逻辑关系变化情况，以便适时进行调整。

5）有关项目范围、进度目标、保障措施变更的信息等，并加以记录。

（5）项目进度计划监测后，应形成书面进度报告。

项目进度报告的内容主要包括：

1）进度执行情况的综合描述。

2）实际施工进度。

3）资源供应进度。

4）工程变更、价格调整、索赔及工程款收支情况。

5）进度偏差状况及导致偏差的原因分析；解决问题的措施；计划调整意见。

91. 监理工程师对进度计划的检查与调整具体要求是什么？

（1）进度计划检查应按统计周期的规定进行定期检查，即按规定的年、季、月、旬、周、日检查；并根据需要进行不定期检查，不定期检查指根据需要由检查人（或组织）确定的专题（项）检查。

（2）进度计划的检查应包括以下内容。

1）工程量的完成情况。

2）时间的执行情况。

3）资源使用及与进度的匹配情况。

4）上次检查提出问题的整改情况。

进度计划的检查内容除规范规定以外，还可以根据需要由检查者确定其他检查内容。

（3）进度计划检查后应按下列内容编制进度报告。

1）进度执行情况的综合描述。

2）实际进度与计划进度的对比资料。

3）进度计划的实施问题及原因分析。

4）进度执行情况对质量、安全和成本等的影响情况。

5）采取的措施和对未来计划进度的预测。

进度报告可以单独编制，也可以根据需要与质量、成本、安全和其他报告合并编制，提出综合进展报告。

（4）进度计划的调整应包括下列内容：

1）工程量。

2）起止时间。

3）工作关系。

4）资源提供。

5）必要的目标调整。

进度计划的调整是在原进度计划目标已经失去作用或难以实现时方才进行的。其内容应根据项目的实际情况具体确定。进度计划调整后应编制新的进度计划，并及时与相关单位和部门沟通。

92. 监理工程师对施工进度计划的调整应注意哪些问题？

（1）施工进度计划的调整依据进度计划检查结果。

1）调整的内容包括：施工内容、工程量、起止时间、持续时间、工作关系、资源供应等。

2）调整施工进度计划采用的原理、方法与施工进度计划的优化相同。

（2）调整施工进度计划的步骤如下：

1）分析进度计划检查结果。

2）分析进度偏差的影响并确定调整的对象和目标。

3）选择适当的调整方法。

4）编制调整方案。

5）对调整方案进行评价和决策。

6）调整。

7）确定调整后付诸实施的新施工进度计划。

（3）进度计划的调整，一般有以下几种方法：

1）关键工作的调整。本方法是进度计划调整的重点，也是最常用的方法之一。

2）改变某些工作间的逻辑关系。此种方法效果明显，但应在允许改变关系的前提之下才能进行。

3）剩余工作重新编制进度计划。当采用其他方法不能解决时，应根据工期要求，将剩余工作重新编制进度计划。

4）非关键工作调整。为了更充分地利用资源、降低成本，必要时可对非关键工作的时差作适当调整。

5）资源调整。若资源供应发生异常，或某些工作只能由某特殊资源来完成时，应进行资源调整，在条件允许的前提下将优势资源用于关键工作的实施，资源调整的方法实际上也就是进行资源优化。

93. 监理工程师审批工程延期时应遵循什么原则?

（1）监理工程师审批工程延期必须符合合同条件原则

1）因承包单位以外的原因造成的工程进度拖延称为工程延期，应予以审批。经监理工程师核实批准的工期延长时间，应纳入合同工期，即新的合同工期应等于原定的合同工期加上批准的延期时间。

2）承包单位自身原因造成的工程进度拖延称工期延误，不予审批。监理工程师有权要求承包单位采取有效措施加快进度，修改后的计划应提交监理工程师重新确认，但确认后并不能解除承包单位应负的一切责任，如承担赶工的全部额外开支和误期损失赔偿等。

（2）监理工程师审批工程延期必须符合影响工期原则

1）发生延期事件的工程部位，无论其是否处在施工进度计划的关键线路上，只有当所延长的时间超过其相应的总时差时，才能批准工程延期。

2）当延期事件发生在非关键线路上，且延长的时间并未超过总时差时，即使符合批准为工程延期的合同条件，也不能批准工程延期。

3）监理工程师应以承包单位提交的经监理工程师审核后的施工进度计划作为依据来决定是否批准工程延期。

（3）监理工程师审批工程延期必须符合实际情况原则

1）承包单位应对延期事件发生后的各类有关细节进行详细记载，并及时向监理工程师提交详细报告。

2）监理工程师也应对施工现场进行详细考察和分析，并做好有关记录为合理确定工程延期时间提供可靠依据。

94. 承包单位申报工程延期的条件是什么？

（1）监理工程师发出工程变更指令而导致工程量增加。

（2）合同所涉及任何可能造成工程延期的原因，如延期交图、工程暂行、对合格工程的剥离检查及不利的外界条件等。

（3）异常恶劣的气候条件。

（4）由业主造成的任何延误、干扰或障碍。如未及时提供施工场地，未及时付款等。

（5）除承包单位自身以外的其他任何原因。

95. 监理工程师如何减少或避免工程延期事件的发生？

（1）选择合适的时机下达工程开工令

1）监理工程师应充分考虑业主的前期准备工作是否充分，特别是征地、拆迁问题是否已解决；设计图纸能否及时提供；付款方面有无问题等。

2）监理工程师应认真检查承包单位各项施工准备工作是否完善，特别是施工物资（建筑材料、构配件、施工机械、工具及临时设施）准备；施工现场准备；劳动组织准备和施工的场外准备等。

3）发布开工令应尽可能及时。因为从发布开工令之日起，加上合同工期即为竣工日期，开工令发布拖延，等于推迟竣工时间，甚至可能引起承包单位的索赔。

（2）提醒业主履行施工承包合同中所规定的职责

在施工过程中，监理工程师应经常提醒业主履行自己的职责，提前做好施工现场及设计图纸的提供工作，并能及时支付工程进度款。

（3）妥善处理工程延期事件

当延期事件发生后，监理工程师应根据合同规定进行妥善处理。既要尽量减少工程延期时间及其损失，又要在详细调查研究的基础上合理批准工程延期时间。

业主在施工过程中应尽量减少干预，多协调，以免由于业主的干扰和阻碍而导致延期事件的发生。

第五篇 建设工程监理投资控制

96. 建设工程项目投资控制的含义是什么？

（1）建设工程投资控制的目标

通过有效的投资控制工作和具体的投资控制措施，在满足进度和质量要求的前提下，力求使工程实际投资不超过计划投资。

（2）系统控制

在投资控制的过程中，要协调好与进度控制和质量控制的关系，做到三大目标控制的有机配合和相互平衡，而不能片面强调投资控制。通过系统控制实现目标规划与目标控制之间的统一，实现三大目标控制的统一。

（3）全过程控制

1）要求从设计阶段就开始进行投资控制，并将投资控制工作贯穿于建设工程实施的全过程，直至整个工程建设完成，且延续到保修期结束。

2）在明确全过程控制的前提下，还要特别强调早期控制的重要性，越早进行控制，投资控制的效果越好，节约投资的可能性越大。要有效地控制建设项目投资，应把工作重点转移到建设前期阶段上来，尤其是抓住设计这个关键阶段。

（4）全方位控制

1）对按工程内容分解的各项投资进行控制，即对单项工程、单位工程，乃至分部分项工程的投资进行控制。

2）对按总投资构成内容分解的各项费用进行控制，即对建筑安装工程费用、设备和工器具购置费用以及工程建设其他费用等都要进行控制。

97. 我国现行建设工程总投资由哪几方面构成？

建设工程项目总投资，一般是指进行某项工程建设花费的全部费用。生产性建设工程项目总投资包括建设投资和铺底流动资金两部分；非生产性建设工程项目总投资则只包括建设投资。

建设投资，由设备及工器具购置费、建筑安装工程费、工程建设其他费用、预备费（包括基本预备费和涨价预备费）和建设期利息组成。

建设投资可以分为静态投资部分和动态投资部分。静态投资部分由建筑安装工程费、设备及工器具购置费、工程建设其他费和基本预备费构成。动态投资部分，是指在建设期内，因建设期利息和国家新批准的税费、汇率、利率变动以及建设期价格变动引起的建设投资增加额；包括涨价预备费、建设期利息等。

铺底流动资金是指生产性建设工程项目为保证生产和经营正常进行，按规定应列入建设工程项目总投资的铺底流动资金。一般按流动资金的30%计算。

建设工程项目总投资组成见表5-1。

表5-1　建设工程项目总投资组成表

费用项目名称			
建设工程项目总投资	建设投资	第一部分 工程费用	建筑安装工程费
			设备及工器具购置费
		第二部分 工程建设其他费用	土地使用费
			建设管理费
			可行性研究费
			研究试验费
			勘察设计费
			环境影响评价费

费用项目名称			
建设工程项目总投资	建设投资	第二部分 工程建设其他费用	劳动安全卫生评价费
			场地准备及临时设施费
			引进技术和进口设备其他费
			工程保险费
			特殊设备安全监督检验费
			市政公用设施建设及绿化补偿费
			联合试运转费
			生产准备费
			办公和生活家具购置费
		第三部分 预备费	基本预备费
			涨价预备费
			建设期利息
			流动资产投资——铺底流动资金

98. 我国现行建筑安装工程费有哪几方面构成？

根据建标〔2003〕206 号关于印发《建筑安装工程费用项目组成》的通知的规定：建筑安装工程费由直接费、间接费、利润和税金组成，如图 5-1 所示。

根据《建设工程工程量清单计价规范》GB 50500—2008 的规定：采用工程量清单计价，建筑安装工程造价由分部分项工程费、措施项目费、其他项目费、规费和税金组成，如图 5-2 所示。

两者包含的内容并无实质差异。《建筑安装工程费用项目组成》主要表述的是建筑安装工程费用项目的组成，而《建设工程工程量清单计价规范》是基于建筑安装工程在工程交易和工程实施阶段工程造价的组价要求，包括索赔等，内容更全面、更具体。两者仅在计算的角度上存在差异。

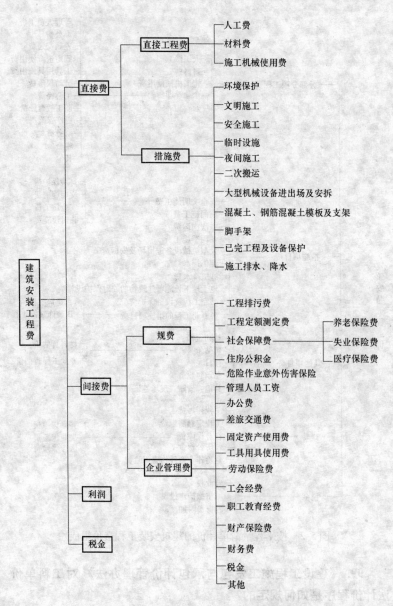

图 5-1　建筑安装工程费用项目组成

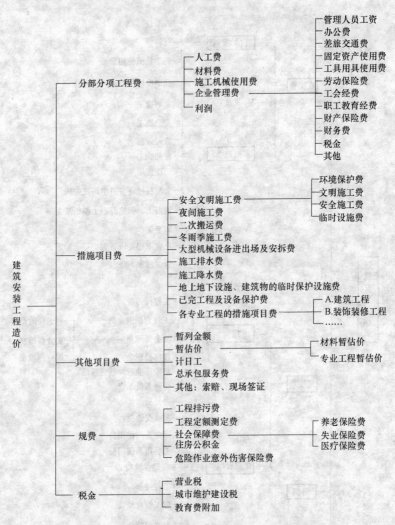

图 5-2 按工程量清单计价的建筑安装工程造价组成

99.《建设工程施工发包与承包计价管理办法》对工料单价法计价程序是如何规定的?

《建设工程施工发包与承包计价管理办法》的规定,发包与承包价按工料单价法计价程序如下。

工料单价法是计算出分部分项工程量后乘以工料单价，合计得到直接工程费，直接工程费汇总后再加措施费、间接费、利润和税金生成工程承发包价，其计算程序分为三种。

（1）以直接费为计算基础（表5-2）

表5-2　以直接费为计算基础的工料单价法计价程序

序号	费用项目	计算方法
（1）	直接工程费	按预算表
（2）	措施费	按规定标准计算
（3）	小计（直接费）	（1）+（2）
（4）	间接费	（3）×相应费率
（5）	利润	［（3）+（4）］×相应利润率
（6）	合计	（3）+（4）+（5）
（7）	含税造价	（6）×（1+相应税率）

（2）以人工费和机械费为计算基础（表5-3）

表5-3　以人工费和机械费为计算基础的工料单价法计价程序

序号	费用项目	计算方法
（1）	直接工程费	按预算表
（2）	其中人工费和机械费	按预算表
（3）	措施费	按规定标准计算
（4）	其中人工费和机械费	按规定标准计算
（5）	小计	（1）+（3）
（6）	人工费和机械费小计	（2）+（4）
（7）	间接费	（6）×相应费率
（8）	利润	（6）×相应利润率
（9）	合计	（5）+（7）+（8）
（10）	含税造价	（9）×（1+相应税率）

113

(3) 以人工费为计算基础（表5-4）

表5-4　以人工费为计算基础的工料单价法计价程序

序号	费用项目	计算方法
(1)	直接工程费	按预算表
(2)	直接工程费中人工费	按预算表
(3)	措施费	按规定标准计算
(4)	措施费中人工费	按规定标准计算
(5)	小计	(1)＋(3)
(6)	人工费小计	(2)＋(4)
(7)	间接费	(6)×相应费率
(8)	利润	(6)×相应利润率
(9)	合计	(5)＋(7)＋(8)
(10)	含税造价	(9)×[(1)＋相应税率]

100. 《建设工程施工发包与承包计价管理办法》对综合单价法计价程序是如何规定的？

综合单价分为全费用综合单价和部分费用综合单价，全费用综合单价其单价内容包括直接工程费、措施费、间接费、利润和税金。由于大多数情况下措施费由投标人单独报价，而不包括在综合单价中，此时综合单价仅包括直接工程费、间接费、利润和税金。

综合单价如果是全费用综合单价，则综合单价乘以各分项工程量汇总后，就生成工程承发包价格。如果综合单价是部分费用综合单价，如综合单价不包括措施费，则综合单价乘以各分项工程量汇总后，还需加上措施费才得到工程承发包价格。

由于各分部分项工程中的人工、材料、机械含量的比例不同，各分项工程可根据其材料费占人工费、材料费、机械费合计的比例（以字母"C"代表该项比值）在以下三种计算程序中选择一种计算不含措施费的综合单价。

（1）当 $C > C_0$（C_0 为本地区原费用定额测算所选典型工程材料费占人工费、材料费和机械费合计的比例）时，可采用以人工费、材料费、机械费合计（直接工程费）为基数计算该分项的间接费和利润（表5-5）。

表5-5　以直接工程费为计算基础的综合单价法计价程序

序号	费用项目	计算方法
（1）	分项直接工程费	人工费＋材料费＋机械费
（2）	间接费	（1）×相应费率
（3）	利润	［（1）＋（2）］×相应利润率
（4）	合计	（1）＋（2）＋（3）
（5）	含税造价	（4）×［（1）＋相应税率］

（2）当 $C < C_0$ 时，可采用以人工费和机械费合计为基数计算该分项的间接费和利润，见表5-6。

表5-6　以人工费和机械费为计算基础的综合单价法计价程序

序号	费用项目	计算方法
（1）	分项直接工程费	人工费＋材料费＋机械费
（2）	其中人工费和机械费	人工费＋机械费
（3）	间接费	（2）×相应费率
（4）	利润	（2）×相应利润率
（5）	合计	（1）＋（3）＋（4）
（6）	含税造价	（5）×（1＋相应税率）

（3）如该分项的直接工程费仅为人工费，无材料费和机械费时，可采用以人工费为基数计算该分项的间接费和利润，见表5-7。

表5-7　以人工费为计算基础的综合单价法计价程序

序号	费用项目	计算方法
（1）	分项直接工程费	人工费 + 材料费 + 机械费
（2）	直接工程费中人工费	人工费
（3）	间接费	（2）×相应费率
（4）	利润	（2）×相应利润率
（5）	合计	（1）+（3）+（4）
（6）	含税造价	（5）×［（1）+相应税率］

101. 建筑安装合同的计价形式包括哪几种形式？

建筑安装工程合同根据计价方式的不同分为总价合同、单价合同和成本加酬金合同。

（1）总价合同

总价合同是指支付给承包方的工程款项在合同中是一个"规定的金额"，即总价。它是以图纸和工程说明书为依据，由承包方与发包方经过商定确定的。

总价合同按其是否可以调值又可分为：

1）不可调值总价合同。

这种合同的价格是以图纸及规定、规范为计算基础，承发包双方就承包项目协商一个固定的总价，由承包商一笔包死，不能变化。这种合同，承包方要承担一切风险，适用于工期较短（一般不超过一年），对最终产品的要求又非常明确的工程项目。

2）可调值总价合同。

这种合同的价格一般也是以图纸及规定、规范为计算基础，但它是按"时价"进行计算的。在合同执行过程中，由于通货膨胀而使所用的工料成本增加，可对合同单价进行相应的调值。这种合同，承包方只承担实施中实物工程量、工期等因素的风险，适用于工期在一年以上，工程内容和技术经济指标规定很明确的项目。

116

总价合同的主要特征：

①根据招标文件的要求由承包方实施全部工程任务，按承包方在投标报价中提出的总价确定。

②拟建项目的工程性质和工程量，应在事先基本确定。

（2）单价合同

单价合同是指承包方按发包方提供的工程量清单内的分部分项工程内容填报单价，并据此签订承包合同，而实际总价则是按实际完成的工程量与合同单价计算确定，合同履行过程中无特殊情况，一般不得变更单价。

1）估算工程量单价合同。

这种合同形式承包方在报价时按照招标文件中提供的估计工程量填报工程单价。最后的工程结算价，应按实际完成的工程量来计算。

采用这种合同时，要求实际完成的工程量与原估计的工程量不能有实质性的变更。

这种合同适用于工期长、技术复杂、实施过程中可能会发生各种不可预见因素较多的建设工程；或在施工图不完整或准备发包的工程内容、技术经济指标一时尚不能明确，不能具体地予以规定的建设工程项目。

2）纯单价合同。

采用这种形式的合同时，发包方只向承包方给出发包工程的有关分部、分项工程以及工程范围，不对工程量作任何规定。承包方在投标时只需要对这类给定范围的分部分项工程做出报价即可，而工程量则按实际完成的数量结算。

这种合同形式主要适用于没有施工图、工程量不明，却亟待开工的紧迫工程。

（3）成本加酬金合同

成本加酬金合同是指将工程项目的实际投资划分成直接成本和承包方完成工作后应得酬金两部分。工程实施过程中发生的直接成本费由发包方实报实销，再按合同约定的方式另外支付给承包方相应报酬。

这种合同形式主要适用于工程内容及其技术经济指标尚未全面确定，投标报价的依据尚不充分的情况下，发包方因工期要求紧迫，必须发包的工程；或者发包方和承包方之间具有高度的信任；或者承包方某些方面具有独特的技术、特长的工程。

102. 我国项目监理机构在建设工程投资控制中的主要任务是什么？

（1）在建设前期阶段投资控制中的主要任务

1）进行工程项目的机会研究、初步可行性研究，编制项目建设书。

2）进行可行性研究，对拟建项目进行市场调查和预测，编制投资估算，进行环境影响评价、财务评价、国民经济评价和社会评价。

（2）在设计阶段投资控制中的主要任务

1）协助业主提出设计要求，组织设计方案竞赛或设计招标，用技术经济方法组织评选设计方案。

2）用价值工程等方法对设计进行技术经济分析、比较、论证，在保证功能的前提下进一步寻找节约投资的可能性。

3）审查设计概预算，尽量使概算不超估算，预算不超概算。

（3）在施工招标阶段投资控制中的主要任务

1）准备与发送招标文件，编制工程量清单和招标工程标底。

2）协助评审投标书，提出评标建议。

3）协助业主与承包单位签订承包合同。

（4）在施工阶段投资控制中的主要任务

1）依据施工合同有关条款、施工图，对工程项目造价目标进行风险分析，并制定防范性对策。

2）从造价、项目的功能要求、质量和工期方面审查工程变更的方案，并在工程变更实施前与建设单位和承包单位协商确定工程变更的价款。

3）按施工合同约定的工程量计算规则和支付条款进行工程量计算和工程款支付。

4）建立月完成工程量和工作量统计表，对实际完成量与计划完成量进行比较、分析、制定调整措施。

5）收集、整理有关的施工和监理资料，为处理费用索赔提供证据。

6）按施工合同的有关规定进行竣工结算，对竣工结算的价款总额与建设单位和承包单位进行协商。

103. 监理工程师对施工图预算应如何审查？

（1）施工图预算审查的重点是工程量计算是否准确，定额套用、各项取费标准是否符合现行规定或单价计算是否合理等方面。

（2）审查的主要内容如下：

1）审查施工图预算的编制是否符合现行国家、行业、地方政府有关法律、法规和规定要求。

2）审查工程量计算的准确性、工程量计算规则与计价规范规则或定额规则的一致性。

3）审查在施工图预算的编制过程中，各种计价依据使用是否恰当，各项费率计取是否正确；审查依据主要有施工图设计资料、有关定额、施工组织设计、有关造价文件规定和技术规范、规程等。

4）审查各种要素市场价格选用是否合理。

5）审查施工图预算是否超过设计概算以及进行偏差分析。

104. 监理工程师应按哪些具体步骤审查施工图预算？

（1）审查前准备工作

1）熟悉施工图纸。施工图纸是编制与审查预算的重要依据，必须全面熟悉了解。

2）根据预算编制说明，了解预算包括的工程范围。如配套设施、室外管线、道路以及会审图纸后的设计变更等。

3）弄清所用单位估价表的适用范围，搜集并熟悉相应的单价、定额资料。

（2）选择审查方法、审查相应内容

工程规模、繁简程度不同，编制施工图预算的繁简和质量就不同，应选择适当的审查方法进行审查。

（3）整理审查资料并调整定案

综合整理审查资料，同编制单位交换意见，定案后编制调整预算。经审查若发现差错，应与编制单位协商，统一意见后进行相应增加或核减的修正。

105. 监理工程师可采用哪些方法进行施工图预算审查？

施工图预算的审查可采用全面审查法、标准预算审查法、分组计算审查法、对比审查法、筛选审查法、重点审查法、分解对比审查法等。

（1）全面审查法

全面审查法又称逐项审查法，即按定额顺序或施工顺序，对各项工程细目逐项全面详细审查的一种方法。其优点是全面、细致，审查质量高、效果好。缺点是工作量大、时间较长。这种方法适合于一些工程量较小、工艺比较简单的工程。

（2）标准预算审查法

标准预算审查法就是对利用标准图纸或通用图纸施工的工程，先集中力量编制标准预算，以此为准来审查工程预算的一种方法。该方法的优点是时间短、效果好、易定案。其缺点是适用范围小，仅适用于采用标准图纸的工程。

（3）分组计算审查法

分组计算审查法就是把预算中有关项目按类别划分若干组，利用同组中的一组数据审查分项工程量的一种方法。该方法特点是审查速度快、工作量小。

（4）对比审查法

对比审查法是当工程条件相同时，用已完工程的预算或未完但已经过审查修正的工程预算对比审查拟建工程的同类工程预算的一种方法。采用该方法一般应符合下列条件。

1）拟建工程与已完或在建工程预算采用同一施工图，但基础部分和现场施工条件不同，则相同部分可采用对比审查法。

2）工程设计相同，但建筑面积不同，两工程的建筑面积之比与两工程各分部分项工程量之比大体一致。

3）两工程面积相同，但设计图纸不完全相同，则相同的部分，可进行工程量的对照审查。对不能对比的分部分项工程可按图纸计算。

（5）筛选审查法

建设工程虽面积和高度不同，但其各分部分项工程的单位建筑面积指标变化却不大。将这样的分部分项工程加以汇集、优选，找出其单位建筑面积工程量、单价、用工的基本数值，归纳为工程量、价格、用工三个单方基本指标，并注明基本指标的适用范围。这些基本指标用来筛选各分部分项工程，对不符合条件的应进行详细审查，若审查对象的预算标准与基本指标的标准不符，就应对其进行调整。

"筛选法"的优点是简单易懂，便于掌握，审查速度快，便于发现问题。但问题出现的原因尚需继续审查。该方法适用于审查住宅工程或不具备全面审查条件的工程。

（6）重点审查法

重点审查法就是抓住施工图预算中的重点进行审核的方法。审查的重点一般是工程量大或者造价较高的各种工程、补充定额、计取的各项费用（计费基础、取费标准）等。重点审查法的优点是突出重点，审查时间短、效果好。

106. 招标控制价的概念要点是什么?

招标控制价是招标人根据国家以及当地有关规定的计价依据

和计价办法、招标文件、市场行情，并按工程项目设计施工图纸等具体条件调整编制的，对招标工程项目限定的最高工程造价，也可称其为拦标价、预算控制价或最高报价等。

招标控制价是《建设工程工程量清单计价规范》修订中新增的专业术语。对于招标控制价及其规定，应注意从以下方面理解：

（1）国有资金投资的工程建设项目实行工程量清单招标，并应编制招标控制价。

（2）招标控制价超过批准的概算时，招标人应将其报原概算审批部门审核。

（3）投标人的投标报价高于招标控制价的，其投标应予以拒绝。

（4）招标控制价应由具有编制能力的招标人或受其委托具有相应资质的工程造价咨询人编制。

（5）招标控制价应在招标文件中公布，不应上调或下浮，招标人应将招标控制价及有关资料报送工程所在地工程造价管理机构备查。

（6）投标人经复核认为招标人公布的招标控制价未按照《建设工程工程量清单计价规范》的规定进行编制的，应在开标前5日向招投标监督机构或工程造价管理机构投诉。招标投标监督机构应会同工程造价管理机构对投诉进行处理，发现确有错误的，应责成招标人修改。

107. 招标控制价的编制程序是什么？

（1）了解编制要求与范围。

（2）熟悉工程图纸及有关设计文件。

（3）熟悉与建设工程项目有关的标准、规范、技术资料。

（4）熟悉拟订的招标文件及其补充通知、答疑纪要等。

（5）了解施工现场情况、工程特点。

（6）熟悉工程量清单。

（7）掌握工程量清单涉及计价要素的信息价格和市场价格，依据招标文件确定其价格。

（8）进行分部分项工程量清单计价。

（9）论证并拟订常规的施工组织设计或施工方案。

（10）进行措施项目工程量清单计价。

（11）进行其他项目、规费项目、税金项目清单计价。

（12）工程造价汇总、分析、审核。

（13）成果文件签认、盖章。

（14）提交成果文件。

108. 招标控制价编制依据及应注意哪些问题？

（1）招标控制价编制依据：

1)《建设工程工程量清单计价规范》GB 50500—2008。

2）国家或省级、行业建设行政主管部门颁发的计价定额和计价办法。

3）建设工程设计文件及相关资料。

4）招标文件中的工程量清单及有关要求。

5）与建设项目相关的标准、规范、技术资料。

6）工程造价管理机构发布的工程造价信息，工程造价信息没有发布的参照市场价。

7）其他的相关资料。

（2）编制招标控制价应注意的问题

1）招标控制价编制的表格格式等应执行《建设工程工程量清单计价规范》GB 50500—2008 的有关规定。

2）一般情况下，编制招标控制价，采用的材料价格应是工程造价管理机构通过工程造价信息发布的材料单价，工程造价信息未发布材料单价的材料，其材料价格应通过市场调查确定。采用的市场价格则应通过调查、分析确定，有可靠的信息来源。

3）施工机械设备的选型直接关系到基价综合单价水平，应根据工程项目特点和施工条件，本着经济实用、先进高效的原则确定。

4）应该正确、全面地使用行业和地方的计价定额以及相关文件。

5）不可竞争的措施项目和规费、税金等费用的计算均属于强制性条款，编制招标控制价时应该按国家有关规定计算。

6）不同工程项目、不同施工单位会有不同的施工组织方法，所发生的措施费也会有所不同。因此，对于竞争性的措施费用的编制，应该首先编制施工组织设计或施工方案，然后依据经过专家论证后的施工方案，合理地确定措施项目与费用。

109. 监理工程师对设计概算应如何审查？

（1）审查设计概算的编制依据

1）合法性审查。采用的各种编制依据必须经过国家或授权机关的批准，符合国家的编制规定。

2）时效性审查。对定额、指标、价格、取费标准等各种依据，都应根据国家有关部门的现行规定执行。

3）适用范围审查。各主管部门、各地区规定的各种定额及其取费标准均有其各自的适用范围，特别是各地区间的材料预算价格区域性差别较大，在审查时应给予高度重视。

（2）单位工程设计概算构成的审查

1）建筑工程概算的审查

①工程量审查。根据初步设计图纸、概算定额、工程量计算规则的要求进行审查。

②采用的定额或指标的审查。审查定额或指标的使用范围、定额基价、指标的调整、定额或指标缺项的补充等。

③材料预算价格的审查。以耗用量最大的主要材料作为审查的重点，同时着重审查材料原价、运输费用及节约材料运输费用的措施。

④各项费用的审查。审查各项费用所包含的具体内容是否重复计算或遗漏、取费标准是否符合国家有关部门或地方规定的

标准。

2）设备及安装工程概算的审查

设备及安装工程概算审查的重点是设备清单与安装费用的计算。

①标准设备原价，应根据设备被管辖的范围，审查各级规定的价格标准。

②非标准设备原价，除审查价格的估算依据、估算方法外还要分析研究非标准设备估价准确度的有关因素及价格变动规律。

③设备运杂费审查，需注意：a. 设备运杂费率应按主管部门或省、自治区、直辖市规定的标准执行；b. 若设备价格中已包括包装费和供销部门手续费时不应重复计算，应相应降低设备运杂费率。

④进口设备费用的审查，应根据设备费用各组成部分及国家设备进口、外汇管理、海关、税务等有关部门不同时期的规定进行。

⑤设备安装工程概算的审查，除编制方法、编制依据外，还应注意审查：①采用预算单价或扩大综合单价计算安装费时的各种单价是否合适、工程量计算是否符合规则要求、是否准确无误；②当采用概算指标计算安装费时采用的概算指标是否合理、计算结果是否达到精度要求；③审查所需计算安装费的设备数量及种类是否符合设计要求，避免某些不需安装的设备安装费计入在内。

（3）综合概算和总概算的审查

1）审查概算的编制是否符合国家经济建设方针、政策的要求，根据当地自然条件、施工条件和影响造价的各种因素，实事求是地确定项目总投资。

2）审查概算的投资规模、生产能力、设计标准、建设用地、建筑面积、主要设备、配套工程、设计定员等是否符合原批准可行性研究报告或立项批文的标准。如概算总投资超过原批准投资估算10%以上，应进一步审查超估算的原因。

3）审查其他具体项目：

①审查各项技术经济指标是否经济合理。

②审查费用项目是否按国家统一规定计列，具体费率或计取标准是否按国家、行业或有关部门规定计算，有无随意列项，有无多列、交叉计列和漏项等。

110.《财政投资项目评审操作规程》对设计概算评审的要求是什么？

财政部办公厅财办建〔2002〕619号文件《财政投资项目评审操作规程》（试行）的规定，对建设工程项目概算的评审包括以下内容。

（1）项目概算评审包括对项目建设程序、建筑安装工程概算、设备投资概算、待摊投资概算和其他投资概算等的评审。

（2）项目概算应由项目建设单位提供，项目建设单位委托其他单位编制项目概算的，由项目单位确认后报送评审机构进行评审。项目建设单位没有编制项目概算的，评审机构应督促项目建设单位尽快编制。

（3）项目建设程序评审包括对项目立项、项目可行性研究报告、项目初步设计概算、项目征地拆迁及开工报告等批准文件的程序性评审。

（4）建筑安装工程概算评审包括对工程量计算、概算定额选用、取费及材料价格等进行评审。

1）工程量计算的评审包括：

①审查工程量计算规则的选用是否正确。

②审查工程量的计算是否存在重复计算现象。

③审查工程量汇总计算是否正确。

④审查施工图设计中是否存在擅自扩大建设规模、提高建设标准等现象。

2）定额套用、取费和材料价格的评审包括：

①审查是否存在高套、错套定额现象。

②审查是否按照有关规定计取工程间接费用及税金。

③审查材料价格的计取是否正确。

（5）设备投资概算评审，主要对设备型号、规格、数量及价格进行评审。

（6）待摊投资概算和其他投资概算的评审，主要对项目概算中除建筑安装工程概算、设备投资概算之外的项目概算投资进行评审。评审内容包括：

1）建设单位管理费、勘察设计费、监理费、研究试验费、招投标费、贷款利息等待摊投资概算，按国家规定的标准和范围等进行评审；对土地使用权费用概算进行评审时，应在核定用地数量的基础上，区别土地使用权的不同取得方式进行评审。

2）其他投资的评审，主要评审项目建设单位按概算内容发生并构成基本建设实际支出的房屋购置和基本禽畜、林木等购置、饲养、培育支出以及取得各种无形资产和其他资产等发生的支出。

（7）部分项目发生的特殊费用，应视项目建设的具体情况和有关部门的批复意见进行评审。

（8）对已招投标或已签订相关合同的项目进行概算评审时，应对招投标文件、过程和相关合同的合法性进行评审，并据此核定项目概算。对已开工的项目进行概算评审时，应对截止评审日的项目建设实施情况，分别按已完、在建和未建工程进行评审。

（9）概算评审时需要对项目投资细化、分类的，按财政细化基本建设投资项目概算的有关规定进行评审。

111. 监理工程师在施工阶段投资控制具体有哪些权限？

为保证监理工程师能有效地进行投资控制，建设单位必须授予监理工程师一定的权限，且在委托监理合同文件中列明，并正式书面通知承包商。根据国际惯例及我国监理实践的经验，建设单位对监理工程师的授权应包括以下内容：

（1）审核批准承包单位的施工组织设计（方案），并监督承包单位按计划进行施工。

（2）接收承包商报送的材料样品，有批准或拒绝使用权。

（3）对不符合质量标准的工程提出处理意见，对隐蔽工程必须经监理工程师检查认可，方可进行下一道工序。

（4）对工程进行计量，审定承包商的进度付款申请表，签署付款凭证。

（5）审查承包商追加工程付款的申请书，签发经济签证并交业主审批。

（6）严格控制设计变更，对发生的变更要及时分析其对投资的影响。

（7）做好日常资料积累工作，为正确处理可能发生的索赔提供依据。

（8）提倡主动监理，防患于未然。

（9）协助承包商加强成本管理，避免不必要的返工。

112. 监理工程师在施工阶段投资控制应采取哪些措施？

（1）组织措施

1）在项目监理机构中落实投资控制的人员、任务和职能分工。

2）编制施工阶段投资控制工作计划和详细的工作流程图。

（2）经济措施

1）编制资金使用计划，确定、分解投资控制目标。对工程项目造价目标进行风险分析，并制定防范性对策。

2）进行工程计量。

3）复核工程付款账单，签发付款证书。

4）在施工过程中进行投资跟踪控制，定期地进行投资实际支出值与计划目标值的比较。发现偏差，分析产生的原因，采取纠偏措施。

5）协商确定工程变更的价款，审核竣工结算。

6）对工程施工过程中的投资支出作好分析与预测，经常或定期向建设单位提交项目投资控制及其存在问题的报告。

（3）技术措施

1）对设计变更进行技术经济比较，严格控制设计变更。

2）继续寻找通过设计挖潜节约投资的可能性。

3）审核承包商编制的施工组织设计，对主要施工方案进行技术经济分析。

（4）合同措施

1）做好工程施工记录，保存各种文件图纸，特别是注有实际施工变更情况的图纸，注意积累素材，为正确处理可能发生的索赔提供依据，参与处理索赔事宜。

2）参与合同修改、补充工作，着重考虑它对投资控制的影响。

113. 监理工程师如何进行工程计量？

（1）按施工合同（示范文本）规定的计量程序

1）承包人按合同专用条款约定的时间，向工程师提交已完工程量的报告。

2）工程师接到报告后7d内按设计图纸核实已完工程量，并在计量前24小时通知承包人，承包人为计量提供便利条件并派专人参与。

3）对承包人超出设计图纸范围和因承包人原因造成返工的工程量，工程师不予计量。

4）承包人收到通知后不参加计量，计算结果有效，作为工程价款支付的依据。工程师收到承包人报告后7d内未进行计量，从第8d起，承包人报告中开列的工程量视为已被确认，作为工程价款支付的依据。工程师不按约定时间通知承包人，使承包人不能参加计量，计量结果无效。

（2）按建设工程监理规范规定的工程计量程序和工程款支付方式工作

1）承包单位统计经专业监理工程师质量验收合格的工程量，

按施工合同的约定填报工程量清单和工程款支付申请表。

2）专业监理工程师进行现场计量，按施工合同的约定审核工程量清单和工程款支付申请表，并报总监理工程师审定。

3）总监理工程师签署工程款支付证书，并报建设单位。

(3) 工程计量的依据

1）质量合格书

对于承包商已完工程，经过专业工程师检验，工程质量达到合同规定的标准后，有专业工程师签署报验申请表（质量合格证书），只有质量合格的工程才予以计量。

未经监理人员质量验收合格的工程量，或不符合施工合同规定的工程量，监理人员应拒绝计量该部分的工程款支付申请。

2）工程量清单前言和技术规定

工程量清单前言和技术规范的"计量支付"条款规定了清单中每一项工程的计量方法，同时还规定了按规定的计量方法确定的单价所包括的工作内容和范围。

3）设计图纸。工程师计量的工程数量，并不一定是承包商实际施工的数量，计量的几何尺寸要以设计图纸为依据，工程师对承包商超出设计图纸要求增加的工程量和自身原因造成返工的工程量，不予计量。

(4) 工程计量的方法

工程师一般只对以下三个方面的工程项目进行计量：工程量的清单中的全部项目；合同文件中规定的项目；工程变更项目。

常用的几种计量方法是：

1）均摊法。对清单中某些项目的合同价款，按合同工期平均计量。

2）凭据法。按照承包商提供的凭据进行计量支付。

3）估价法。按合同文件的规定，根据工程师估算的已完成的工程价值支付。

4）断面法。主要用于土坑或填筑路堤土方的计量。

5）图纸法。按照设计图纸所示的尺寸进行计量。

6）分解计量法。将一个项目根据工序或部位分解为若干子项，对完成的各子项进行计量支付。

114. 监理工程师处理工程变更价款的程序是什么？

（1）《建设工程施工合同（示范文本）》条件下的工程变更价款的确定程序

1）承包人在工程变更确定后 14d 内，可提出变更涉及的追加合同价款要求的报告，经工程师确认后相应调整合同价款。如果承包人在双方确定变更后的 14d 内，未向工程师提出变更工程价款的报告，视为该项变更不涉及合同价款的调整。

2）工程师应在收到承包人的变更合同价款报告后 14d 内，对承包人的要求予以确认或作出其他答复。工程师无正当理由不确认或答复时，自承包人的报告送达之日起 14d 后，视为变更价款报告已被确认。

3）工程师确认增加的工程变更价款作为追加合同价款，与工程进度款同期支付。工程师不同意承包人提出的变更价款，按合同约定的争议条款处理。

因承包人自身原因导致的工程变更，承包人无权要求追加合同价款。如由于承包人原因实际施工进度滞后于计划进度，某工程部位的施工与其他承包人的施工发生干扰，工程师发布指示改变了他的施工时间和顺序导致施工成本的增加或效率降低，承包人无权要求补偿。

（2）工程变更价款的确定方法

1）合同中已有适用于变更工程的价格，按合同已有的价格变更合同价款。

2）合同中只有类似于变更工程的价格，可以参照类似价格变更合同价款。

3）合同中没有适用或类似于变更工程的价格，由承包人或发包人提出适当的变更价格，经对方确认后执行。

如双方不能达成一致意见，双方可提请工程所在地工程造价管理机构进行咨询或按合同约定的争议或纠纷解决程序办理。

采用合同中工程量清单的单价或价格有几种情况：一是直接套用，即从工程量清单上直接拿来使用；二是间接套用，即依据工程量清单，通过换算后采用；三是部分套用，即依据工程量清单，取其价格中的某一部分使用。

115. 索赔、索赔程序及索赔费用的组成？

（1）索赔

1）索赔是指在合同履行过程中，对于非己方的过错而应由对方承担责任的情况造成的损失，向对方提出补偿的要求。建设工程施工中的索赔是发、承包双方行驶正当权利的行为，承包人可向发包人索赔，发包人也可向承包人索赔。

2）索赔的成立条件

合同一方向另一方提出索赔时，应有正当的索赔理由和有效证据，并应符合合同的相关约定。

索赔事件成立必须满足三要素：①正当的索赔理由；②有效的索赔证据；③在合同约定的时间时限内支出。

索赔证据应满足以下基本要求：真实性、全面性、关联性、及时性和有效性。

（2）索赔处理程序

1）承包人索赔的处理程序：

①承包人在合同约定的时间内向发包人递交费用索赔意向通知书。

②发包人指定专人收集与索赔有关的资料。

③承包人在合同约定的时间内向发包人递交费用索赔申请表。

④发包人指定的专人初步审查费用索赔申请表，符合索赔条件时予以受理。

⑤发包人指定的专人进行费用索赔核对，经造价工程师复核索赔金额后，与承包人协商确定并由发包人批准。

⑥发包人指定的专人应在合同约定的时间内签署费用索赔审批表，并可要求承包人提交有关索赔的进一步详细资料。

2）发包人索赔的处理

若发包人认为由于承包人的原因造成额外损失，发包人应在确认引起索赔的事件后，按合同约定向承包人发出索赔通知。承包人在收到发包人索赔通知后并在合同约定时间内，未向发包人作出答复，视为该项索赔已经认可。

（3）索赔费用的组成

索赔费用的组成与建筑安装工程造价的组成相似，一般包括以下几个方面：

1）人工费。包括增加工作内容的人工费、停工损失费和工作效率降低的损失费等累计，其中增加工作内容的人工费应按照计日工费计算，而停工损失费和工作效率降低的损失费按窝工费计算，窝工费的标准双方应在合同中约定。

2）设备费。可采用机械台班费、机械折旧费、设备租赁费等几种形式。当工作内容增加引起的设备索赔时，设备费的标准按照机械台班费计算。因窝工引起的设备费索赔，当施工机械属于施工企业自有时，按照机械折旧费计算索赔费用；当施工机械是施工企业从外部租赁时，索赔费用的标准按照设备租赁费计算。

3）材料费。包括索赔事件引起的材料用量增加、材料价格大幅度上涨、非承包人原因造成的工期延误而引起的材料价格上涨和材料超期存储费用。

4）管理费。此项又可分为现场管理费和企业管理费两部分，由于两者的计算方法不一样，所以在审核过程中应区别对待。

5）利润。对工程范围、工作内容变更等引起的索赔，承包人可按原报价单中的利润百分率计算利润。

6）迟延付款利息。发包人未按约定时间进行付款的，应按银行同期贷款利率支付迟延付款的利息。

116. 监理工程师现场签证应注意哪些方面的问题？

现场签证，是指发、承包双方现场代表（或其委托监理）就施工过程中涉及的责任事件所作的签认证明。

（1）现场签证的范围

1）适用于施工合同范围以外零星工程的确认。

2）在工程施工过程中发生变更后需要现场确认的工程量。

3）非施工单位原因导致的人工、设备窝工及有关损失。

4）符合施工合同规定的非施工单位原因引起的工程量或费用增减。

5）确认修改施工方案引起的工程量或费用增减。

6）工程变更导致的工程施工措施费增减等。

（2）现场签证的程序

承包人应发包人要求完成合同以外的零星工作或非承包人责任事件发生时，承包人应按合同约定及时向发包人提出现场签证。当合同对现场签证未作具体约定时，按照《建设工程价款结算暂行办法》的规定处理：

1）承包人应在接受发包人要求的 7d 内向发包人提出签证，发包人签证后施工。若没有相应的计日工单价，签证中还应包括用工数量和单价、机械台班数量和单价、使用材料品种及数量和单价等。若发包人未签证同意，承包人施工后发生争议的，责任由承包人自负。

2）发包人应在收到承包人的签证报告 48 小时内给予确认或提出修改意见，否则视为该签证报告已经认可。

3）发、承包双方确认的现场签证费用与工程进度款同期支付。

（3）现场签证费用的计算

现场签证费用的计价方式包括两种：第一种是完成合同以外的零星工作时间，按计日工单价计算。此时提交现场签证费用申请时，应包括下列证明材料：

1）工作名称、内容和数量。

2）投入该工作所有人员的姓名、工种、级别和耗用工时。

3）投入该工作的材料类别和数量。

4）投入该工作的施工设备型号、台数和耗用台时。

5）监理人要求提交的其他资料和凭证。

第二种是完成其他非承包人责任引起的时间，应按合同中的约定计算。

117. 工程竣工结算的具体要求是什么？

竣工结算是指建设工程项目完工并经验收合格后，对所完成的项目进行的全面工程结算。

工程完工后，发、承包双方应在合同约定时间内办理工程竣工结算。工程竣工结算由承包人或受其委托具有相应资质的工程造价咨询人编制，由发包人或受其委托具有相应资质的工程造价咨询人核对。

（1）竣工结算的依据

结合《建设工程工程量清单计价规范》GB 50500—2008 和《建设项目工程结算编审规程》CECA/GC 3—2007 的规定，工程竣工结算的主要依据有：

1）国家有关法律、法规、规章制度和相关的司法解释。

2）《建设工程工程量清单计价规范》GB 50500—2008。

3）施工承发包合同、专业分包合同及补充合同，有关材料、设备采购合同。

4）招标文件（包括招标答疑文件）、投标文件、中标报价书等。

5）工程竣工图纸、施工图、施工图会审记录，经批准的施工组织设计，以及设计变更、工程洽商和相关会议纪要。

6）经批准的开、竣工报告或停、复工报告。

7）双方确认的工程量。

8）双方确认追加（减）的工程价款。

9）双方确认的索赔、现场签证事项及价款。

10）其他依据。

（2）竣工结算的程序

1）承包人递交竣工结算书。

承包人应在合同约定时间内编制完成竣工结算书，并在提交竣工验收报告的同时递交给发包人。承包人未在合同约定时间内递交竣工结算书，经发包人催促后仍未提供或没有明确答复的，发包人可以根据已有资料办理结算。

2）发包人进行结算审核。

发包人在收到承包人递交的竣工结算书后，应按合同约定时间核对。合同中对核对时间没有约定或约定不明的，根据《建设工程价款结算暂行办法》规定，按下表中的时间进行核对并提出核对意见。

工程竣工结算核对时间表

序号	工程竣工结算书金额	核对时间
1	500 万元以下	从接到竣工结算书之日起 20d
2	500~2000 万元	从接到竣工结算书之日起 30d
3	2000~5000 万元	从接到竣工结算书之日起 45d
4	5000 万元以上	从接到竣工结算书之日起 60d

竣工结算办理完毕，发包人应将竣工结算书报送工程所在地工程造价管理机构备案。竣工结算书作为工程竣工验收备案、交付使用的必备文件。

3）工程竣工结算价款的支付。

竣工结算办理完毕，发包人应根据确认的竣工结算书在合同约定时间内向承包人支付工程竣工结算价款。

发包人未在合同约定时间内向承包人支付工程结算价款的，承包人可催告发包人支付结算价款。如达成延期支付协议的，发包人应按同期银行同类贷款利率支付拖欠工程价款的利息。如未达成延期支付协议，承包人可以与发包人协商将该工程折价，或申请人民法院将该工程依法拍卖，承包人就该工程折价或者拍卖的价款优先受偿。

118. 监理工程师审查竣工结算的要点是什么？

（1）竣工结算的审查应依据合同约定的结算方法进行，根据合同类型，采用不同的审查方法。

1）采用总价合同的，应在合同价的基础上对设计变更、工程洽商以及工程索赔等合同约定可以调整的内容进行审查。

2）采用单价合同的，应审查施工图以内的各个分部分项工程量，依据合同约定的方式审查分部分项工程价格，并对设计变更、工程洽商、工程索赔等调整内容进行审查。

3）采用成本加酬金合同的，应依据合同约定的方法审查各个分部分项工程以及设计变更、工程洽商等内容的工程成本，并审查酬金及有关税费的取定。

除非已有约定，竣工结算应采用全面审查的方法，严禁采用抽样审查、重点审查、分析对比审查和经验审查的方法，避免审查疏漏现象发生。

（2）竣工结算的审查内容

1）审查结算的递交程序和资料的完备性。

①审查结算资料的递交手续、程序的合法性，以及结算资料具有的法律效力。

②审查结算资料的完整性、真实性和相符性。

2）审查与结算有关的各项内容。

①建设工程发承包合同及其补充合同的合法性和有效性。

②施工发承包合同范围以外调整的工程价款。

③分部分项、措施项目、其他项目工程量及单价。

④发包人单独分包工程项目的界面划分和总包人的配合费用。

⑤工程变更、索赔、奖励及违约费用。

⑥取费、税金、政策性调整以及材料差价计算。

⑦实际施工工期与合同工期发生差异的原因和责任，以及对工程造价的影响程度。

⑧其他涉及工程造价的内容。

119. 监理工程师在工程计价时，如何进行质量争议处理？

在工程计价中，对工程造价计价依据、办法以及相关政策规定发生争议事项的，由工程造价管理机构负责解释。

（1）质量争议的处理

1）发包人以对工程质量有异议，拒绝办理工程竣工结算的，已竣工验收或已竣工未验收但实际投入使用的工程，其质量争议按该工程保修合同执行，竣工结算按合同约定办理。

2）已竣工未验收且未实际投入使用的工程以及停工、停建工程的质量争议，双方应就有争议的部分委托有资质的检测鉴定机构进行检测，根据检测结果确定解决方案，或按工程质量监督机构的处理决定执行后办理竣工结算，无争议部分的竣工结算按合同约定办理。

（2）争议的解决办法

《建设工程工程量清单计价规范》中规定发、承包双方发生工程造价合同纠纷时，应通过下列办法解决：

1）双方协商。

2）提请调解，工程造价管理机构负责调解工程造价问题。

3）按合同约定向仲裁机构申请仲裁或向人民法院起诉。

第六篇 建设工程监理的主要技术工作

120. 施工准备阶段的监理工作主要包括哪些内容？

施工准备阶段是指承包单位进驻施工现场开展各项施工前准备工作的阶段。项目监理机构进驻现场后到工程正式动工前这一阶段的监理工作即是施工准备阶段的监理工作。

施工准备阶段工作的主要内容：

（1）项目总监理工程师组织监理人员熟悉设计文件，并对图纸中存在的问题通过建设单位向设计单位提出书面意见和建议。

（2）项目监理人员参加由建设单位组织的设计技术交底会，总监理工程师应对设计技术交底会会议纪要进行签认。

（3）总监理工程师组织专业监理工程师审查承包单位报送的施工组织设计（方案）。

（4）总监理工程师审查承包单位现场项目管理机构的质量管理体系、技术管理体系和质量保证体系。

（5）分包工程开工前，项目监理机构应对分包单位的资质进行审查。

（6）审核施工测量放线控制成果及保护措施。

（7）项目监理人员参加由建设单位主持召开的第一次工地会议。

（8）专业监理工程师核查开工条件，总监理工程师签发工程开工报审表，并报送建设单位备案。

121. 项目监理人员参加设计技术交底会应了解哪些基本内容？

项目监理人员参加设计技术交底会应了解的基本内容是：

（1）设计主导思想、建筑艺术构思和要求、采用的设计规范、确定的抗震等级、防火等级、基础、结构、内外装修及机电设备设计（设备造型等）。

（2）对主要建筑材料、构配件和设备的要求，所采用的新技术、新工艺、新材料、新设备的要求以及施工中应特别注意的事项等。

（3）对建设单位、承包单位和监理单位提出的施工图的意见和建议的答复。

在设计交底会上确认的设计变更应由建设单位、设计单位、施工单位和监理单位会签。

122. 监理工程师施工图审核的主要原则是什么？

（1）是否符合有关部门对初步设计的审批要求。

（2）安全可靠性、经济合理性是否有保证。

（3）是否符合工程总造价的要求。

（4）设计深度是否符合要求。

（5）是否满足使用功能和施工工艺的要求。

123. 监理工程师如何对设计图纸进行审核？

设计图纸是设计工作的最终成果，它又是工程施工的直接依据，所以，设计阶段质量控制的任务，最终还要体现在设计图纸的质量上。

监理工程师代表建设单位对设计图纸的审核是分阶段进行的。

（1）初步设计阶段

由于初步设计决定工程采用的技术方案阶段，所以，这阶段设计图纸的审核，侧重于工程所采用技术方案是否符合总体方案的要求，以及是否达到项目决策阶段确定的质量标准。

（2）技术设计阶段

技术设计是在初步设计基础上方案设计的具体化，所以，对技术设计图纸的审核侧重于各专业设计是否符合预定的质量标准和要求。

由于工程项目要求的质量与其所支出的造价是成正比关系的，因此监理工程师在初步设计及技术设计阶段审核方案和图纸时，需要同时审核相应的概算文件。

（3）施工图设计阶段

施工图是对建筑物、设备、管线等工程对象物的尺寸、布置、选用材料、构造、相互关系、施工及安装质量要求的详细图纸和说明，是指导施工的直接依据，从而也是设计阶段质量控制的一个重点。对施工图的审核，应注重于反映使用功能及质量要求是否得到满足。

1）建筑施工图的审核。主要应审核房间、车间尺寸及布置情况，门窗及内外装修、材料选用、要求的建筑功能是否满足等。

2）结构施工图的审核。主要应审核承重结构布置情况，结构材料的选择，施工质量的要求等。

3）给排水施工图的审核。主要应审核水处理工艺设备及管道布置和走向，加工安装的质量要求等。

4）电器施工图的审核。主要应审核供、配电设备，灯具及电器设备的布置，电气线路的走向及安装质量要求等。

5）供热、采暖施工图的审核。主要应审核供热、采暖设备的布置，管网的走向及安装质量要求等。

124. 设计技术交底会议纪要编写的要求有哪些？

（1）设计技术交底会议纪要由组织会审的单位汇总成文，交设计单位、承包单位会签后定稿打印。

（2）设计技术交底会议纪要应写明工程名称、会审日期、会审地点、参加会审的单位名称和人员姓名。

（3）设计技术交底会议纪要经参加单位共同会签、盖章后，发给持施工图纸的所有单位，作为与设计文件同时使用的技术文件和指导施工的依据。

（4）施工图纸会审得出的问题如涉及需要补充设计图纸者，应由设计单位负责在一定期限内交付图纸。

（5）对会审会议上所提出问题的解决方法，施工图纸会审记录中必须有肯定性的意见。

（6）设计技术交底会议纪要是工程施工的正式文件，不得在会审记录上涂改或变更其内容。

125. 监理工程师审查施工组织设计的要点是什么？

（1）《建设工程监理规范》对监理人员审查施工组织设计（施工方案）提出以下条款要求：

5.2.3 工程项目开工前，总监理工程师应组织专业监理工程师审查承包单位报送的施工组织设计（方案）报审表，提出审查意见，并经总监理工程师审核、签认后报建设单位。施工组织设计（方案）报审表应符合本规范附录 A2 表的格式。

（2）审查施工组织设计（施工方案）的工作程序

1）在工程项目开工前约定的时间内，承包单位必须完成施工组织设计的编制及内部自审批准工作，填写《施工组织设计（方案）报审报表》报送项目监理机构。

2）总监理工程师应在约定时间内，组织专业监理工程师审查，提出审查意见后，由总监理工程师审定批准。需要承包单位修改时，由总监理工程师签发书面意见，退回承包单位修改后再报审，总监理工程师应重新审定。

3）已审定的施工组织设计由项目监理机构报送建设单位。

4）承包单位应按审定的施工组织设计文件组织施工。如需对其内容做较大变更，应在实施前将变更内容书面报送项目监理机构重新审定。

5）对规模大、结构复杂或属新结构、特种结构的工程，项目监理机构应在审查施工组织设计后，报送监理单位技术负责人审查，其审查意见由总监理工程师签发。必要时与建设单位协商，组织有关专业部门和有关专家会审。

（3）审查施工组织设计应掌握的基本原则

1）施工组织设计的编制、审查和批准应符合规定的程序。

2）施工组织设计应符合国家的技术政策，充分考虑承包合同规定的条件、施工现场条件及法规条件的要求，突出"质量第一、安全第一"的原则。

3）施工组织设计的针对性。承包单位是否了解并掌握了本工程的特点及难点，施工条件是否分析充分。

4）施工组织设计的可操作性。承包单位是否有能力执行并保证工期和质量目标，该施工组织设计是否切实可行。

5）技术方案的先进性。施工组织设计采用的技术方案和措施是否先进适用，技术是否成熟。

6）质量管理和技术管理体系，质量保证措施是否健全且切实可行。

7）安全、环保、消防和文明施工措施是否切实可行并符合有关规定。

8）在满足合同和法规要求的前提下，对施工组织设计的审查，应尊重承包单位的自主技术决策和管理决策。

（4）审查施工组织设计的基本要求

1）施工组织设计应有承包单位负责人签字。

2）施工组织设计应符合施工合同要求。

3）施工组织设计应由专业监理工程师审核后，经总监理工程师签认。

4）发现施工组织设计中存在问题应提出修改意见，由承包单位修改后重新报审。

（5）审查施工组织设计的注意事项

1）重要的分部、分项工程的施工方案，承包单位在开工前，向监理工程师提交详细说明为完成该项工程的施工方法、施工机械设备及人员配备与组织、质量管理措施以及进度安排等，报请监理工程师审查认可后方能实施。

2）在施工顺序上应符合先地下、后地上；先土建、后设备；先主体、后围护的基本规律。所谓先地下、后地上是指地上工程开工前，应尽量把管道、线路等地下设施和土方与基础工程完成，以避免干扰，造成浪费、影响质量。此外，施工流向要合理，即平面和立面上都要考虑施工的质量保证与安全保证；考虑使用的先后和区段的划分，与材料、构配件的运输不发生冲突。

3）施工方案与施工进度计划的一致性。施工进度计划的编制应以确定的施工方案为依据，正确体现施工的总体部署、流向顺序及工艺关系等。

4）施工方案与施工平面图布置的协调一致。施工平面图的静态布置内容，如临时施工供水供电供热、供气管道、施工道路、临时办公房屋、物资仓库等，以及动态布置内容（如施工模板、工具器具）等，应做到布置有序，有利于各阶段施工方案的实施。

（6）审查施工组织设计的主要内容

1）施工组织设计（方案）是否有承包单位负责人签字。

2）施工组织设计（方案）是否符合施工合同要求。

3）施工总平面图是否合理。

4）施工部署是否合理，施工方法是否可行，质量保证措施是否可靠并具备针对性。

5）工期安排是否能够满足施工合同要求，进度计划是否能保证施工的连续性和均衡性，施工所需人力、材料、设备与进度计划是否协调。

6）承包单位项目经理部的质量管理体系、技术管理体系、质量保证体系是否健全。

7）安全、环保、消防和文明施工措施是否符合有关规定。

8）季节施工、专项施工方案是否可行、合理和先进。

126. 监理工程师校验施工测量放线要点是什么？

（1）《建设工程监理规范》对监理人员校验施工测量放线提

出以下条款要求：

5.2.7 专业监理工程师应按以下要求对承包单位报送的测量放线控制成果及保护措施进行检查，符合要求时，专业监理工程师对承包单位报送的施工测量成果报验申请表予以签认：

1）检查承包单位专职测量人员的岗位证书及测量设备检定证书。

2）复核控制桩的校核成果、控制桩的保护措施以及平面控制网、高程控制网和临时水准点的测量成果。施工测量成果报验申请表应符合附录 A4 表的格式。

①承包单位应填写《施工测量方案报审表》，将施工测量方案、专职测量人员的岗位证书及测量设备检定证书报送项目监理机构审批认可。

②承包单位按报送的《施工测量方案》对建设单位交给施工单位的红线桩、水准点进行校核复测，并在施工场地设置平面坐标控制网（或控制导线）及高程控制网后，填写《施工测量放线报验申请表》并附相应放线的依据资料及测量放线成果表交项目监理机构审核查验。

③专业监理工程师审核测量成果及现场查验桩、线的准确性及桩点、桩位保护措施的有效，符合规定时，予以签认，完成交桩过程。

④当施工单位对交验的桩位通过复测提出质疑时，应通过建设单位约请政府规定的规划勘察部门或勘察设计单位复核红线桩及水准点引测的成果，最终完成交桩过程，并通过会议纪要的方式予以确认。

（2）校核红线桩

1）根据勘测单位递交的测量文件中的测量方案进行内业复核及外业复测校核，校测无误后，在此基础上测设该工程的平面坐标控制网及各单位工程轴线控制桩。

2）承包单位应将红线桩的内业复核及外业复测结果、平面坐标控制网的内业资料报监理工程师审核，测量的误差必须在有关规范的允许范围内，外业测量桩点由测量监理工程师审核验收。

（3）水准点的引测

1）水准点的引测应自建设规划部门的城市高程控制水准基点开始，水准基点的数目不得少于 2 个，使用前应先进行校核，校核无误后采用符合法向现场引测水准点，其闭合误差应控制在规范允许值之内，然后根据引入的水准点测设该工程的高程控制网或做首层的 ±0.000 控制线。

2）承包单位应将水准点引测、高程控制网测设的内业资料报监理工程师审核，外业测制的桩点由监理工程师审核验收。

（4）工程测量应符合的规定

1）在项目开工前应编制测量控制方案，经项目技术负责人批准后方可实施，测量记录应归档保存。

2）在施工过程中应对测量点线妥善保护，严禁擅自移动。

3）施工测量仪器、工具应符合国家《计量法》规定的计量要求。

127. 组织第一次工地会议的具体要求是什么？

（1）《建设工程监理规范》对监理人员参加第一次工地会议提出以下条款要求：

5.2.9 工程项目开工前，监理人员应参加由建设单位主持召开的第一次工地会议。

5.2.10 第一次工地会议应包括以下主要内容：

1）建设单位、承包单位和监理单位分别介绍各自驻现场的组织机构、人员及其分工。

2）建设单位根据委托监理合同宣布对总监理工程师的授权。

3）建设单位介绍工程开工准备情况。

4）承包单位介绍施工准备情况。

5）建设单位和总监理工程师对施工准备情况提出意见和要求。

6）总监理工程师介绍监理规划的主要内容。

7）研究确定各方在施工过程中参加工地例会的主要人员，召开工地例会周期、地点及主要议题。

5.2.11 第一次工地会议纪要应由项目监理机构负责起草，并经与会各方代表会签。

（2）条文理解

1）第一次工地会议一般应在承包单位和项目监理机构进驻现场后，工程开工前召开，会议由建设单位主持召开。

2）第一次工地会议各单位参加人员。

①建设单位驻现场代表及有关职能部门人员。

②承包单位项目经理部经理及有关职能部门人员，分包单位主要负责人。

③项目监理机构总监理工程师及主要监理人员。

④可邀请有关设计人员参加。

3）第一次工地会议内容介绍。

①建设单位介绍承包单位情况，包括承包单位资质、对本工程的要求（质量要求、进度要求）；介绍监理单位情况，包括委托监理的范围、给予总监理工程师的权限。

②承包单位介绍工程概况，包括开工准备工作、工地三通一平及临时设施情况、原材料进场情况、机械设备进场情况和人员进场情况。

③监理单位根据监理合同所授的权限，介绍项目监理机构如何对工程在施工阶段的控制，包括对进场原材料的监控，各施工阶段的质量监控，对施工阶段的施工技术资料及监理资料与工程进度同步进行监理管理；确定例会制度并确定例会主持者、会议召开时间及会议纪律；会议可分为定期监理例会（每周一次）、专题会议（一般在每分部工程交接阶段召开）、特别会议（在发生质量严重缺陷或质量事故、传达有关文件精神时召开）。

④第一次工地会议后，由项目监理机构负责整理会议纪要，经与会代表各方签字，并留作存档。

128. 组织工地例会的具体要求是什么？

（1）《建设工程监理规范》对总监理工程师应定期主持召开工地例会提出以下条款要求：

5.3.1　在施工过程中，总监理工程师应定期主持召开工地例会。会议纪要应由项目监理机构负责起草，并经与会各方代表会签。

5.3.2　工地例会应包括以下主要内容：

1）检查上次例会议定事项的落实情况，分析未完事项原因。

2）检查分析工程项目进度计划完成情况，提出下一阶段进度目标及其落实措施。

3）检查分析工程项目质量状况，针对存在的质量问题提出改进措施。

4）检查工程量核定及工程款支付情况。

5）解决需要协调的有关事项。

6）其他有关事宜。

（2）条文理解

1）工地例会由项目总监理工程师组织并主持。

2）工地例会应定期组织召开，一般应每周一次。定期工地例会的周期、地点、议题等由第一次工地会议确定。

3）工地例会的参加单位及人员。

①项目总监理工程师、总监理工程师代表和有关的专业监理工程师。

②总承包单位的项目经理、技术负责人、生产安全负责人及有关专业人员。

③建设单位驻现场的负责人及有关专业人员。

④根据会议内容可邀请设计单位的相关专业设计人员、分包单位项目负责人以及相关单位的人员参加。

4）会议纪要由项目监理部根据会议记录整理，主要内容包括。

①会议地点及时间。

②会议主持人。

③与会人员姓名、单位、职务。

④会议主要内容、议决事项及其负责落实单位、负责人和时限要求。

⑤其他事项。

例会上若出现意见不一致的重大问题，应将各方的主要观点，特别是相互对立的意见记入"其他事项"中。会议纪要的内容应准确如实、简明扼要，经总监理工程师审阅，与会各方代表会签，发至合同有关各方，并应有签收手续。

5）工地例会会议纪要由项目总监理工程师签认后印发有关各方，并应有签收手续。

129. 监理工程师审查开工条件要点是什么？

（1）《建设工程监理规范》对监理工程师审查开工报告提出以下条款要求：

5.2.8 专业监理工程师应审查承包单位报送的工程开工报审表及相关资料，具备以下开工条件时，由总监理工程师签发，并报建设单位：

1）施工许可证已获政府主管部门批准。

2）征地拆迁工作能满足工程进度的需要。

3）施工组织设计已获总监理工程师批准。

4）承包单位现场管理人员已到位，机具、施工人员已进场，主要工程材料已落实。

5）进场道路及水、电、通讯等已满足开工要求。

（2）条文理解

1）承包单位认为施工准备工作已完成，具备开工条件时，应向项目监理机构报送《工程开工报审表》。

2）项目监理机构应按以下内容进行审查：

①政府建设行政主管部门已签发《建设工程施工许可证》。

②征地拆迁工作能够满足工程施工进度的需要。

③施工图纸及有关设计文件已齐备。

④施工现场的场地、道路、水、电、通讯和临时设施已满足开工要求，地下障碍物已清除或查明。

⑤施工组织设计（施工方案）已经项目监理机构审定。

⑥测量控制桩已经项目监理机构复验合格。

⑦施工人员已按计划到位，施工设备、料材、工具已按需要到场，主要材料供应已落实。

3）经过对开工条件的严格审查，对不足的条件或存在的问题以书面形式提交承包单位进行整改；承包单位应在一周内将存在问题整改完毕后，将整改情况书面回复监理单位，由监理工程师对整改结果进行跟踪验证。当所有项目符合要求后，由总监理工程师签发开工令（开工申请表），承包单位方可正式进入施工阶段。并报送建设单位备案。

（3）开工的合同管理

承包人应在专用条款约定的时间按时开工，以便保证在合理工期内及时竣工。但在特殊情况下，工程的准备工作不具备开工条件，则应按合同的约定区分延期开工的责任。

1）如果是承包人要求的延期开工，则工程师有权批准是否同意延期开工。

承包人不能按时开工，应在不迟于协议书约定的开工日期前7d，以书面形式向工程师提出延期开工的理由和要求。工程师在接到延期开工申请后的48小时内未予以答复，视为同意承包人的要求，工期相应顺延。如果工程师不同意延期要求，工期不予顺延。如果承包人未在规定时间内提出延期开工要求，工期也不予顺延。

2）因发包人的原因施工现场尚不具备施工的条件，影响了承包人不能按照协议书约定的日期开工时，工程师应以书面形式通知承包人推迟开工日期。发包人应当赔偿承包人因此而造成的损失，相应顺延工期。

130. 监理工程师审查承包单位项目管理机构的质量管理体系、技术管理体系和质量保证体系要点是什么？

（1）《建设工程监理规范》对监理工程师审查承包单位项目管理机构的质量管理体系、技术管理体系和质量保证体系提出以下条款要求：

5.2.4 工程项目开工前，总监理工程师应审查承包单位现场项目管理机构的质量管理体系、技术管理体系和质量保证体系，确能保证工程项目施工质量时予以确认。对质量管理体系、技术管理体系和质量保证体系应审核以下内容：

1）质量管理、技术管理和质量保证的组织机构。

2）质量管理、技术管理制度。

3）专职管理人员和特种作业人员的资格证、上岗证。

（2）条文理解

1）现场项目管理机构的质量管理体系、技术管理体系和质量保证体系的确认，必须在确保工程项目施工质量时，由总监理工程师在工程项目开工前负责审查完成。

2）审核承包单位是否建立了各级质量管理责任制、质量管理机构、岗位职责。

3）审核承包单位在施工准备阶段和施工阶段的质量措施。

4）审查原材料、构件、成品、半成品的质量措施，包括主要原材料的取样、送检制度，以及各类试件的制作送检制度。

5）审核承包单位在各项技术活动过程中的技术管理。

各项技术活动过程是指：

①图纸会审、编制施工组织设计、技术交底、技术检验等施工技术准备工作。

②质量技术检查、技术核定、技术措施、技术处理、技术标准和规程的实施等施工过程的技术工作。

③科学研究、技术改造、技术革新、技术培训、新技术试验等技术开发工作。

6）审核承包单位对技术工作的各种要素的管理。

技术工作的各种要素是指技术工作赖以进行的技术人才、技术装备、技术情报、技术文件、技术资料、技术档案、技术标准规程、技术责任制等。

7）承包单位的主要负责人、项目负责人、专职安全生产管理人员应当经建设行政主管部门或其他有关部门考核合格后方可任职。

8）承包单位有关垂直运输机械作业人员、安装拆卸工、爆破作业人员、起重信号工、登高架设作业人员等特种作业人员，必须按照国家有关规定经过专门的安全作业培训，并取得特种作业操作资格证书后，方可上岗作业。

131. 监理工程师审查分包单位资质开工条件要点是什么？

（1）《建设工程监理规范》对监理工程师审查分包单位资质提出以下条款要求：

5.2.5　分包工程开工前，专业监理工程师应审查承包单位报送的分包单位资格报审表和分包单位有关资质资料，符合有关规定后，由总监理工程师予以签认。分包单位资格报审表应符合附录 A3 表的格式。

5.2.6　对分包单位资格应审核以下内容：

1）分包单位的营业执照、企业资质等级证书、特殊行业施工许可证、国外（境外）企业在国内承包工程许可证。

2）分包单位的业绩。

3）拟分包工程的内容和范围。

4）专职管理人员和特种作业人员的资格证、上岗证。

（2）条文理解

1）承包单位对部分分部、分项工程（主体结构工程除外）实行分包必须符合施工合同的规定。

2）对分包单位资格的审核应在工程项目开工前或拟分包的分项、分部工程开工前完成。

3）承包单位应填写《分包单位资格报审表》，附上经其自审认可的分包单位的有关资料，报项目监理机构审核。

4）项目监理机构和建设单位认为必要时，可会同承包单位对分包单位进行实地考察，以验证分包单位有关资料的符合性。

5）分包单位的资格符合有关规定并满足工程需要，由总监理工程师签发《分包单位资格报审表》，予以确认。

6）分包合同签订后，承包单位应填写《分包合同报验申报表》，并附上分包合同报送项目监理机构备案。

7）项目监理机构发现承包单位存在转包、肢解分包、层层分包等情况，应签发《监理工程师通知单》予以制止，同时报告建设单位及有关部门。

8）总监理工程师对分包单位资格的确认不解除总包单位应负的责任。

（3）对分包单位资格审查的内容

1）分包单位的营业执照、企业资质等级证书、特殊行业施工许可证、国外（境外）企业在国内承包工程许可证。

2）分包单位的业绩。

3）拟分包工程的内容和范围。

4）专职管理人员和特种作业人员的资格证、上岗证。

（4）监理工程师对分包合同的管理

1）监理工程师与承包商建立监理与被监理的关系，因此对分包商在现场的施工不承担协调管理义务，只是依据主合同对分包工作内容及分包商的资质进行审查，行使确认权或否定权；对分包商使用的材料、施工工艺、工程质量进行监督管理。

2）为了准确地区分合同责任，监理工程师就分包工程施工发布的任何指示均应发给承包商。分包合同内明确规定，分包商接到监理工程师的指示后不能立即执行，需得到承包商同意才可实施。

3）承包商接到监理工程师就分包工程发布的指示后，应将其要求列入自己的管理工作内容，并及时以书面确认的形式转发给分包商令其遵照执行。

132. 监理工程师现场质量检查的内容和检查方法主要有哪些?

(1) 监理工程师现场质量检查内容:

1) 开工前检查。目的是检查是否具备开工条件,开工后能否保证工程质量,能否连续地进行正常施工。

2) 工序交接检查。对于重要的工序或对工程质量有重大影响的工序,在自检、互检的基础上,还需经监理人员进行工序交接检查。

3) 隐蔽工程检查。凡是隐蔽工程需经监理人员检查认证后方可掩盖。

4) 停工后复工前的检查。当承包商严重违反质量标准,监理人员可行使质量否决权,令其停工,或工程因其他原因停工后需复工时,均应经检查认可、下达复工令后再施工。

5) 分部、分项工程完工后,应经监理人员检查认可后,签署验收纪录。

6) 随班或跟踪检查。对于施工难度较大的工程结构或容易产生质量通病的工程项目,监理人员还应进行随班跟踪检查。

(2) 监理工程师现场检查的方法主要有:

1) 目测法。目测法检查的手段可归纳为看、摸、敲、照四个字。

看,就是根据质量标准进行外观目测。

摸,就是手感检查。主要适用于装饰工程的某些检查项目。如水刷石、干粘石粘结牢固程度,油漆的光滑度,浆活是否掉粉,地面有无起砂等,均可通过手摸加以鉴别。

敲,是运用工具进行音感检查。对地面工程、装饰工程中的水刷石、面砖、锦砖和水磨石、大理石等的施工,均应进行敲击检查,通过声音的虚实确定有无空鼓,还可通过声音的清脆、沉闷,判定属于面层空鼓或底层空鼓。此外,用手敲玻璃,如出现颤动音响,一般是压条不实。

照，对于难以看到或光线较暗的部位，则可采用镜子反射或灯光照射的方法进行检查。

2）实测法。实测检查法，就是通过实测数据与施工规范及质量标准所规定的允许偏差对照，来判别质量是否合格。实测检查法的手段也可归纳为靠、吊、量、套四个字。

靠，是用直尺、塞尺检查地面、墙面、屋面的平整度。

吊，是用拖线板以垂吊线检查垂直度。

量，是用测量工具和计量仪表等检测断面尺寸、轴线、标高、湿度、温度等的偏差。

套，是以方尺套方，辅以塞尺检查。如对阴阳角的方正、踢脚线的垂直度、预制构件的方正等项目的检查。对门窗口及构配件的对角线（窜角）检查，也是套方的特殊手段。

3）试验检查。指必须通过试验手段方能对质量进行判断的检查方法。如对桩或地基静载试验，确定其承载力；对钢结构进行稳定性试验，确定是否产生失稳现象；对钢筋对焊接头进行拉力试验，检验焊接的质量等。

133. 监理工程师对工程定位及标高基准控制要求是什么？

（1）监理工程师应要求承包单位，对建设单位（或其委托的单位）给定的原始基准点、基准线和标高等测量控制点进行复核。

（2）承包单位完成测量放线复测并自检合格后，填写《施工测量放线报验申请表》，并报送项目监理机构。

（3）分别经专业监理工程师和总监理工程师批准后承包单位才能据此进行准确的测量放线，并应对其正确性负责。

134. 什么是质量控制点？重点控制对象有哪些？

（1）质量控制点是指为了保证作业过程质量而确定的重点控制对象、关键部位、薄弱环节。

（2）质量控制点设置的要求。

承包单位在施工前应根据施工质量控制的要求，列出质量控制点明细表，提交监理工程师审查批准后，实施质量控制。

（3）质量控制点重点控制的对象。

1）人的行为。

2）物的质量与性能——施工设备和材料。

3）关键操作，如预应力钢筋的张拉。

4）施工技术参数，如冬季施工混凝土受冻临界强度等。

5）施工顺序，如对于冷拉钢筋应先对焊、后冷拉。

6）技术间歇。

7）新工艺、新技术、新材料的应用。

8）产品质量不稳定、不合格率较高及易发生质量通病的工序。

9）易对工程质量产生重大影响的施工方法，如液压滑模施工中的支撑杆失稳问题，升板法施工中提升的控制等。

10）特殊地基或特种结构，如湿陷性黄土，大跨度和超高结构等。

135. 监理工程师应如何规定质量监控工作程序？

（1）承包单位未提交开工申请并得到监理工程师的审查、批准的，不得开工。

（2）承包单位未经监理工程师签署质量验收单并予以质量确认，不得进行下道工序。

（3）承包单位所提供的建筑工程材料、构配件未经监理工程师批准不得在工程上使用等。

（4）监理工程师应具体规定设备、半成品、构配件、材料进场检验工作程序，隐蔽工程验收，工序交接验收工作程序，检验批、分项、分部工程质量验收工作程序等。

136. 监理工程师对隐蔽工程验收的要求包括哪些？

（1）承包单位完成隐蔽工程作业并自检合格后，应填写隐蔽工程报验申请表，报送项目监理机构。经检验合格，专业监理工程师应签认隐蔽工程报验申请表后，承包单位方可进行下一道工序施工。

（2）隐蔽工程验收时，应详细填写验收的分部分项工程名称，被验收部分轴线、规格和质量。如有必要，应画出简图和做出说明。

（3）每次检查验收的项目，监理工程师必须详细填写隐蔽验收内容记录，同时必须在隐蔽工程报验申请表审查意见栏内填写"符合设计要求"或"符合施工验收规范要求"，不得使用"基本符合"或"大部分符合"等不肯定用语，也不能无审查意见。

（4）如果在检查验收中验收不合格的，监理工程师应拒绝签认，并要求承包单位对隐检中提出的质量问题必须认真进行处理复验。复验符合要求，监理工程师签认后，承包单位方可进行下一道工序的施工。

137. 对房屋建筑工程施工旁站监理工作作了哪些规定？

（1）房屋建筑工程施工旁站监理是指监理人员在房屋建筑工程施工阶段监理中，对关键部位、关键工序的施工质量实施全过程现场跟班的监督活动。

房屋建筑工程的关键部位、关键工序：

1）在基础工程方面包括：

土方回填，混凝土灌注桩浇筑，地下连续墙、土钉墙、后浇带及其他结构混凝土、防水混凝土浇筑，卷材防水层细部结构处理，钢结构安装。

2）在主体结构方面包括：

梁柱节点钢筋隐蔽过程、混凝土浇筑、预应力张拉、装配式结构安装、钢结构安装、网架结构安装、索膜安装。

（2）监理企业在编制监理规划时，应当制定旁站监理方案，明确旁站监理的范围、内容、程序和旁站监理人员职责等。旁站监理方案应当送建设单位和承包单位各一份，并抄送工程所在地的建设行政主管部门或其委托的工程质量监督机构。

（3）承包单位根据监理单位指定的旁站监理方案，在需要实施旁站监理的关键部位、关键工序施工前的 24 小时，应书面通知监理单位派驻工地的项目监理机构。项目监理机构应当安排旁站监理人员按照旁站监理方案实施旁站监理。

（4）旁站监理在总监理工程师的指导下，由现场监理人员负责具体实施。

（5）旁站监理人员应当认真履行职责，对需要实施旁站监理的关键部位、关键工序在施工现场跟班监督，及时发现和处理旁站监理过程中出现的质量问题，如实准确地做好旁站监理记录。凡旁站监理人员和承包单位现场质检人员未在旁站监理记录上签字的，不得进行下一道工序施工。

（6）旁站监理人员实施旁站监理时，发现承包单位有违反工程建设强制性标准行为的有权责令承包单位立即改正；发现其施工活动已经或者可能危及工程质量的，应及时向监理工程师或总监理工程师报告，由总监理工程师下达局部暂停施工指令或者采取其他应急措施。

（7）旁站监理记录是监理工程师或总监理工程师依法行使有关签字权的重要依据。对于需要旁站监理的关键部位、关键工序施工，凡没有实施旁站监理或没有旁站监理记录的，监理工程师或总监理工程师不得在相应文件上签字。在工程竣工验收后，监理单位应当将旁站监理记录存档备查。

（8）对于按照《房屋建筑工程施工旁站监理管理办法（试行）》规定的关键部位、关键工序实施旁站监理的，建设单位应当严格按照国家规定的监理取费标准执行；对于超出《房屋建筑工程施工旁站监理管理办法（试行）》规定的范围，建设单位要求监理单位实施旁站监理的，建设单位应当另行支付监理费用；具体费用标准由建设单位与监理单位在合同中约定。

（9）建设行政主管部门应加强对旁站监理的监督检查，对于不按照本办法实施旁站监理的监理单位和有关监理人员要进行通报，责令整改，并作为不良记录载入该企业和有关人员的信用档案；情节严重的，在资质年检时定为不合格，并按照下一个资质等级重新核定其资质等级；对于不按照本办法实施旁站监理而发生工程质量事故的，除依法对有关责任单位进行处罚外，还要依法追究监理单位和有关监理人员的相应责任。

138. 见证取样和送检制度作了哪些具体规定？

（1）《建设工程质量管理条例》规定，施工人员对涉及结构安全的试块、试件以及有关材料，应当在建设单位或者工程监理单位监督下现场取样，并送具有相应资质等级的质量检测单位进行检测。

（2）见证人员应由建设单位或该工程的监理单位中具备施工试验知识的专业技术人员担任，并由建设单位或该工程的监理单位书面通知施工单位、检测单位和负责该项工程的质量监督机构。

（3）《建设工程质量检测管理办法》规定，工程质量检测机构是具有独立法人资格的中介机构。按照其承担的检测业务内容分为专项检测机构资质和见证取样检测机构资质。检测机构未取得相应的资质证书，不得承担本办法规定的质量检测业务。

（4）质量检测业务由工程项目建设单位委托具有相应资质的检测机构进行检测。委托方与被委托方应当签订书面合同。

（5）检测机构应当将检测过程中发现的建设单位、监理单位、施工单位违反有关法律、法规和工程建设强制性标准的情况，以及涉及结构安全检测结果的不合格情况，及时报告工程所在地建设行政主管部门。

（6）检测人员不得同时受聘于两个或者两个以上的检测机构。

（7）检测机构不得转包检测业务。检测机构应当对其检测数据和检测报告的真实性和准确性负责。

139. 见证取样、送样的范围包括哪些？

《房屋建筑工程和市政基础设施工程实行见证取样和送检的规定》中规定，涉及结构安全的试块、试件和材料见证取样和送检的比例不得低于有关技术标准中规定应取样数量的30%。

下列试块、试件和材料必须实施见证取样和送检：

（1）用于承重结构的混凝土试块。

（2）用于承重墙体的砌筑砂浆试块。

（3）用于承重结构的钢筋及连接接头试件。

（4）用于承重墙的砖和混凝土小型砌块。

（5）用于拌制混凝土和砌筑砂浆的水泥。

（6）用于承重结构的混凝土中使用的掺加剂。

（7）地下、屋面、厕浴间使用的防水材料。

（8）国家规定必须实行见证取样和送检的其他试块、试件和材料。

140. 见证人员的职责有哪些？

（1）取样时，见证人员必须在现场进行见证。

（2）见证人员必须对试样进行监护。

（3）见证人员必须与取样人员一起将试样送至检测单位。

（4）有专用送样工具的工地，见证人员必须亲自在试样或其包装上做出标识、封存。

（5）见证人员必须在检验委托单上签字，并应制作见证记录。

（6）见证人员对试样的代表性和真实性负责。

建设、承包、监理和检测单位凡以任何形式弄虚作假或玩忽职守者，将按有关法律、法规、规章严肃查处，情节严重者，依法追究刑事责任。

141. 施工阶段监理工程师应如何进行信息收集？

施工阶段的信息收集，可从施工准备期、施工实施期、竣工保修期三个子阶段分别进行。

（1）施工准备期

施工准备期是指从建设工程合同签订到项目开工这个阶段，在施工招投标阶段监理未介入时，本阶段是施工阶段监理信息搜集的关键阶段，监理工程师应该从如下几点入手收集信息：

1）监理大纲。施工图设计及施工图预算，特别要掌握结构特点，掌握工程难点、要点、特点，掌握工业工程的工艺流程特点、设备特点，了解工程预算体系（按单位工程、分部工程、分项工程分解）；了解施工合同。

2）施工单位项目经理部组成，进场人员资质；进厂设备的规格型号、保修记录；施工场地的准备情况；施工单位质量保证体系及施工单位的施工组织设计，特殊工程的技术方案，施工进度网络计划图表；进场材料、构件管理制度；安全保安措施；数据和信息管理制度；监测和检验、试验程序和设备；承包单位和分包单位的资质等施工单位信息。

3）建设工程场地的地质、水文、测量、气象数据；地上、地下管线，地下洞室，地上原有建筑物及周围建筑物、树木、道路；建筑红线、标高、坐标；水、电、气管道的引入标志；地质勘察报告、地形测量图及标桩等环境信息。

4）施工图的会审和交底记录。开工前监理交底记录；对施工单位提交的施工组织设计按照项目监理部要求进行修改的情况；施工单位提交的开工报告及实际准备情况。

5）本工程需遵循的相关建筑法律、法规、规范和规程，有关质量检验、控制的技术法规和质量验收标准。

（2）施工实施期

施工实施期收集的信息应该分类并由专门的部门或专人分级管理，项目监理工程师可从下列方面收集信息：

1）施工单位人员、设备、水、电、气等能源的动态信息。

2）施工期气象情况的中长期趋势及同期历史数据，每天不同时段动态信息，特别在气候对施工质量影响较大的情况下，更要加强收集气象数据。

3）建筑原材料、半成品、成品、构配件等工程物资的进场、加工、保管、使用等信息。

4）项目经理部管理程序；质量、进度、投资的事前、事中、事后控制措施；数据采集来源及采集、处理、存储、传递方式；工序间交接制度；事故处理制度；施工组织设计及技术方案执行的情况；工地文明施工及安全措施等。

5）施工中需要执行的国家和地方规范、规程、标准；施工合同执行情况。

6）施工中发生的工程数据，如地基验槽及处理记录，工序间交接记录，隐蔽工程检查记录等。

7）建筑材料必试项目有关信息。如水泥、砖、砂石、钢筋、外加剂、混凝土、防水材料、回填土、饰面板、玻璃幕墙等。

8）设备安装的试运行和测试项目有关的信息。如电气接地电阻、绝缘电阻测试，管道通水、通气、通风试验，电梯施工试验，消防报警、自动喷淋系统联动试验等。

9）施工索赔相关信息。索赔程序、索赔依据、索赔证据、索赔处理意见等。

（3）竣工保修期

竣工保修期阶段要收集的信息有：

1）工程准备阶段文件。如：立项文件，建设用地、征地、拆迁文件，开工审批文件等。

2）监理文件。如：监理规划、监理实施细则、有关质量问题和质量事故的相关记录、监理工作总结以及监理过程中各种控制和审批文件等。

3）施工资料。分为建筑安装工程和市政基础设施工程两大类分别收集。

162

4）竣工图。分建筑安装工程和市政基础设施工程两大类分别收集。

5）竣工验收资料。如工程竣工总结、竣工验收备案表、电子档案等。

在竣工保修期，建立单位按照现行《建设工程文件归档整理规范》（GB/T 50328—2001）收集监理文件并协助建设单位督促施工单位完善全部资料的收集、汇总和归类整理。

142. 建设工程监理文件档案资料主要有哪些？

（1）工程准备阶段文件

1）立项文件。由建设单位在工程建设前期形成并收集汇编；包括：项目建议书，项目建议书审批意见及前期工作通知书，可行性研究报告及附件，可行性研究报告审批意见，关于立项有关的会议纪要、领导讲话、专家建议文件，调查资料及项目评估研究等资料。

2）建设用地、征地、拆迁文件。由建设单位在工程建设前期形成并收集汇编；包括：选址申请及选址规划意见通知书，用地申请报告及县级以上人民政府城乡建设用地批准书，拆迁安置意见、协议、方案、建设用地规划许可证及其附件，划拨建设用地文件，国有土地使用证等资料。

3）勘查、测绘、设计文件。由建设单位委托勘查、测绘、设计有关单位完成，建设单位统一收集汇编。包括：工程地质勘察报告，水文地质勘察报告，自然条件，地震调查，建设用地钉桩通知单（书），地形测量和拨地测量成果报告，申报的规划设计条件和规划设计条件通知书，初步设计图纸和说明，技术设计图纸和说明，审定设计方案通知书及审查意见，有关行政主管部门批准文件或取得的有关协议，施工图及其说明，设计计算书，政府有关部门对施工图设计文件的审批意见。

4）招标投标及合同文件。由建设单位和勘察设计单位、承包单位、监理单位签订有关合同文件。包括：勘察设计招投标文件、勘察设计承包合同、施工招投标文件、施工承包合同、工程监理招投标文件、委托监理合同。

5）开工审批文件。由建设单位在工程建设前期形成并收集汇编。包括：建设项目列入年度计划的申报文件或图纸，建设工程规划许可证及其附件，建设工程开工审查表，建设工程施工许可证、投资许可证、审计证明、缴纳绿化建设费等证明，工程质量监督手续。

6）财务文件。由建设单位自己或委托设计、监理、咨询服务有关单位完成，在工程建设前期形成并收集汇编。包括：工程投资估算材料、工程设计概算材料、施工图预算材料、施工预算。

7）建设、施工、监理机构及负责人名单。由建设单位在工程建设前期形成并收集汇编。包括：建设单位工程项目管理部、工程项目监理机构、工程施工项目经理部及各自负责人名单。

（2）监理文件

1）监理规划。由项目监理机构在建设工程施工前期形成并收集汇编。包括：监理规划、监理实施细则、监理部总控制计划等。

2）监理月报中的有关质量问题，在监理过程中形成，是监理月报中的相关内容。

3）监理会议纪要中的有关质量，在监理过程中形成，是有关例会和专题会议纪要中的内容。

4）在工程建设全过程监理中所形成的资料，包括：

①进度控制资料。

②质量控制资料。

③造价控制资料。

④分包资质审核资料。

⑤监理通知及回复资料。

⑥合同及其他事项管理资料。

⑦监理工作总结资料。

164

143. 建设工程监理文件档案资料管理的主要内容有哪些？

（1）监理文件和档案收文与登记。

（2）监理文件档案资料传阅与登记。

（3）监理文件资料发文与登记。

（4）监理文件档案资料分类与存放。

（5）监理文件档案资料归档。

（6）监理文件档案资料借阅、更改与作废。

144. 建设工程监理文件档案如何进行分类？

按照现行《建设工程文件归档整理规范》（GB/T 50328—2001），监理文件有 10 大类 27 项，要求在不同的单位归档保存，见表 6-1。

表 6-1　建设工程监理文件归档范围和保管期限表

序号	归档文件	保存单位和保管期限				
		建设单位	施工单位	设计单位	监理单位	城建档案馆
1	监理规划					
①	监理规划	长期			短期	∨
②	监理实施细则	长期			短期	∨
③	监理部总控制计划等	长期			短期	
2	监理月报中的有关质量问题	长期			长期	∨
3	监理会议纪要中的有关质量问题	长期			长期	∨
4	进度控制					
①	工程开工/复工审批表	长期			长期	∨
②	工程开工/复工暂停令	长期			长期	∨
5	质量控制					
①	不合格项目通知	长期			长期	∨
②	质量事故报告及处理意见	长期			长期	∨
6	造价控制					
①	预付款报审与支付	短期				

序号	归档文件	保存单位和保管期限				
		建设单位	施工单位	设计单位	监理单位	城建档案馆
②	月付款报审与支付	短期				
③	设计变更、洽商费用报审与签认	长期				
④	工程竣工决算审核意见书	长期				√
7	分包资质					
①	分包单位资质材料	长期				
②	供货单位资质材料	长期				
③	试验等单位资质材料	长期				
8	监理通知					
①	有关进度控制的监理通知	长期			长期	
②	有关质量控制的监理通知	长期			长期	
③	有关造价控制的监理通知	长期			长期	
9	合同与其他事项管理					
①	工程延期报告及审批	永久			长期	√
②	费用索赔报告及审批	长期			长期	
③	合同争议、违约报告及处理意见	永久			长期	√
④	合同变更材料	长期			长期	√
10	监理工作总结	长期			短期	
①	专题总结					
②	月报总结	长期			短期	
③	工程竣工总结	长期			长期	√
④	质量评价意见报告	长期			长期	√

注：1. 永久是指工程档案需永久保存；长期是指工程档案的保存期等于该工程的使用寿命；短期是指工程档案保存期20年以下。

2. 同一案卷内有不同保管期限的文件，该案卷保管期限应从长。

145. 工程竣工验收时，档案验收的程序是什么？重点验收内容是什么？

（1）列入城建档案管理部门档案接受范围的工程，建设单位在组织工程竣工验收前，应提请城建档案管理部门对工程档案进行预验收。建设单位未取得城建档案管理部门出具的认可文件，不得组织工程竣工验收。

（2）城建档案管理部门在进行工程档案预验收时，应重点验收以下内容：

1）工程档案分类齐全、系统完整。

2）工程档案的内容真实、准确地反映工程建设活动和工程实际情况。

3）工程档案已整理立卷，立卷符合现行《建设工程文件归档整理规范》的规定。

4）竣工图绘制方法、图式及规格等符合专业技术要求，图面整洁，盖有竣工图章。

5）文件的形成、来源符合实际，要求单位或个人签章的文件，其签章手续完备。

6）文件材质、幅面、书写、绘图、用墨、托裱等符合要求。

工程档案由建设单位进行验收，属于向地方城建档案管理部门报送工程档案的工程项目还应会同地方城建档案管理部门共同验收。

（3）国家、省市重点工程项目或一些特大型、大型的工程项目的预验收和验收，必须有地方城建档案管理部门参加。

（4）为确保工程档案的质量，各编制单位、地方城建档案管理部门、建设行政管理部门等要对工程档案进行严格检查、验收。编制单位、制图人、审核人、技术负责人必须进行签字或盖章。对不符合技术要求的，一律退回编制单位进行改正、补齐，问题严重者可令其重做。不符合要求者，不能交工验收。

（5）凡报送的工程档案，如验收不合格将其退回建设单位，由建设单位责成责任者重新进行编制，待达到要求后重新报送。检查验收人员应对接受的档案负责。

（6）地方城建档案管理部门负责工程档案的最后验收。并对编制报送工程档案进行业务指导、督促和检查。

146. 施工阶段监理日志主要填写什么内容？

填写监理日记的相关规定：

（1）《监理规范》3.2.5第七款：专业监理工程师根据本专业监理工作的实际情况做好监理日记。从本专业的角度应记录当日主要的施工和监理情况。

（2）《监理规范》3.2.6第六款：监理员应做好监理日记和有关的监理记录。从负责的单位工程、分部工程、分项工程的具体部位施工情况，应记录当日的检查情况和发现的问题。

（3）项目总监理工程师可以指定一名监理工程师对项目每天总的情况进行记录，"通称为项目监理日志"。

（4）监理日记必须认真、及时、真实、详细、全面地进行记录，他对发现问题、解决问题，甚至仲裁、起诉都起很大作用。

（5）项目监理日志填写的主要内容有：

1）当日材料、构配件、设备、人员变化的情况。

2）当日施工的相关部位、工序的质量、进度情况，材料使用情况，抽检、复检情况。

3）施工程序执行情况，人员、设备安排情况。

4）当日监理工程师发现的问题及处理情况。

5）当日进度执行情况，索赔（工期、费用）情况，安全文明施工情况。

6）有争议的问题，各方的相同和不同意见的协调情况。

7）天气、温度的情况，天气、温度对某些工序质量的影响和采取措施与否。

8）承包单位提出的问题，监理人员的答复等。

147. 施工阶段监理月报填写有哪些规定？

（1）监理月报由项目总监理工程师组织编写，并且由项目总监理工程师签认，报送建设单位和本工程监理单位。

（2）监理月报报送时间由监理单位和建设单位协商确定，一般在收到承包单位项目经理部报送来的工程进度，汇总了本月已完成工程量和本月计划完成工程量的工程量表、工程款支付申请表等相关资料后，大约在 5~7d 时间内提交。

（3）监理月报填写内容包括：

1）工程概况。本月工程概况，本月施工基本情况。

2）本月工程形象进度。

3）工程进度。本月实际完成情况与计划进度比较；对进度完成情况及采取措施效果的分析。

4）工程质量。本月工程质量分析。本月采取的工程质量措施和效果。

5）工程计量与工程款支付。工程量审核情况；工程款审批情况及支付情况；工程款支付情况分析；本月采取的措施及效果。

6）合同其他事项的处理情况。工程变更；工程延期；费用索赔。

7）本月监理工作小结。对本月进度、质量、工程款支付等方面的综合评价；本月监理工作情况；有关本工程的建议和意见；下月监理工作的重点。

148. 监理工程师如何审核工程开工/复工报审表（A1）？

监理工程师审核工程开工/复工报审表（A1）主要内容：

（1）申请开工时，承包单位认为已具备开工条件时向项目监理机构申报"工程开工报审表"，监理工程师应从下列几个方面审核，认为具备开工条件时，由总监理工程师签署意见，报建设单位。

（2）具体条件为：

1）工程所在地（所属部委）政府建设行政主管单位已签发施工许可证。

2）征地拆迁工作已能满足工程进度的需要。

3）施工组织设计已获总监理工程师批准。

4）测量控制桩、线已查验合格。

5）承包单位项目经理部现场管理人员已到位，机具、施工人员已进场，主要工程材料已备齐。

6）施工现场道路、水、电、通信等已满足开工要求。

（3）由于建设单位或其他非承包单位的原因导致工程暂停，在施工暂停原因消失、具备复工条件时，项目监理部应及时督促施工单位尽快报请复工；由于施工单位原因导致工程暂停，在具备恢复施工条件时，承包单位报请复工报审表并提交有关材料，总监理工程师应及时签署复工报审表，施工单位恢复正常施工。

149. 监理工程师如何审核施工组织设计（方案）报审表（A2）？

施工组织设计（方案）是承包单位根据承包工程特点编制的实施施工的方法和措施，报请项目监理机构审核的文件资料。

监理工程师审核施工组织设计（方案）主要内容。

（1）施工组织设计（方案）是否有承包单位负责人签字。

（2）施工组织设计（方案）是否符合施工合同要求。

（3）施工总平面图是否合理。

（4）施工部署是否合理，施工方法是否可行，质量保证措施是否可靠并具备针对性。

（5）工期安排是否能够满足施工合同要求，进度计划是否能保证施工的连续性和均衡性，施工所需人力、材料、设备与进度计划是否协调。

（6）承包单位项目经理部的质量管理体系、技术管理体系、质量保证体系是否健全。

（7）安全、环保、消防和文明施工措施是否符合有关规定。

（8）季节施工、专项施工方案是否可行、合理和先进。

150. 监理工程师如何审核分包单位资格报审表（A3）？

总承包单位实施分包时，提交项目监理机构对其所选择的分包单位资质进行审核与确认的文件资料。

（1）报审相关规定

1）建设工程总承包单位可以将承包工程中的部分工程发包给具有相应资质条件的分包单位。但是，除总承包合同中约定的分包外，必须经建设单位认可。

2）工程项目有分包单位时，在分包工程开工前总承包单位必须填写《分包单位资格报审表》，并附有分包单位有关资质资料，报项目监理机构审核。

3）由专业监理工程师负责审核，并签署审查意见之后，报送总监理工程师审核，分包单位的资格符合有关规定并满足工程需要时，总监理工程师签署审核意见，予以确认。

4）总监理工程师对分包单位资格的确认不解除总承包单位就分包工程对建设单位承担连带责任。

5）施工总承包的，建筑工程主体结构的施工必须由总承包单位自行完成。

（2）审核内容

1）分包单位资质（营业执照、资质等级）。

2）分包单位业绩材料。

3）拟分包工程内容、范围。

4）专职管理人员和特种作业人员的资格证、上岗证。

151. 监理工程师如何审核报验申请表（A4）？

报验申请表是项目监理机构对施工单位自检合格后报验的检验批、分项、分部工程或部位报验的处理确认和批复。

（1）隐蔽工程报验程序

1）承包单位完成隐蔽工程作业并自检合格后，填写《隐蔽工程报验申请表》，并报送项目监理机构。

2）专业监理工程师应根据承包单位报送的隐蔽工程报验申请表和自检结果，进行现场检查，符合要求后予以签认。

3）对未经监理人员验收或验收不合格的工序，监理人员拒绝签认，并签发承包单位整改的审查意见。整改后，经复查合格，承包单位方可进行下一道工序的施工。

（2）检验批，分项、分部工程，单位工程报验程序

1）承包单位完成检验批，分项、分部工程或单位工程施工并自检合格后，填写《工程报验申请表》，并报送项目监理机构。

2）专业监理工程师对承包单位报送的分项工程质量验评资料进行审核，符合要求后予以签认。

总监理工程师应组织监理人员对承包单位报送的分部工程和单位工程质量验评资料进行审核和现场检查，符合要求后予以签认。

3）对不符合要求的，专业监理工程师应及时下达监理工程师通知，要求承包单位整改，并检查整改结果。符合要求后，按工程质量验收规范进行再次验收。

（3）施工测量报验程序

1）承包单位完成测量放线并自检合格后，填写《施工测量放线报验申请表》，并报送项目监理机构。

2）专业监理工程师对承包单位报送的测量放线控制成果及保护措施进行检查。

①检查承包单位专职测量人员的岗位证书及测量设备检定证书。

②复核控制桩的校核成果、控制桩的保护措施以及平面控制网、高程控制网和临时水准点的测量成果。

3）检查符合要求时，专业监理工程师和总监理工程师对承包单位报送的施工测量成果报验申请表予以签认。

152. 监理工程师如何审核工程款支付申请表（A5）？

在分项、分部工程或按照施工合同付款完成相应工程的质量已通过监理工程师认可后，承包单位要求建设单位支付合同内项目及合同外项目的工程款。

（1）申请相关规定

1）承包单位经统计专业监理工程师质量验收合格的工程量，

172

按施工合同的约定填报工程量清单和工程款支付申请表。

2）专业监理工程师进行现场计量，按施工合同的约定审核工程量清单和工程款支付申请表，提出审核记录及批复建议。同意付款时，应注明应付的款额及其计算方法，并报总监理工程师审定。

3）总监理工程师签署工程款支付证书，并将审批结果以"工程款支付证书"（B3）批复给施工单位并通知建设单位。不同意付款时应说明理由。

（2）审核要点

1）用于工程预付款支付申请时：施工合同中有关规定的说明。

2）在申请工程进度款支付时：已经核准的工程量清单，监理工程师的审核报告、款额计算和其他有关的资料。

3）在申请工程竣工结算款支付时：竣工结算资料、竣工结算协议书。

4）在申请工程变更费用支付时："工程变更单"（C2）及有关资料。

5）在申请索赔费用支付时："费用索赔审批表"（B6）及有关资料。

6）合同内项目及合同外项目其他应付的付款凭证。

153. 监理工程师如何应用监理工程师通知回复单（A6）？

（1）本表用于承包单位接到项目监理机构的"监理工程师通知单"（B1），并已完成了监理工程师通知单上的工作后，报请项目监理机构进行核查。

（2）表中应对监理工程师通知单中所提问题产生的原因、整改经过和今后预防同类问题准备采取的措施进行详细的说明，且要求承包单位对每一份监理工程师通知都要予以答复。

（3）监理工程师应对本表所述完成的工作进行核查，签署意见，批复给承包单位。

（4）本表一般可由专业工程监理工程师签认，重大问题由总监理工程师签认。

154. 监理工程师如何审核工程临时延期申请表（A7）？

当发生工程延期事件，并有持续性影响时，承包单位填报申请表，向项目监理机构申请工程临时延期。

（1）申请相关规定

1）当发生工程延期事件，并有持续性影响时，承包单位填报本表，向工程项目监理机构申请工程临时延期。

2）工程延期事件结束，承包单位向工程项目监理机构最终申请确定工程延期的日历天数及延迟后的竣工日期。此时应将本表表头的"临时"两字改为"最终"。

3）申报时应在本表中详细说明工程延期的依据、工期计算、申请延长竣工日期，并附有证明材料。

4）工程项目监理机构对本表所述情况进行审核评估，分别用"工程临时延期审批表"（B4）及"工程最终延期审批表"（B5）批复承包单位项目经理部。

（2）审批原则

1）必须是属于承包单位自身以外的原因造成工程延期，否则不能批准工程延期。

2）必须是在施工进度计划的关键线路上才可以批准工程延期。

3）批准的工程延期必须符合实际情况。承包单位、监理单位均应有详细记载。

（3）申请延期条件

1）监理工程师发出工程变更指令导致工程量增加。

2）合同中列出的任何可能造成工程延期的原因。

3）异常恶劣气候条件。

4）由业主造成的任何延误、干扰或障碍。

5）承包商自身以外的任何原因。

174

155. 监理工程师如何审核费用索赔申请表（A8）？

在施工合同的实施过程中，由于某种原因导致在索赔事件结束后，承包单位向项目监理机构提出费用索赔。

（1）费用索赔的程序

1）在本表中详细说明索赔事件的经过、索赔理由、索赔金额的计算等，并附有必要的证明材料，经过承包单位项目经理签字。

2）总监理工程师应组织监理工程师对本表所述情况及所提的要求进行审查与评估，并与建设单位协商后，在施工合同规定的期限内签署"费用索赔审批表"（B6）或要求承包单位进一步提交详细资料后重报申请，批复承包单位。

（2）常见的费用索赔内容

1）工期延期产生的费用索赔。

2）加速施工费用的索赔。

3）业主不正当地终止工程而引起的费用索赔。

4）物价上涨引起的费用索赔。

5）拖延支付工程款的费用索赔。

6）业主的风险引起的费用索赔等。

156. 监理工程师如何审核工程材料/构配件/设备报审表（A9）？

承包单位将进入施工现场的工程材料/构配件/设备经自检合格后，向项目监理机构申请验收。

（1）报审相关规定

1）检验合格，监理工程师在本表上签认，注明质量控制资料和材料试验合格的相关说明。

2）检验不合格时，在本表上签批不同意验收，工程材料/构配件/设备应清退出场，也可据情况批示同意进场但不得使用于原拟订部位。

（2）报验要求

1）承包单位对所有的原材料、构配件、设备均应报验。

①承包单位将进入施工现场的工程材料/构配件经自检合格后，由承包单位项目经理签章，向工程项目监理部申请验收。

②对运到施工现场的设备，经检查包装无破损后，向项目监理部申请验收，并移交给设备安装单位。

③工程材料/构配件还应注明使用部位。

2）随本表应同时报送材料/构配件/设备数量清单、质量证明文件（产品出厂合格证、材质化验单、厂家质量检验报告、厂家质量保证书、进口商品海关报检证书、商检证等）、自检结果文件（如复检、复试合格报告等）。

3）项目监理部应对进入施工现场的工程材料/构配件进行检验（包括抽验、平行检验、见证取样送检等）；对进厂的大中型设备要会同设备安装单位共同开箱验收。

157. 监理工程师如何审核工程竣工报验单（A10）？

在单位工程竣工、承包单位自检合格、各项竣工资料齐备后，承包单位填报《工程竣工报验单》向项目监理机构申请预竣工验收。

（1）报验相关规定

1）总监理工程师应组织专业监理工程师，依据有关法律、法规、工程建设强制性标准、设计文件及施工合同，对承包单位报送的竣工资料进行审查，并对工程质量进行竣工预验收。对存在的问题，应及时要求承包单位整改。整改完毕由总监理工程师签署工程竣工报验单，并应在此基础上提出工程质量评估报告。工程质量评估报告应经总监理工程师和监理单位技术负责人审核签字。

2）项目监理机构应参加由建设单位组织的竣工验收，并提供相关监理资料。对验收中提出的整改问题，项目监理机构应要求承包单位进行整改。工程质量符合要求，由总监理工程师会同参加验收的各方签署竣工验收报告。

（2）竣工预验收程序

1）竣工预验收的程序。

①当单位工程达到竣工验收条件后，承包单位应在自审、自查、自评工作完成后，填写工程竣工报验单，并将全部竣工资料报送项目监理机构，申请竣工验收。

②总监理工程师应组织各专业监理工程师对竣工资料及各专业工程的质量情况进行全面检查，对检查出的问题，应督促承包单位及时整改。

③对需要进行功能试验的工程项目（包括单机试车和无负荷试车），监理工程师应督促承包单位及时进行试验，并对重要项目进行现场监督、检查，必要时请建设单位和设计单位参加；监理工程师应认真审查试验报告单。

④监理工程师应督促承包单位搞好成品保护和现场清理。

⑤经项目监理机构对竣工资料及实物全面检查、验收合格后，由总监理工程师签署工程竣工报验单，并向建设单位提出质量评估报告。

2）在竣工验收时，对某些剩余工程和缺陷工程，在不影响交付的前提下，经建设单位、设计单位、施工单位和监理单位协商，承包单位应在竣工验收后的限定时间内完成。

158. 监理工程师如何应用监理工程师通知单（B1）？

项目监理机构按照委托监理合同所授予的权限，针对承包单位出现的各种问题而发出的要求，承包单位进行整改的指令性文件。

（1）通知单应用相关规定

1）对施工过程中出现的质量缺陷，专业监理工程师应及时下达监理工程师通知，要求承包单位整改，并检查整改结果。

2）专业监理工程师应检查进度计划的实施，并记录实际进度及其相关情况，当发现实际进度滞后计划进度时，应签发监理工程师通知单指令承包单位采取调整措施。当实际进度严重滞后于计划进度时应及时报总监理工程师，由总监理工程师与建设单位商定采取进一步措施。

3）承包单位应使用"监理工程师通知回复单"（A6）回复。

（2）监理工程师签发通知单要求

1）《监理工程师通知单》一般由专业监理工程师签发，但发出前必须经总监理工程师同意。重大问题应由总监理工程师签发。

2）监理工程师现场发出的口头指令及要求，也应采用《监理工程师通知单》，事后予以确认。

3）填写时，"事由"应填写通知内容的主题词，相当于标题；"内容"应写明发生问题的具体部位、具体内容，写明监理工程师的要求、依据。

159. 监理工程师如何应用工程暂停令（B2）？

项目监理机构按照委托监理合同所授予的权限，针对承包单位施工过程中出现工程质量不符合标准要求时，要求承包单位返工或进行其他处理时需暂时停止施工。

（1）签发相关规定

1）总监理工程师在签发工程暂停令时，应根据暂停工程的影响范围和影响程度，按照施工合同和委托监理合同的约定签发。

2）监理人员发现施工存在重大质量隐患，可能造成质量事故或已经造成质量事故时，应通知总监理工程师及时下达工程暂停令，要求承包单位停工整改。整改完毕并经监理人员复查，符合规定要求后，总监理工程师应及时签署工程复工报审表。

3）总监理工程师下达工程暂停令和签署工程复工报审表，宜事先向建设单位报告。

（2）签发暂停令要求

1）填写《工程暂停令》表时，应注明工程暂停的原因、范围、停工期间应进行的工作及责任人、复工条件等。

2）签发本表要慎重，要考虑工程暂停后可能产生的各种后果，并应事前与建设单位协商，取得一致意见。

（3）签发暂停令的范围

1）建设单位要求且工程需要暂停施工。

2）出现工程质量问题，必须停工处理。

3）出现质量或安全隐患，为避免造成工程质量损失或危及人身安全而需要暂停施工。

4）承包单位未经许可擅自施工或拒绝项目监理部管理。

5）发生了必须暂停施工的紧急事件。

160. 监理工程师如何应用工程款支付证书（B3）？

根据施工合同的规定，审核承包单位的付款申请和报表后，同意本期支付工程款额。

（1）相关规定

1）项目监理机构应按下列程序进行工程计量和工程款支付工作。

①承包单位统计经专业监理工程师质量验收合格的工程量，按施工合同的约定填报工程量清单和工程款支付申请表。

②专业监理工程师进行现场计量，按施工合同的约定审核工程量清单和工程款支付申请表，并报总监理工程师审定。

③总监理工程师签署工程款支付证书，并报建设单位。

2）未经监理人员质量验收合格的工程量，或不符合施工合同规定的工程量，监理人员应拒绝计量和该部分的工程款支付申请。

（2）签发支付证书要求

1）《工程款支付证书》为项目监理机构收到承包单位报送的"工程款支付申请表"后用于批复用表。

2）专业监理工程师按照施工合同进行审核，及时抵扣工程预付款后，确认应该支付工程款的项目及款额，提出意见。

3）经过总监理工程师审核签认后，报送建设单位作为支付的证明，同时批复给承包单位。

4）随工程款支付证书应附承包单位报送的"工程款支付申请表"及其附件。

161. 监理工程师如何应用工程临时延期审批表（B4）与工程最终延期审批表（B5）？

项目监理机构收到承包单位的"工程临时延期申请表"后，对申报情况调查审核与评估后，初步做出是否同意延期申请的批复。

工程延期事件结束后，项目监理机构根据承包单位报送的"工程临时延期申请表"及延期事件发展期间陆续报送的有关资料，对申报情况进行调查、审核与评估后，向承包单位下达的最终是否同意工程延期日数的批复。

（1）审批相关规定

1）当承包单位提出工程延期要求符合施工合同文件的规定条件时，项目监理机构应予以受理。

2）当影响工期事件具有持续性时，项目监理机构可在收到承包单位提交的阶段性工程延期申请表并经过审查后，先由总监理工程师签署工程临时延期审批表并通报建设单位。

3）当承包单位提交最终的工程延期申请表后，项目监理机构应复查工程延期及临时延期情况，并由总监理工程师签署工程最终延期审批表。

4）工程延期申请表应符合附录 A7 表的格式；工程临时延期审批表应符合附录 B4 表的格式；工程最终延期审批表应符合附录 B5 表的格式。

5）项目监理机构在作出临时工程延期批准或最终的工程延期批准之前，均应与建设单位和承包单位进行协商。

（2）确定批准工程延期时间的依据

项目监理机构在审查工程延期时，应依下列情况确定批准工程延期的时间：

1）施工合同中有关工程延期的约定。

2）工期拖延和影响工期事件的事实和程度。

3）影响工期事件对工期影响的量化程度。

（3）签发审批表的要求

1）B4、B5 表中"说明是指总监理工程师同意或不同意临时延期或工程最终延期的理由和依据"。

2）如同意，应注明暂时同意或最终同意工期延长的日数及延长后的竣工日期。

3）均应由总监理工程师签发，签发前均应征得建设单位的同意。

4）工程延期造成承包单位提出费用索赔时，项目监理机构应按《监理规范》费用索赔的处理（第6.3节）的规定处理。

5）当承包单位未能按照施工合同要求的工期竣工交付造成工期延误时，项目监理机构应按施工合同规定从承包单位应得款项中扣除误期损害赔偿费。

162. 监理工程师如何应用费用索赔审批表（B6）？

根据施工合同的有关规定，审核承包单位的费用索赔申请表后，签发是否同意费用索赔的理由及金额。

（1）费用索赔依据

1）国家有关的法律、法规和工程项目所在地的地方法规。

2）本工程的施工合同文件。

3）国家、部门和地方有关的标准、规范和定额。

4）施工合同履行过程中与索赔事件有关的凭证。

（2）费用索赔处理程序

承包单位向建设单位提出费用索赔，项目监理机构应按下列程序处理：

1）承包单位在施工合同规定的期限内向项目监理机构提交对建设单位的费用索赔意向通知书。

2）总监理工程师指定专业监理工程师收集与索赔有关的资料。

3）承包单位在承包合同规定的期限内向项目监理机构提交对建设单位的费用索赔申请表。

4）总监理工程师初步审查费用索赔申请表，符合《监理规范》第6.3.2条所规定的条件时予以受理。

5）总监理工程师进行费用索赔审查，并在初步确定一个额度后，与承包单位和建设单位进行协商。

6）总监理工程师应在施工合同规定的期限内签署费用索赔审批表，或在施工合同规定的期限内发出要求承包单位提交有关索赔报告的进一步详细资料的通知，待收到承包单位提交的详细资料后，按本条的第（4）~（6）款的程序进行。

（3）费用索赔审查内容

1）索赔事件造成了承包单位直接经济损失。

2）索赔事件是由于非承包单位的责任发生的。

3）承包单位已按照施工合同规定的期限和程序提出费用索赔申请表，并附有索赔凭证材料。

费用索赔申请表应符合附录A8表的格式。

（4）费用索赔相关规定

1）施工合同文件是处理索赔的重要依据，处理索赔时除了依据合同的明示条款外，还应考虑合同的暗示条款。

2）索赔理由要同时满足费用索赔审查内容所规定的三个条件才能成立。

3）在审查和初步确定索赔批准额时，项目监理机构要审查以下三个方面：

①索赔事件发生的合同责任。

②由于索赔事件的发生，施工成本及其他费用的变化和分析。

③索赔事件发生后，承包单位是否采取了减少损失的措施。承包单位报送的索赔额中是否包含了让索赔事件任意发展而造成

的损失额。

4）项目监理机构在确定索赔批准额时，可采用实际费用法。索赔批准额等于承包单位为了某项索赔事件所支付的合理实际开支减去施工合同中的计划开支，再加上应得的管理费和利润。

5）总监理工程师在签署费用索赔审批表时，可附一份索赔审查报告。

6）当承包单位的费用索赔要求与工程延期要求相关联时，总监理工程师在作出费用索赔的批准决定时，应与工程延期的批准联系起来，综合作出费用索赔和工程延期的决定。

7）由于承包单位的原因造成建设单位的额外损失，建设单位向承包单位提出费用索赔时，总监理工程师在审查索赔报告后，应公正地与建设单位和承包单位进行协商，并及时作出答复。

（5）费用索赔审查报告

1）正文。受理索赔的日期，工作概况，确认的索赔理由及合同依据，经过调查、讨论、协商而确定的计算方法及由此而得出的索赔批准额和结论。

2）附件。总监理工程师对该索赔的评价，承包单位的索赔报告及其有关证据和资料。

163. 监理工程师如何应用监理工作联系单（C1）？

为参与建设工程的建设、施工、监理、勘察设计和质监单位相互之间就有关事宜的工作联系。联系单是将相关联的事情，有关方用文字形式联系备忘。

相关规定

（1）《监理工作联系单》为发出单位有权签发的负责人。

1）建设单位的现场代表（施工合同中规定的工程师）。

2）承包单位的项目经理或项目经理部的技术负责人。

3）监理单位的总监理工程师或专业监理工程师。

4）设计单位的本工程设计负责人。

5）政府质量监督部门的负责监督该建设工程的监督师。

（2）若用正式函件形式进行通知和联系，则不宜使用本表，改由发出单位的法人签发。

（3）联系单的事由为联系内容的主题词，内容为需要联系的详细内容，签署的份数根据内容及涉及范围而定。

164. 监理工程师如何应用工程变更单（C2）？

参与工程建设的建设、施工、勘察设计、监理各方使用。在任一方提出工程变更时都需要填写此表。

（1）处理工程变更程序

1）设计单位对原设计存在的缺陷提出的工程变更，应编制设计变更文件；建设单位或承包单位提出的工程变更，应提交总监理工程师，由总监理工程师组织专业监理工程师审查。审查同意后，应由建设单位转交原设计单位编制设计变更文件。当工程变更涉及安全、环保等内容时，应按规定经有关部门审定。

2）项目监理机构应了解实际情况、收集与工程变更有关的资料。

3）总监理工程师必须根据实际情况、设计变更文件和其他有关资料，按照施工合同的有关条款，在指定专业监理工程师完成下列工作后，对工程变更的费用和工期作出评估：

①确定工程变更项目与原工程项目之间的类似程度和难易程度。

②确定工程变更项目的工程量。

③确定工程变更的单价或总价。

4）总监理工程师应就工程变更费用及工期的评估情况与承包单位和建设单位进行协调。

5）总监理工程师签发工程变更单。

工程变更单应符合附录 C2 表的格式，并应包括工程变更要求、工程变更说明、工程变更费用和工期、必要的附件等内容，有设计变更文件的工程变更应附设计变更文件。

6）项目监理机构应根据工程变更单监督承包单位实施。

（2）处理工程变更的要求

1）项目监理机构在工程变更的质量、费用和工期方面取得建设单位授权后，总监理工程师应按施工合同规定与承包单位进行协商，经协商达成一致后，总监理工程师应将协商结果向建设单位通报，并由建设单位与承包单位在变更文件上签字。

2）在项目监理机构未能就工程变更的质量、费用和工期方面取得建设单位授权时，总监理工程师应协助建设单位和承包单位进行协商，并达成一致。

3）在建设单位和承包单位未能就工程变更的费用等方面达成协议时，项目监理机构应提出一个暂定的价格，作为临时支付工程进度款的依据。该项工程款最终结算时，应以建设单位和承包单位达成的协议为依据。

（3）处理工程变更的相关规定

1）项目监理机构应按照委托监理合同的约定进行工程变更的处理，不应超越所授权限，并应协助建设单位与承包单位签订工程变更的补充协议。

2）在总监理工程师签发工程变更单之前，承包单位不得实施工程变更。

3）未经总监理工程师审查同意而实施的工程变更，项目监理机构不得予以计量。

165. 土的最优含水量、最大干密度如何测定？

黏性土在某种压实功能作用下，达到最密实时的含水量称为最优含水量，对应的干密度称为最大干密度。

各类土的矿物成分与粒径级配不同，其最大干密度与最优含水量也不相同，可用击实试验测定其数值，其实验方法如下：

（1）取代表性土样 20kg，制备 5 份不同含水量的试样，以 W_p 为中心，各含水量的差值为 2%。

（2）分 3 层装入击实筒，每层 25 击。

（3）称击实后试样总质量，测含水量，计算干密度。

（4）用直角坐标纸，以干密度 P_d 为纵坐标，以含水量 W 为横坐标，绘制 $P_d - W$ 关系曲线。

（5）取曲线峰值相应的纵坐标为试样的最大干密度 P_{dmax}，其对应的横坐标即为试样的最大含水量 W_{opt}。

166. 各类工程均应测定哪些土的分类指标和物理性质指标？

各类工程均应测定下列土的分类指标和物理性质指标：

（1）砂土。颗粒级配、密度、天然含水量、天然密度、最大和最小密度。

（2）粉土。颗粒级配、液限、塑限、密度、天然含水量、天然密度和有机质含量。

（3）黏性土。液限、塑限、密度、天然含水量、天然密度和有机质含量。

当需对土方回填或填筑工程进行质量控制时，应进行击实试验，测定土的干密度与含水量关系，确定最大干密度和最优含水量。

167. 验槽包括哪些内容？应注意些什么问题？

验槽是建筑物施工第一阶段基槽开挖后的重要工序，也是一般岩土工程勘查工作最后一个环节。当施工单位挖完基槽并普遍钎探后，由建设单位组织勘察、设计、监理和施工单位共同到施工工地验槽。

（1）验槽内容包括：

1）复核建筑物基槽（坑）的轴线和基底标高应符合设计图纸的要求。

2）检查槽底全部基底应挖至设计所要求的土层，一般应挖至老土，否则应考虑继续下挖或进行处理。验槽的重点应选择在柱基、墙角或其他受力较大的部位。

3）检查钎探记录。将锤击数进行分析比较，对锤数显著过多或过少的钎孔，在现场重点检查基槽的土质情况。土的颜色应均匀一致，土的坚硬程度应相似，如有局部过松或过坚硬、局部含水量异常的现象以及走上去有颤动的感觉时，做出记录并与设计等单位研究处理方案。

4）基槽（坑）的处理。对地基局部处理的部位，要重点检查施工情况是否符合设计的有关要求。地基应清理干净，表面平整，不得有浮土、淤泥、积水等。基槽的边坡必须稳定，防止塌土。

（2）验槽注意事项：

1）验槽前应完成合格钎探，提供验槽的定量数据。

2）验槽时间要抓紧，基槽挖好，突击钎探，立即组织验槽，尤其夏季要避免下雨泡槽，冬季要防冰冻，不可拖延时间形成隐患。

3）槽底设计标高若位于地下水位以下较深时，必须做好基槽排水，保证槽底不泡水。

4）验槽时应验看新鲜土面，清除超挖回填的虚土。冬季冻结的表面土似很坚硬，夏季日晒后干土也很坚实，均是虚假状态，应铲去表层再检验。

5）验槽结果应填写验槽记录，并由参加验槽各单位负责人签字，作为施工处理的依据，验槽记录应存档长期保存。

168. 基坑（槽）施工安全控制技术要点是什么？

（1）专项施工方案的编制

1）土方开挖之前要根据土质情况、基坑深度以及周边环境确定开挖方案和支护方案，深基坑或土层条件复杂的工程应委托具有岩土工程专业资质的单位进行边坡支护的专项设计。

2）编制专项方案的范围：

①开挖深度超过3m（含3m）或虽未超过3m但地质条件和周边环境复杂的基坑（槽）支护、降水工程。

②开挖深度超过3m（含3m）的基坑（槽）的土方开挖工程。

（2）编制专项方案且进行专家论证的范围：

1）开挖深度超过 5m（含 5m）的基坑（槽）的土方开挖、支护、降水工程。

2）开挖深度虽未超过 5m，但地质条件、周围环境和地下管线复杂，或影响毗邻建筑（构筑）物安全的基坑（槽）的土方开挖、支护、降水工程。深基坑工程专项方案还需进行专家论证。

（3）土方开挖专项施工方案的主要内容应包括：放坡要求、支护结构设计、机械选择、开挖时间、开挖顺序、分层开挖深度、坡道位置、车辆进出道路、降水措施及监测要求等。

169. 机械和人工开挖土方施工监理的主要技术要点是什么？

（1）对大型基坑土层，宜用机械开挖，深度在 5m 以内，宜用反铲挖土机在停机面一次开挖；深度在 5m 以上宜分层开挖或开沟道用正铲挖土机下入基坑分层开挖，或设置栈桥，下层土方用抓斗机在栈桥上开挖，基坑内应以小型推土机堆积土。对面积很大、很深的设备基础或高层建筑地下室基坑，可采用多层同时开挖的方法，土方用翻斗汽车运出。

（2）为防止超挖和保持边坡坡度正确，机械开挖至接近设计坑底标高或边坡边界，应预留 30~50cm 厚土层，用人工开挖或修坡。

（3）人工挖土，一般采取分层分段均衡往下开挖，每挖 1m 应检查边线和边坡，随时纠正偏差。

（4）如开挖的基坑深于临近建筑基础时，开挖应保持一定的距离，新旧建筑物基底标高之差与新旧建筑基础边最小距离之比必须小于或等于 0.5~1。如不能满足要求，应采取在坡角设挡墙或支撑进行加固。

（5）挖土时注意检查坑底是否有古墓、洞穴、暗沟等存在，如发现，应会同有关部门研究处理。

（6）弃土应及时运出，如需要临时堆土或留作回填土，堆土坡脚至坑边距离应按挖坑深度、边坡坡度和土的类别确定，干燥密实土不小于 3m，松软土不小于 5m。

（7）基坑挖好后，应对基底进行抄平、修整。如有小部分超挖，可用灰土或砾石回填夯实至与地基土基本相同的密实度。如遇松软土层、砖井等高于设计标高，并且面积较大、长度大于 5m 时，基础应予加深处理。加深部分，应以踏步方式，自槽底逐步挖至加深部位的底部，每个踏步的高度为 50cm，长度为 1m。

（8）为防止坑底扰动，基坑挖好后应尽量减少暴露时间，及时进行下一道工序的施工，如不能立即进行下一道工序，应预留 15~30cm 厚土层，待基础施工时再挖去。

（9）基坑（槽）挖好后要检验基底土承载能力是否符合设计要求。由勘察单位、设计单位、建设单位、监理单位、质检站和施工单位共同检验确定，并做好隐蔽工程记录。

170. 冬、雨期挖土方施工监理的主要技术要点是什么？

（1）冬期挖土

1）土方工程不宜在冬期施工，如必须在冬期施工，监理工程师应检查承包单位制定的冬期施工措施，以保证施工前周密计划，做好准备，做到连续施工。

2）冬期挖土时，必须防止基础下的基土遭受冻结。冬期施工每天收工前应挖一步虚土并用草帘覆盖保温，尤其是挖至槽底时，必须用草帘覆盖严密，基底不得受冻。

3）早春挖地槽，待到冻土全部融化或挖至冻土层以下时，才准砌基础，避免基础下沉。

（2）雨期挖土方

1）雨期施工前，监理工程师应检查承包单位是否对施工现场按照设计要求及实际情况采取必要的排水措施，来保证流水畅通。

2）雨期挖土时，基槽应分段开挖，挖好一段浇筑一段垫层，并在基槽两侧围以土堤，以防止地面雨水流入，大面积基坑尽量避免雨期施工。

3）基底如被雨水浸软，必须用石子或碎砖夯入10cm厚，使地基坚实。如基底很湿，甚至已被踏成稀泥时，应将上面的泥浆全部铲除后再铺10cm厚的石子或碎砖加以夯实以提高地基的承载能力，防止地基从基础底部挤出。

4）雨期开挖后不能及时做基础时，基底土方可预留20cm不挖，待做基础前再将被雨水浸软的那部分土挖掉。如基槽内有水，必须将积水排干，保证基础在干地上施工，防止砂浆被水冲走。

171. 土方回填施工的主要技术要点是什么？

（1）土方回填前应清除坑底的垃圾、树根等杂物，清除积水、淤泥、松土层，并应验收基底标高。土方回填时，应在坑底表面压实后进行。

（2）对回填土料应按设计要求进行检验，当其含水率和配合比等参数满足要求后方可填入。

（3）土方回填施工过程中应检查排水措施、每层填筑厚度、含水量和压实程度。回填土的分层铺设厚度及压实遍数应根据土质、压实系数及所用机具确定。当无施工经验时，可按表6-2规定选用。

表6-2 填土施工时的虚土分层铺设厚度及压实遍数

压实机具	分层厚度（mm）	每层压实遍数
平碾	250～300	6～8
振动压实机	250～350	3～4
柴油打夯机	200～250	3～4
人工打夯	<200	3～4

172. 土方回填应采取哪些安全技术措施？

（1）土方回填前应掌握现场土质情况，按技术交底顺序分层分段回填；分层回填时应由深到浅，操作进程应紧凑，不得留间隔空隙，避免塌方。

（2）土方回填施工过程中应检查基坑侧壁变化，必要时可在软弱处采用钢管、木板、方木支撑；当发现有裂纹或部分塌方时，应采取果断措施，将人员撤离，排除隐患。

（3）打夯机的操作人员应穿绝缘胶鞋和佩戴绝缘胶皮手套。

（4）坑槽上电缆应架空 2.0m 以上，不得拖地和埋压土中；坑槽内电缆、电线应采取防磨损、防潮、防断等保护措施。

（5）土方回填施工结束后，应检查标高、边坡坡度、压实程度等，检验标准应符合现行国家标准《建筑地基基础工程施工质量验收规范》GB 50202 的要求。

173. 基坑工程周边环境保护的施工措施应符合哪些技术要求？

基坑工程周边环境保护的施工措施应符合下列要求：

（1）应缩短基坑暴露时间，减少基坑的后期变形。

（2）对基坑侧壁安全等级为一、二级的基坑工程应进行变形监测。

（3）应做好场地的施工用水、生活污水和雨水的疏导管理工作，地面水不得渗入基坑周边；当地面有裂缝出现时，必须及时采用黏土或水泥砂浆封堵。

（4）采取放坡开挖的基坑，其坑壁坡度和坡高应符合本规程表 5.2.2 的规定，并应采用分层有序开挖，应控制在坑边堆放弃物和其他荷载，保持坡体干燥，做好坡面和坡角的保护工作。

（5）应控制基坑周边的超载，对载重车辆通过的地段，应铺设走道板或进行地基加固。

（6）应控制降水工程的降深。

174. 基坑工程现场监测的主要技术要点是什么？

（1）在基坑开挖前应制定切实可行的现场监测方案，其主要内容应包括监测目的、监测项目、监测点布置、监测方法、精度要求、监测周期、监测项目报警值、监测结果处理要求和监测结果反馈制度等。

（2）施工时应按现场监测方案实施，及时处理监测结果，并应将结果及时向监理、设计、施工人员进行信息反馈。必要时，应根据现场监测结果采取相应的措施。

（3）基坑工程的监测项目应根据基坑侧壁安全等级和具体特点按表6-3进行选择。

表6-3　基坑监测项目表

监测项目	基坑侧壁安全等级		
	一级	二级	三级
支护结构的水平位移	△	△	△
周围建（构）筑物、地下管线变形	△	△	◇
地面沉降、地下水位	△	△	◇
锚杆拉力	△	◇	○
桩、墙内力	△	◇	○
支护结构界面上侧向压力	◇	○	○

注：△—应测项目；◇—宜测项目；○—可不测项目。

（4）现场监测应以仪器观测为主，目测辅助调查相结合的方法进行。目测调查的内容应包括下列内容：

1）了解基坑工程的设计与施工情况，基坑周围的建（构）筑物、重要地下设施的分布情况和现状，检查基坑周围水管渗漏情况，煤气管道变形情况，道路及地表开裂情况以及建（构）筑物的开裂变位情况，并做好资料的记录和整理工作。

2）检查支护结构的开裂变位情况，检查支护桩侧、支护墙面、主要支撑连接点等关键部位的开裂变位情况及防渗结构漏水的情况。

3）记录降雨和气温等情况，调查自然环境条件（大气降水、冻融等）对基坑工程的影响程度。

（5）监测点的布置宜满足下列要求：

1）坑壁土体顶部和支护结构顶部的水平位移与垂直位移观测点应沿基坑周边布置，在每边的中部和端部均应布置监测点，其监测点的间距不宜大于 20m，当基坑侧壁安全等级高或地层结构条件复杂时应适当加密。

2）距基坑周边 1 倍坑深范围内的地下管线和 2 倍坑深范围内的建（构）筑物应观测其变形。地下管线的沉降监测点可设置于管线的顶部，必要时也可设置在底部的地层中。对进行基坑降水的工程，建筑物变形监测点的设置范围应与降水漏斗的范围相当。

3）支护结构的内力、支撑构件的轴力、锚杆的拉力监测点应布置在受力较大且具有代表性的部位。

4）基坑周围地表沉降和地下水位的监测点应结合工程实际选择具有代表性的部位。

5）土体分层竖向位移及支护结构界面侧向位移或压力的监测点应设置在基坑纵横轴线上具有代表性的部位。

6）基坑周围地表裂缝、建（构）筑物裂缝和支护结构裂缝应进行全方位观测，应选取裂缝宽度较大，有代表性的部位观测并记录其裂缝宽度、长度、走向和变化速率等。

（6）变形监测基准点数量不应少于 3 点，应设在基坑工程影响范围以外易于观测和保护的地段。

（7）现场监测的准备工作应在基坑开挖前完成，变形监测项目应在基坑开挖前测得初始值，应力和应变监测项目应在测试元件埋设完成，经调试合格后测得初始值。初始值的观测次数不应少于 2 次。

（8）从基坑开挖直至基坑内建（构）筑物外墙土方回填完毕，均应做观测工作。各项目监测的时间间隔及监控报警值可根据施工进程、监测对象相关的规范、重要程度及支护结构设计要求在监测方案中予以确定。当监测值接近监测报警值或监测结果变化速率较大时，应加密观测次数。当有事故征兆时，应连续监测，并及时向监理、设计和施工方报告监测结果。

（9）现场监测的仪器应满足观测精度和量程的要求，并应按规定进行校验。

（10）监测数据应及时分析整理，绘制沉降、位移、构件内力和变形等随时间变化的关系曲线，并应对其发展趋势作出评价。

（11）监测过程中，可根据设计要求提交阶段性监测成果报告。工程结束时应提交完整的监测报告，报告内容应包括：

1）工程概况。

2）监测项目和各测点的平面、立面布置图。

3）采用的仪器设备和监测方法。

4）监测数据、处理方法和监测结果过程曲线。

5）监测结果评价及发展趋势预测。

175. 基坑工程验收的主要技术要点是什么？

（1）基坑工程的验收，应依据专项施工组织设计、环境保护措施、检测与监测方案及报告进行。

（2）参加基坑工程验收的勘察、设计、施工、监理、检测及监测单位和个人必须具备相应的资质和资格。

（3）基坑工程施工过程中的隐蔽部位（环节）在隐蔽前，应进行中间质量验收。

（4）基坑变形报警值应以设计指标为依据。

（5）基坑工程验收资料应包括下列内容：

1）支护结构勘察设计文件及施工图审查报告。

2）专项施工组织设计。

3）施工记录、竣工资料及竣工图。

4）基坑工程与周围建（构）筑物位置关系图。

5）原材料的产品合格证、出厂检验报告、进场复验报告或委托试验报告。

6）混凝土试块或砂浆试块抗压强度试验报告及评定结果。

7）锚杆或土钉抗拔试验检测报告、水泥土墙及排桩的质量检测报告。

8）基坑和周围建（构）筑物监测报告。

9）设计变更通知、重大问题处理文件和技术洽商记录。

10）基坑工程的使用维护规划和应急预案。

（6）验收程序和组织

1）基坑工程完成后，施工单位应自行组织有关人员进行检查评定，确认自检合格后，向建设单位提交工程验收申请。

2）建设单位收到工程验收申请后，应由建设单位组织施工、勘察、设计、监理、检测、监测及基坑使用等单位进行基坑工程验收。

3）单位工程质量验收合格后，建设单位应在规定时间内，将工程竣工验收报告和有关文件交付基坑使用单位归档；大型永久性的基坑工程应报建设行政管理部门备案。

176. 基坑工程施工应采取哪些具体安全技术措施？

（1）对深度超过2m及以上的基坑施工，应在基坑四周设置高度大于0.15m的防水围挡，并应设置防护栏杆，防护栏杆埋深应大于0.60m，高度宜为1.00~1.10m，栏杆柱距不得大于2.0m，距离坑边水平距离不得小于0.50m。

（2）基坑周边1.2m范围内不得堆载，3m以内限制堆载，坑边严禁重型车辆通行。当支护设计中已考虑堆载和车辆运行时，必须按设计要求进行，严禁超载。

（3）在基坑边1倍基坑深度范围内建造临时住房或仓库时，应经基坑支护设计单位允许，并经施工企业技术负责人、工程项目总监理工程师批准，方可实施。

（4）基坑的上、下部和四周必须设置排水系统，流水坡向应明显，不得积水。基坑上部排水沟与基坑边缘的距离应大于2m，沟底和两侧必须做防渗处理。基坑底部四周应设置排水沟和集水坑。

（5）雨季施工时，应有防洪、防暴雨的排水措施及材料设备，备用电源应处在良好的技术状态。

（6）在基坑的危险部位或在临边、临空位置，设置明显的安全警示标识或警戒。

（7）当夜间进行基坑施工时，设置的照明充足，灯光布局合理，防止强光影响作业人员视力，必要时应配备应急照明。

（8）基坑开挖时支护单位应编制基坑安全应急预案，并经项目总监批准。应急预案中所涉及的机械设备与物料，应确保完好，存放在现场并便于立即投入使用。

177. 基坑工程施工过程中监理工程师应如何进行安全控制？

（1）工程监理单位对基坑开挖、支护等作业应实施全过程旁站监理，对施工中存在的不安全隐患，应及时制止，要求立即整改。对拒不整改的，应向建设单位和安全监督机构报告，并下达停工令。

（2）在基坑支护或开挖前，必须先对基坑周边环境进行检查，发现对施工作业有影响的不安全因素，应事先排除，达到安全生产条件后，方可实施作业。

（3）施工单位在作业前，必须对从事作业的人员进行安全技术交底，并应进行事故应急救援演练。

（4）施工中，应定期检查基坑周围原有的排水管、沟，不得有渗水、漏水迹象；当地表水、雨水渗入土坡或挡土结构外侧土层时，应立即采取截、排处理措施。

（5）施工单位应有专人对基坑安全进行巡查，每天早晚各1次，雨期应增加巡查次数，并应做好记录，发现异常情况应及时报告。

（6）对基坑监测数据应及时进行分析整理；当变形值超过设

计警戒值时，应发出预警，停止施工，撤离人员，并应按应急预案中的措施进行处理。

178. 土钉墙支护工程施工的主要技术要点是什么？

（1）基坑开挖与土钉墙施工应按设计要求分层分段进行，严禁超前超深开挖。当地下水位较高时，应预先采取降水或截水措施。机械开挖后的基坑侧壁应辅以人工修整坡面，使坡面平整无虚土。

（2）上层土钉注浆体及喷射混凝土面层达到设计强度的70%后方可进行下层土方开挖和土钉施工。下层土方开挖严禁碰撞上层土钉墙结构。

（3）每层土钉墙施工可按下列顺序进行：

1）按设计要求开挖工作面，修整坡面；也可根据需要，在坡面修整后，初步喷射一层混凝土。

2）成孔、安设土钉钢筋、注浆。

3）绑扎或焊接钢筋网，进行土钉筋与钢筋网的连接。

4）设置土钉墙厚度控制标志及喷射混凝土面层。

（4）土钉成孔施工严禁孔内加水，并宜符合下列规定：

1）孔径允许偏差 +10mm，-5mm。

2）孔深允许偏差 +100mm，-50mm。

3）孔距允许偏差 ±100mm。

4）倾角允许偏差 5%。

（5）土钉注浆所用水泥浆的水灰比宜为 0.45~0.5；水泥砂浆的灰砂比宜为 1:1~1:2（重量比），水灰比宜为 0.38~0.45。

179. 土钉墙支护工程土钉注浆作业应符合哪些技术规定？

土钉注浆作业应符合下列规定：

（1）注浆前应将孔内残留或松动的杂土清除干净。

（2）注浆时应将注浆管插至距孔底 250~500mm 处，孔口溢浆后，边拔边注，孔口部位应设置止浆塞及排气管；压力注浆时应在注满后保持压力 3~5min，重力注浆应在注满后、初凝前补浆 1~2 次；注浆充盈系数应大于 1。

（3）水泥浆或水泥砂浆应拌合均匀，随拌随用，一次拌合的水泥浆或水泥砂浆应在初凝前用完。

（4）土钉钢筋应设定位支架，定位支架间距不宜超过 2m，土钉主筋宜居中。

180. 土钉墙支护工程喷射混凝土面层中的钢筋网铺设应符合哪些技术规定？

喷射混凝土面层中的钢筋网铺设应符合下列规定：

（1）钢筋网应与坡面保留一定间隙，钢筋保护层厚度不宜小于 20mm。

（2）钢筋网可采用绑扎或焊接，其网格误差及搭接长度应符合相关要求。

（3）钢筋网与土钉应连接牢固。

181. 土钉墙支护工程喷射混凝土作业应符合哪些技术规定？

喷射混凝土作业应符合下列规定：

（1）喷射混凝土的混合材料中，水泥与砂石之重量比宜为 1:4.0~1:4.5，含砂率宜为 50%~60%，水灰比宜为 0.4~0.5。

（2）喷射作业应分段进行，同一分段内喷射顺序应自上而下，一次喷射厚度不宜小于 40mm。

（3）喷射时，喷头与受喷面应垂直，宜保持距离 0.8~1.2m。

（4）喷射混凝土混合料应拌合均匀，随拌随用，存放时间不应超过 2h；当掺速凝剂时，存放时间不得超过 20min。

（5）喷射混凝土终凝 2h 后，应喷水养护，养护时间应根据气温条件，延续 3~7d。

182. 土钉墙施工安全应符合哪些作业要求?

土钉墙施工安全应符合下列要求:

(1) 施工中应每班检查注浆、喷射机械密封和耐压情况,检查输料管、送风管的磨损和接头连接情况,防止输料管爆裂、松脱喷浆喷砂伤人。

(2) 施工作业前应保证输料管顺直无堵管;送电、送风前应通知施工人员;处理施工故障应先断电、停机。施工中以及处理故障时,注浆管和喷射管头前方严禁站人。

(3) 施工所用工作台架应牢固可靠,应有安全护栏,安全护栏高度不得小于 1.2m。

(4) 喷射混凝土作业人员应佩戴个人防尘用具。

183. 水泥土墙工程施工的主要技术要点是什么?

水泥土墙是指由水泥土桩相互搭接形成的格栅状、壁状等形式的重力式支护与挡水结构。

(1) 水泥土墙施工前,现场应进行整平处理,清除地上和地下的障碍物。低洼地段回填时,应采用素土分层夯实回填。

(2) 水泥土墙应采取切割搭接法施工。应在前桩水泥土尚未固化时进行后序搭接桩施工。当考虑隔水作用时,桩的有效搭接宽度不宜小于 150mm;当不考虑隔水作用时,桩的有效搭接宽度不宜小于 100mm。

(3) 深层搅拌法施工前,应进行成桩工艺及水泥掺入量或水泥浆的配合比试验。配合比试验应符合规程中规定的要求。初步确定参数时,深层搅拌桩的水泥掺入量宜为被加固土重的 12% ~ 20%。砂类土宜采用较低的掺入量;软弱土层宜采用较高的掺入量。高压旋喷法的水泥掺入比例可采用被加固土重的20% ~30%。

(4) 搅拌桩施工应保证桩身全段水泥含量的均匀性,并应采用搅拌深度自动记录仪。

（5）喷浆搅拌法施工时，水泥浆液的配置可根据地层情况，加入适量的缓凝剂、减水剂，以增加浆液的流动性和可泵性。水泥浆的水灰比不宜大于0.6。喷浆口距搅拌头中心的距离不应小于搅拌头半径的2/3，应尽量减少返浆量。

（6）高压旋喷法施工前，应通过试喷成桩工艺试验，确定在不同土层中加固体的最小值径等施工技术参数。水泥浆的水灰比宜为1.0～1.5，喷浆压力宜采用20～30MPa。

（7）施工时配制的水泥浆液，放置时间不应超过4h，否则应作为废浆处理。

（8）水泥土墙的施工桩位偏差不应大于50mm，垂直度偏差不宜大于1.0%，桩径允许偏差为4%。桩的搭接施工应连续进行，相邻桩施工间隔时间不宜超过4h。当桩身设置插筋时，桩身插筋应在单桩施工完成后及时进行。

（9）水泥土墙应有28d以上龄期且其立方体抗压强度标准值 $f_{cu,28}$ 大于1.0MPa时方能进行基坑开挖。在基坑开挖时应保证不损坏桩体，分段分层开挖。

（10）喷粉搅拌法在打开送灰罐（小灰罐）时，应确保罐内压力已经释放完毕。严禁带压开罐，防止造成人身意外伤害和水泥粉尘喷撒。

（11）喷粉搅拌法应对空气压缩机的安全限压装置按要求进行定期检查，确保安全阀的泄压安全有效。

（12）喷粉搅拌法气压调节排放管应放置在（浸没于）水桶（坑）中，并加盖数层浸湿的厚层遮盖帘；当送灰搅拌接近孔口时，应及时停止送风并采取喷淋（浇水）措施，以防止水泥粉尘的喷撒。

（13）剩余或废弃的水泥浆液，应采取就地处理措施。严禁将水泥浆液排入下水（污水）管道，以防止水泥浆液凝结堵塞管道。

（14）深层搅拌法的送灰（浆）管可采用普通的高压橡胶管，

高压旋喷法的送浆管应采用带有钢丝内胎的高压橡胶管。操作人员应站在送浆管左侧，灰（浆）管的耐压值应大于空压机（灰浆泵）工作压力值的2倍。送灰（浆）管的长度不宜超过50m，压力管的每个接头绑扎不应少于2道。

（15）现场施工用电应符合《施工现场临时用电安全技术规范》JGJ 46 的规定。

184. 排桩工程施工的主要技术要点是什么？

排桩是指以某种桩型按队列式布置组成的基坑支护结构。

（1）排桩施工应符合下列要求：

1）垂直轴线方向的桩位偏差不宜大于50mm。垂直度偏差不宜大于1%，且不应影响地下结构的施工。

2）当排桩不承受垂直荷载时，钻孔灌注桩桩底沉渣不宜超过200mm；当沉渣难以控制在规定范围时，应通过加大钻孔深度来保证有效桩长达到设计要求；当排桩兼作承重结构时，桩底沉渣应按国家标准《建筑桩基技术规范》JGJ 94 的有关要求执行。

3）采用灌注桩工艺的排桩宜采取隔桩施工的成孔顺序，并应在灌注混凝土24h后进行邻桩成孔施工。

4）沿周边非均匀配置纵向钢筋的排桩，钢筋笼在绑扎、吊装和安放时，应保证钢筋笼的安放方向与设计方向一致，钢筋笼纵向钢筋的平面角度误差不应大于10°。

5）冠梁施工前，应将排桩桩顶浮浆凿除并清理干净，桩顶以上露出的钢筋长度应达到设计要求。

6）灌注桩成孔后应及时进行孔口覆盖。

7）灌注桩钢筋笼宜整体制作、整体吊装。如采用分段制作、孔口对接时，在孔口宜采用能保证质量的钢筋连接工艺，并应加强隐蔽验收检查。

（2）锚杆的施工应符合下列要求：

1）锚杆孔位垂直方向偏差不宜大于100mm，偏斜角度不应大于2°；锚杆孔深和杆体长度不应小于设计长度。

2）锚杆注浆时，一次注浆管距孔底距离宜为100～200mm。

3）当一次注浆采用水泥浆时，水泥浆的水灰比宜为0.45～0.5；当采用水泥砂浆时，灰砂比宜为1:1～1:2、水灰比宜为0.38～0.45。二次高压注浆宜使用水灰比0.45～0.55的水泥浆。

4）二次高压注浆压力宜控制在2.5～5.0MPa，注浆时间可根据注浆工艺试验确定或第一次注浆锚固体的强度达到5MPa后进行。

5）锚杆的张拉与锁定应符合下列规定：

①锚固段强度大于15MPa并达到设计强度的75%后，方可进行。

②锚杆宜张拉至设计荷载的0.9～1.0倍后，再按设计要求锁定。

③锚杆张拉时的锚杆杆体应力不应超过锚杆杆体强度标准值的0.65倍。

（3）腰梁的施工应符合下列要求：

1）型钢腰梁的焊接应按现行国家标准《钢结构工程施工质量验收规范》GB 50205的有关规定执行。

2）安装腰梁时应使其与排桩桩体结合紧密，不得脱空。

（4）土方开挖与回填应符合下列规定：

1）应在排桩达到设计强度后进行土方开挖。如提前开挖，应由设计人员根据土方分层开挖深度及进度，对排桩强度进行复核。

2）单层或多层锚杆支护的排桩，锚杆施工面以下的土方开挖应在该层锚杆锁定后进行。

3）支撑的卸除应在土方回填高度符合设计要求后进行。

185. 地基工程施工质量验收必须具备哪些资料？

地基工程施工质量验收必须具备的资料：

（1）岩土工程勘察报告。

（2）邻近建筑物和地下设施类型、分布及结构质量情况记录。

（3）地基处理设计图纸、设计要求、设计交底、设计变更及洽商记录。

（4）地基处理分项工程施工组织设计或施工方案、技术交底记录。

（5）工程定位测量记录。

（6）各种原材料出厂合格证和试验报告。

（7）材料配合比报告。

（8）施工记录。

（9）隐蔽工程检查记录。

（10）地基验槽记录。

（11）地基承载力检测报告。

（12）工程竣工图。

186. 混凝土预制桩的起吊、运输和堆放应符合什么规定？

（1）混凝土实心桩的吊运应符合下列规定：

1）混凝土设计强度达到70%及以上方可起吊，达到100%方可运输。

2）桩起吊时应采取相应措施，保证安全平稳，保护桩身质量。

3）水平运输时，应做到桩身平稳放置，严禁在场地上直接拖拉桩体。

（2）预应力混凝土空心桩的吊运应符合下列规定：

1）出厂前应做出厂检查，其规格、批号、制作日期应符合所属的验收批号内容。

2）在吊运过程中应轻吊轻放，避免剧烈碰撞。

3）单节桩可采用专用吊钩勾住桩两端内壁直接进行水平起吊。

4）运至施工现场时应进行检查验收，严禁使用质量不合格及在吊运过程中产生裂缝的桩。

（3）预应力混凝土空心桩的堆放应符合下列规定：

1）堆放场地应平整坚实，最下层与地面接触的垫木应有足够的宽度和高度。堆放时桩应稳固，不得滚动。

2）应按不同规格、长度及施工流水顺序分别堆放。

3）当场地条件许可时，宜单层堆放；当叠层堆放时，外径为 500～600mm 的桩不宜超过 4 层，外径为 300～400mm 的桩不宜超过 5 层。

4）叠层堆放桩时，应在垂直于桩长度方向的地面上设置两道垫木，垫木应分别位于距桩端 0.2 倍桩长处；底层最外缘的桩应在垫木处用木楔塞紧。

5）垫木宜选用耐压的长木枋或枕木，不得使用有棱角的金属构件。

（4）取桩应符合下列规定：

1）当桩叠层堆放超过 2 层时，应采用吊机取桩，严禁拖拉取桩。

2）三点支撑自行式打桩机不应拖拉取桩。

187. 混凝土预制桩的接桩施工应符合哪些技术规定?

（1）桩的连接可采用焊接、法兰连接或机械快速连接（螺纹式、啮合式）。

（2）接桩材料应符合下列规定：

1）焊接接桩。钢板宜采用低碳钢，焊条宜采用 E43；并应符合现行行业标准《建筑钢结构焊接技术规程》JGJ 81 要求。接头宜采用探伤检测，同一工程检测量不得少于 3 个接头。

2）法兰接桩。钢板和螺栓宜采用低碳钢。

（3）采用焊接接桩除应符合现行行业标准《建筑钢结构焊接技术规程》JGJ 81 的有关规定外，尚应符合下列规定：

1）下节桩段的桩头宜高出地面 0.5m。

2）下节桩的桩头处宜设导向箍。接桩时上下节桩段应保持顺直，错位偏差不宜大于2mm。接桩就位纠偏时，不得采用大锤横向敲打。

3）桩对接前，上下端板表面应采用铁刷子清刷干净，坡口处应刷至露出金属光泽。

4）焊接宜在桩四周对称地进行，待上下桩节固定后拆除导向箍再分层施焊；焊接层数不得少于2层，第一层焊完后必须把焊渣清理干净，方可进行第二层（的）施焊，焊缝应连续、饱满。

5）焊好后的桩接头应自然冷却后方可继续锤击，自然冷却时间不宜少于8min；严禁采用水冷却或焊好即施打。

6）雨天焊接时，应采取可靠的防雨措施。

7）焊接接头的质量检查，对于同一工程探伤抽样检验不得少于3个接头。

（4）采用机械快速螺纹接桩的操作与质量应符合下列规定：

1）安装前应检查桩两端制作的尺寸偏差及连接件，无受损后方可起吊施工，其下节桩端宜高出地面0.8m。

2）接桩时，卸下上下节桩两端的保护装置后，应清理接头残物，涂上润滑脂。

3）应采用专用接头锥度对中，对准上下节桩进行旋紧连接。

4）可采用专用链条式扳手进行旋紧，（臂长1m卡紧后人工旋紧再用铁锤敲击扳臂）锁紧后两端板尚应有1~2mm的间隙。

（5）采用机械啮合接头接桩的操作与质量应符合下列规定：

1）将上下接头板清理干净，用扳手将已涂抹沥青涂料的连接销逐根旋入上节桩I形端头板的螺栓孔内，并用钢模板调整好连接销的方位。

2）剔除下节桩II形端头板连接槽内泡沫塑料保护块，在连接槽内注入沥青涂料，并在端头板面周边抹上宽度20mm、厚度3mm的沥青涂料；当地基土、地下水含中等以上腐蚀介质时，桩端板板面应满涂沥青涂料。

3）将上节桩吊起，使连接销与Ⅱ形端头板上各连接口对准，随即将连接销插入连接槽内。

4）加压使上下节桩的桩头板接触，接桩完成。

188. 锤击沉桩施工应符合哪些技术规定？

（1）桩打入时应符合下列规定：

1）桩帽或送桩帽与桩周围的间隙应为 5~10mm。

2）锤与桩帽、桩帽与桩之间应加设硬木、麻袋、草垫等弹性衬垫。

3）桩锤、桩帽或送桩帽应和桩身在同一中心线上。

4）桩插入时的垂直度偏差不得超过 0.5%。

（2）打桩顺序要求应符合下列规定：

1）对于密集桩群，自中间向两个方向或四周对称施打。

2）当一侧毗邻建筑物时，由毗邻建筑物处向另一方向施打。

3）根据基础的设计标高，宜先深后浅。

4）根据桩的规格，宜先大后小，先长后短。

（3）打入桩（预制混凝土方桩、预应力混凝土空心桩、钢桩）的桩位偏差，应符合表 6-4 的规定。斜桩倾斜度的偏差不得大于倾斜角正切值的 15%（倾斜角系桩的纵向中心线与铅垂线间夹角），见表 6-4。

表 6-4　打入桩桩位的允许偏差　（mm）

项　目	允许偏差
带有基础梁的桩：（1）垂直基础梁的中心线 （2）沿基础梁的中心线	$100+0.01H$ $150+0.01H$
桩数为 1~3 根桩基中的桩	100
桩数为 1~3 根桩基中的桩	1/2 桩径或边长
桩数大于 16 根桩基中的桩：（1）最外边的桩 （2）中间桩	1/3 桩径或边长 1/2 桩径或边长

注：H 为施工现场地面标高与桩顶设计标高的距离。

（4）桩终止锤击的控制应符合下列规定：

1）当桩端位于一般土层时，应以控制桩端设计标高为主，贯入度为辅。

2）桩端达到坚硬、硬塑的黏性土、中密以上粉土、砂土、碎石类土及风化岩时，应以贯入度控制为主，桩端标高为辅。

3）贯入度已达到设计要求而桩端标高未达到时，应继续锤击3阵，并按每阵10击的贯入度不应大于设计规定的数值确认，必要时，施工控制贯入度应通过试验确定。

（5）当遇到贯入度剧变，桩身突然发生倾斜、位移或有严重回弹、桩顶或桩身出现严重裂缝、破碎等情况时，应暂停打桩，并分析原因，采取相应措施。

（6）预应力混凝土管桩的总锤击数及最后1.0m沉桩锤击数应根据当地工程经验确定。

（7）锤击沉桩送桩应符合下列规定：

1）送桩深度不宜大于2.0m。

2）当桩顶打至接近地面需要送桩时，应测出桩的垂直度并检查桩顶质量，合格后应及时送桩。

3）送桩的最后贯入度应参考相同条件下不送桩时的最后贯入度并修正。

4）送桩后遗留的桩孔应立即回填或覆盖。

5）当送桩深度超过2.0m且不大于6.0m时，打桩机应为3点支撑履带自行式或步履式柴油打桩机；桩帽和桩锤之间应用竖纹硬木或盘圆层叠的钢丝绳作"锤垫"，其厚度宜取150~200mm。

6）送桩作业时，送桩器与桩头之间应设置1~2层麻袋或硬纸板等衬垫。内填弹性衬垫压实后的厚度不宜小于60mm。

189. 静压沉桩施工应符合哪些技术规定？

（1）采用静压沉桩时，场地地基承载力不应小于压桩机接地压强的1.2倍，且场地应平整。

（2）静力压桩宜选择液压式和绳索式压桩工艺；宜根据单节桩的长度选用顶压式液压压桩机和抱压式液压压桩机。

（3）静力压桩施工的质量控制应符合下列规定：

1）第一节桩下压时垂直度偏差不应大于 0.5%。

2）宜将每根桩一次性连续压到底，且最后一节有效桩长不宜小于 5m。

3）抱压力不应大于桩身允许侧向压力的 1.1 倍。

（4）终压条件应符合下列规定：

1）应根据现场试压桩的试验结果确定终压力标准。

2）终压连续复压次数应根据桩长及地质条件等因素确定。对于入土深度大于或等于 8m 的桩，复压次数可为 2～3 次；对于入土深度小于 8m 的桩，复压次数可为 3～5 次。

3）稳压压桩力不得小于终压力，稳定压桩的时间宜为 5～10s。

（5）压桩顺序宜根据场地工程地质条件确定，并应符合下列规定：

1）对于场地地层中局部含砂、碎石、卵石时，宜先对该区域进行压桩。

2）当持力层埋深或桩的入土深度差别较大时，宜先施压长桩后施压短桩。

（6）压桩过程中应测量桩身的垂直度。当桩身垂直度偏差大于 1% 时，应找出原因并设法纠正；当桩尖进入较硬土层后，严禁用移动机架等方法强行纠偏。

（7）出现下列情况之一时，应暂停压桩作业，并分析原因，采取相应措施：

1）压力表读数显示情况与勘察报告中的土层性质明显不符。

2）桩难以穿越具有软弱下卧层的硬夹层。

3）实际桩长与设计桩长相差较大。

4）出现异常响声；压桩机械工作状态出现异常。

5）桩身出现纵向裂缝和桩头混凝土出现剥落等异常现象。

6）夹持机构打滑。

7）压桩机下陷。

（8）静压送桩的质量控制应符合下列规定：

1）测量桩的垂直度并检查桩头质量，合格后方可送桩，压、送作业应连续进行。

2）送桩应采用专制钢质送桩器，不得将工程桩用作送桩器。

3）当场地上多数桩的有效桩长 L 小于或等于15m或桩端持力层为风化软质岩，可能需要复压时，送桩深度不宜超过1.5m。

4）除满足本条上述3款规定外，当桩的垂直度偏差小于1%，且桩的有效桩长大于15m时，静压桩送桩深度不宜超过8m。

5）送桩的最大压桩力不宜超过桩身允许抱压压桩力的1.1倍。

190. 打（沉）桩施工安全控制技术要点是什么？

（1）打（沉）桩施工前，应编制专项施工方案，对邻近的原有建筑物、地下管线等进行全面检查，对有影响的建筑物或地下管线等，应采取有效的加固措施或隔离措施，以确保施工安全。

（2）打桩机行走道路必须保持平整、坚实，保证桩机移动时的安全。场地的四周应挖排水沟用于排水。

（3）在施工前应先对机械进行全面的检查，发现有问题时应及时解决。对机械全面检查后要进行试运转，严禁机械带病作业。

（4）在吊装就位作业时，起吊速度要慢，并要拉住溜绳。在打桩过程中遇有地坪隆起或下陷时，应随时调平机架及路轨。

（5）机械操作人员在施工时要注意机械运转情况，发现异常要及时进行纠正。要防止机械倾斜、倾倒、桩锤突然下落等事故、事件的发生。打桩时桩头垫料严禁用手进行拨正。

（6）钻孔灌注桩在已钻成的孔尚未浇筑混凝土前，必须用盖板封严桩孔。钢管桩打桩后必须及时加盖临时桩帽。预制混凝土桩送桩入土后的桩孔，必须及时用砂子或其他材料填灌，以免发生人身伤害事故。

（7）在进行冲抓钻或冲孔锤操作时，任何人不准进入落锤区施工范围内。在进行成孔钻机操作时，钻机要安放平稳，要防止钻架突然倾倒或钻具突然下落而发生事故。

（8）施工现场临时用电设施的安装和拆除必须由持证电工操作。机械设备电器必须按规定做好接零或接地，正确使用漏电保护装置。

191. 灌注桩施工前应做好哪些方面的准备工作？

（1）灌注桩施工前应具备下列资料：

1）建筑场地岩土工程勘察报告。

2）桩基工程施工图及图纸会审纪要。

3）建筑场地和邻近区域内的地下管线、地下构筑物、危房、精密仪器车间等的调查资料。

4）主要施工机械及其配套设备的技术性能资料。

5）桩基工程的施工组织设计。

6）水泥、砂、石、钢筋等原材料及其制品的质检报告。

7）有关荷载、施工工艺的试验参考资料。

（2）编写灌注桩施工组织设计（方案）

灌注桩施工组织设计（方案）应结合工程特点，有针对性地制定相应质量管理措施，主要应包括下列内容：

1）施工平面图：标明桩位、编号、施工顺序、水电线路和临时设施的位置；采用泥浆护壁成孔时，应标明泥浆制备设施及其循环系统。

2）确定成孔机械、配套设备以及合理施工工艺的有关资料，泥浆护壁灌注桩必须有泥浆处理措施。

3）施工作业计划和劳动力组织计划。

4）机械设备、备件、工具、材料供应计划。

5）桩基施工时，对安全、劳动保护、防火、防雨、防台风、爆破作业、文物和环境保护等方面应按有关规定执行。

6）保证工程质量、安全生产和季节性施工的技术措施。

（3）成桩机械必须经鉴定合格，不得使用不合格机械。用于施工质量检验的仪表、器具的性能指标，应符合现行国家相关标准的规定。

（4）施工前应组织图纸会审，会审纪要连同施工图等应作为施工依据，并应列入工程档案。

（5）桩基施工用的供水、供电、道路、排水、临时房屋等临时设施，必须在开工前准备就绪，施工场地应进行平整处理，保证施工机械正常作业。

（6）基桩轴线的控制点和水准点应设在不受施工影响的地方。开工前，经复核后应妥善保护，施工中应经常复测。

192. 灌注桩成孔的控制深度监理的主要技术要点是什么？

（1）摩擦型桩。摩擦桩应以设计桩长控制成孔深度；端承摩擦桩必须保证设计桩长及桩端进入持力层深度。当采用锤击沉管法成孔时，桩管入土深度控制应以标高为主，以贯入度控制为辅。

（2）端承型桩。当采用钻（冲）挖掘成孔时，必须保证桩端进入持力层的设计深度；当采用锤击沉管法成孔时，沉管深度控制以贯入度为主，以设计持力层标高对照为辅。

（3）灌注桩成孔施工的允许偏差应满足表6-5的规定。

表 6-5　灌注桩成孔施工允许偏差

成孔方法		桩径允许偏差（mm）	垂直度允许偏差（%）	桩位允许偏差（mm）	
				1～3根桩、条形桩基沿垂直轴线方向和群桩基础中的边桩	条形桩基沿轴线方向和群桩基础的中间桩
泥浆护壁钻、挖、冲孔桩	$d \leqslant 1000\text{mm}$	±50	1	$d/6$ 且不大于100	$d/4$ 且不大于150
	$d > 10000\text{mm}$	±50		$100 + 0.01H$	$150 + 0.01H$
锤击（振动）沉管振动冲击沉管成孔	$d \leqslant 500\text{mm}$	−20	1	70	150
	$d > 500\text{mm}$	−20		100	150
螺旋钻、机动洛阳铲干作业成孔			1	70	150
人工挖孔桩：现浇混凝土护壁；		±50	0.5	50	150
长钢套管护壁		±20	1	100	200

注：1. 桩径允许偏差的负值是指个别断面；

　　2. H 为施工现场地面标高与桩顶设计标高的距离；d 为设计桩径。

193. 泥浆护壁成孔灌注桩施工监理的主要技术要点是什么？

（1）泥浆的制备和处理

除能自行造浆的黏性土层外，均应制备泥浆。泥浆制备应选用高塑性黏土或膨润土。泥浆应根据施工机械、工艺及穿越土层情况进行配合比设计。

（2）泥浆护壁应符合下列规定：

1）施工期间护筒内的泥浆面应高出地下水位 1.0m 以上，在受水位涨落影响时，泥浆面应高出最高水位 1.5m 以上。

2）在清孔过程中，应不断置换泥浆，直至浇筑水下混凝土。

3）浇筑混凝土前，孔底 500mm 以内的泥浆密度应小于 1.25；含砂率不得大于 8%；黏度不得大于 28s。

4）在容易产生泥浆渗漏的土层中应采取维持孔壁稳定的措施。

（3）废弃的浆、渣应进行处理，不得污染环境。

194. 水下混凝土的灌注桩施工监理的主要技术要点是什么？

（1）钢筋笼吊装完毕后，应安置导管或气泵管二次清孔，并应进行孔位、孔径、垂直度、孔深、沉渣厚度等检验，合格后应立即灌注混凝土。

（2）水下灌注的混凝土应符合下列规定：

1）水下灌注混凝土必须具备良好的和易性，配合比应通过试验确定；坍落度宜为 180～220mm；水泥用量不应少于 360kg/m³（当掺入粉煤灰时水泥用量可不受此限）。

2）水下灌注混凝土的含砂率宜为 40%～50%，并宜选用中粗砂；粗骨料的最大粒径应小于 40mm；并应满足：粗骨料可选用卵石或碎石，其骨料粒径不得大于钢筋间距最小净距的 1/3。

3）水下灌注混凝土宜掺外加剂。

（3）导管的构造和使用应符合下列规定：

1）导管壁厚不宜小于 3mm，直径宜为 200～250mm；直径制作偏差不应超过 2mm，导管的分节长度可视工艺要求确定，底管长度不宜小于 4m，接头宜采用双螺纹方扣快速接头。

2）导管使用前应试拼装、试压，试水压力可取为 0.6～1.0MPa。

3）每次灌注后应对导管内外进行清洗。

（4）使用的隔水栓应有良好的隔水性能，并应保证顺利排出；隔水栓宜采用球胆或与桩身混凝土强度等级相同的细石混凝土制作。

（5）灌注水下混凝土的质量控制应满足下列要求：

1）开始灌注混凝土时，导管底部至孔底的距离宜为 300～500mm。

2）应有足够的混凝土储备量，导管一次埋入混凝土灌注面以下不应少于 0.8m。

3）导管埋入混凝土深度宜为 2～6m。严禁将导管提出混凝土灌注面，并应控制提拔导管速度，应有专人测量导管埋深及管内外混凝土灌注面的高差，填写水下混凝土灌注记录。

4）灌注水下混凝土必须连续施工，每根桩的灌注时间应按初盘混凝土的初凝时间控制，对灌注过程中的故障应记录备案。

5）应控制最后一次灌注量，超灌高度宜为 0.8～1.0m，凿除泛浆高度后必须保证暴露的桩顶混凝土强度达到设计等级。

195. 长螺旋钻孔压灌桩施工监理的主要技术要点是什么？

（1）当需要穿越老黏土、厚层砂土、碎石土以及塑性指数大于 25 的黏土时，应进行试钻。

（2）钻机定位后，应进行复检，钻头与桩位点偏差不得大于 20mm，开孔时下钻速度应缓慢；钻进过程中，不宜反转或提升钻杆。

（3）钻进过程中，当遇到卡钻、钻机摇晃、偏斜或发生异常声响时，应立即停钻，查明原因，采取相应措施后方可继续作业。

（4）根据桩身混凝土的设计强度等级，应通过试验确定混凝土配合比；混凝土坍落度宜为 180～220mm；粗骨料可采用卵石或碎石，最大粒径不宜大于 30mm；可掺加粉煤灰或外加剂。

（5）混凝土泵应根据桩径选型，混凝土输送泵管布置宜减少弯道，混凝土泵与钻机的距离不宜超过 60m。

（6）桩身混凝土的泵送压灌应连续进行，当钻机移位时，混凝土泵料斗内的混凝土应连续搅拌，泵送混凝土时，料斗内混凝土的高度不得低于 400mm。

（7）混凝土输送泵管宜保持水平，当长距离泵送时，泵管下面应垫实。

（8）当气温高于 30℃时，宜在输送泵管上覆盖隔热材料，每隔一段时间应洒水降温。

（9）钻至设计标高后，应先泵入混凝土并停顿 10～20s，再缓慢升提钻杆。提钻速度应根据土层情况确定，且应与混凝土泵送量相匹配，保证管内有一定高度的混凝土。

（10）在地下水位以下的砂土层中钻进时，钻杆底部活门应有防止进水的措施，压灌混凝土应连续进行。

（11）压灌桩的充盈系数宜为 1.0～1.2。桩顶混凝土超灌高度不宜小于 0.3～0.5m。

（12）成桩后，应及时清除钻杆及泵（软）管内残留混凝土。长时间停置时，应采用清水将钻杆、泵管、混凝土泵清洗干净。

（13）混凝土压灌结束后，应立即将钢筋笼插至设计深度。钢筋笼插设宜采用专用插筋器。

196. 锤击沉管灌注桩施工监理的主要技术要点是什么？

（1）锤击沉管灌注桩施工应根据土质情况和荷载要求，分别选用单打法、复打法或反插法。

（2）锤击沉管灌注桩施工应符合下列规定：

1）群桩基础的基桩施工，应根据土质、布桩情况，采取削减负面挤土效应的技术措施，确保成桩质量。

2）桩管、混凝土预制桩尖或钢桩尖的加工质量和埋设位置应与设计相符，桩管与桩尖的接触应有良好的密封性。

（3）灌注混凝土和拔管的操作控制应符合下列规定：

1）沉管至设计标高后，应立即检查和处理桩管内的进泥、进水和吞桩尖等情况，并立即灌注混凝土。

2）当桩身配置局部长度钢筋笼时，第一次灌注混凝土应先灌至笼底标高，然后放置钢筋笼，再灌至桩顶标高。第一次拔管高度应以能容纳第二次灌入的混凝土量为限，不应拔得过高。在拔管过程中应采用测锤或浮标检测混凝土面的下降情况。

3）拔管速度应保持均匀，对一般土层拔管速度宜为 1m/min，在软弱土层和软硬土层交界处拔管速度宜控制在 0.3～0.8m/min。

4）采用倒打拔管的打击次数，单动汽锤不得少于 50 次/min，自由落锤小落距轻击不得少于 40 次/min；在管底未拔至桩顶设计标高之前，倒打和轻击不得中断。

（4）混凝土的充盈系数不得小于 1.0；对于充盈系数小于 1.0 的桩，应全长复打，对可能断桩和缩颈桩，应采用局部复打。成桩后的桩身混凝土顶面应高于桩顶设计标高 500mm 以内。全长复打时，桩管入土深度宜接近原桩长，局部复打应超过断桩或缩颈区 1m 以上。

（5）全长复打桩施工时应符合下列规定：

1）第一次灌注混凝土应达到自然地面。

2）拔管过程中应及时清除黏在管壁上和散落在地面上的混凝土。

3）初打与复打的桩轴线应重合。

4）复打施工必须在第一次灌注的混凝土初凝之前完成。

5）混凝土的坍落度宜采用 80～100mm。

197. 钻孔（扩底）灌注桩施工监理的主要技术要点是什么？

（1）钻孔时应符合下列规定：

1）钻杆应保持垂直稳固，位置准确，防止因钻杆晃动引起扩大孔径。

2）钻进速度应根据电流值变化及时调整。

3）钻进过程中，应随时清理孔口积土，遇到地下水、塌孔、缩孔等异常情况时，应及时处理。

（2）钻孔扩底桩施工，直孔部分应按规范规定的要求执行，扩底部位尚应符合下列规定：

1）应根据电流值或油压值，调节扩孔刀片削土量，防止出现超负荷现象。

2）扩底直径和孔底的虚土厚度应符合设计要求。

（3）成孔达到设计深度后，应保护孔口，按规范灌注桩成孔施工允许偏差的规定验收，并应做好记录。

（4）灌注混凝土前，应在孔口安放护孔漏斗，然后放置钢筋笼，并应再次测量孔内虚土厚度。扩底桩灌注混凝土时，第一次应灌到扩底部位的顶面，随即振捣密实；浇筑桩顶以下 5m 范围内混凝土时，应随浇筑随振动，每次浇筑高度不得大于 1.5m。

198. 人工挖孔灌注桩施工监理的主要技术要点是什么？

（1）人工挖孔桩的孔径（不含护壁）不得小于 0.8m，且不宜大于 2.5m；孔深不宜大于 30m。当桩净距小于 2.5m 时，应采用间隔开挖。相邻排桩跳挖的最小施工净距不得小于 4.5m。

（2）人工挖孔桩混凝土护壁的厚度不应小于 100mm，混凝土强度等级不应低于桩身混凝土强度等级，并应振捣密实；护壁应配置直径不小于 8mm 的构造钢筋，竖向筋应上下搭接或拉接。

（3）人工挖孔桩施工应采取下列安全措施：

1）孔内必须设置应急软爬梯供人员上下；使用的电葫芦、吊笼等应安全可靠，并配有自动卡紧保险装置，不得使用麻绳和尼龙绳吊挂或脚踏护壁凸缘上下。电葫芦宜用按钮式开关，使用前必须检验其安全起吊能力。

2）每日开工前必须检测井下的有毒、有害气体，并应有足够的安全防范措施。当桩孔开挖深度超过 10m 时，应有专门向井下送风的设备，风量不宜少于 25L/s。

3）孔口四周必须设置护栏，护栏高度宜为 0.8m。

4）挖出的土石方应及时运离孔口，不得堆放在孔口周边 1m 范围内，机动车辆的通行不得对井壁的安全造成影响。

5）施工现场的一切电源、电路的安装和拆除必须遵守现行行业标准《施工现场临时用电安全技术规范》JGJ 46 的规定。

（4）开孔前，桩位应准确定位放样，在桩位外设置定位基准桩，安装护壁模板必须用桩中心点校正模板位置，并应由专人负责。

（5）第一节井圈护壁应符合下列规定：

1）井圈中心线与设计轴线的偏差不得大于 20mm。

2）井圈顶面应比场地高出 100~150mm，壁厚应比下面井壁厚度增加 100~150mm。

（6）修筑井圈护壁应符合下列规定：

1）护壁的厚度，拉接钢筋、配筋、混凝土强度等级均应符合设计要求。

2）上下节护壁的搭接长度不得小于50mm。

3）每节护壁均应在当日连续施工完毕。

4）护壁混凝土必须保证振捣密实，应根据土层渗水情况使用速凝剂。

5）护壁模板的拆除应在灌注混凝土24h之后。

6）发现护壁有蜂窝、漏水现象时，应及时补强。

7）同一水平面上的井圈任意直径的极差不得大于50mm。

（7）当遇有局部或厚度不大于1.5m的流动性淤泥和可能出现涌土、涌砂时，护壁施工可按下列方法处理：

1）将每节护壁的高度减小到300~500mm，并随挖、随验、随灌注混凝土。

2）采用钢护筒或有效的降水措施。

（8）挖至设计标高，终孔后应清除护壁上的泥土和孔底残渣、积水，并应进行隐蔽工程验收。验收合格后，应立即封底和灌注桩身混凝土。

（9）灌注桩身混凝土时，混凝土必须通过溜槽；当落距超过3m时，应采用串筒，串筒末端距孔底高度不宜大于2m；也可采用导管泵送；混凝土宜采用插入式振捣器振实。

（10）当渗水量过大时，应采取场地截水、降水或水下灌注混凝土等有效措施。严禁在桩孔中边抽水、边开挖、边灌注，包括相邻桩的灌注。

199. 灌注桩施工安全控制技术要点是什么？

（1）灌注桩施工前应编制专项施工方案，严格按方案规定的程序组织施工。

（2）灌注桩在已成孔未浇筑前，应用盖板封严或沿四周设安全防护栏杆，以免掉土或发生人身安全事故。

（3）所有的设备电路应架空设置，不得使用不防水的电线或绝缘层有损坏的电线。电器必须有接地、接零和漏电保护装置。

（4）现场施工人员必须戴安全帽，拆除串筒时上空不得进行作业。严禁酒后操作机械和上岗作业。

（5）混凝土浇筑完毕后，及时抽干空桩部分泥浆，立即用素土回填，以免发生人、物陷落事故。

200. 地基加固处理后，监理工程师如何验证加固效果？

（1）地基施工结束，宜在一个间歇期后进行质量验收，间歇期由设计确定。

（2）地基加固工程，应在正式施工前进行试验段施工，论证设定施工参数和加固效果。为验证加固效果所进行的荷载试验，其施加荷载应不低于设计荷载的 2 倍。

（3）对灰土地基、砂和砂石地基、土工合成材料地基、粉煤灰地基、强夯地基、注浆地基、预压地基，其竣工后的结果（地基强度或承载力）必须达到设计要求的标准。检验数量，每单位工程不应少于 3 点，1000m² 以上工程，每 100m² 至少应有 1 点。每一独立基础下至少应有 1 点，基槽每 20 延米应有 1 点。

（4）对水泥土搅拌桩复合地基、高压喷射注浆桩复合地基、砂桩地基、振冲桩复合地基、土和灰土挤密桩复合地基、水泥粉煤灰碎石桩复合地基及夯实水泥土桩复合地基，其承载力检验，数量为总数的 0.5%~1%，但不应少于 3 处。有单桩强度检验要求时，数量为总数的 0.5%~1%，但不应少于 3 根。

（5）除第（3）、第（4）条指定的主控项目外，其他主控项目及一般项目可随意抽查，但复合地基中的水泥土搅拌桩、高压喷射注浆桩、振冲桩、土和灰土挤密桩、水泥粉煤灰碎石桩及夯实水泥土桩至少应抽查 20%。

201. 建筑材料质量控制的要点和控制内容是什么？

（1）质量控制的要点：

1）掌握材料信息，优选供货厂家。

2）合理组织材料供应，确保施工正常进行。

3）合理组织材料使用，减少材料损失。

4）加强材料检查验收，严把材料质量关。

5）重视材料认证，防止错用或使用不当。

6）加强现场材料管理。

（2）材料质量控制的内容：

1）材料的质量标准。

2）材料的性能。

3）材料取样、材料试验方法。

4）材料的适用范围和施工要求。

202. 建筑材料、构配件进场时的质量验收要求是什么？

施工所使用的建筑材料、构配件质量，直接影响混凝土工程的质量，故对所使用的砂、石、水泥、钢材及各种外加剂的质量必须严格控制。《工程建设标准强制性条文》纳入了对材料进场质量验收的基本要求，即：进入施工现场的工程所用材料，应具有质量证明书，并应符合设计要求。

（1）执行上述强制性规定时，对材料进场验收需着重掌握以下三点要求：

1）对材料的外观、尺寸、形状、数量等进行检查，是材料进场验收必不可少的重要环节。例如对袋装水泥每袋实际重量的检验，对钢筋外观及尺寸的检查等。

2）要检查材料的质量证明文件，包括生产厂家出具的产品合格证和性能试验报告，有的材料（如钢筋、水泥）到场后，还要抽样复检。

3）要检查材料是否符合设计要求。当设计对材料的质量有要求时，材料进场时应对照设计要求进行检查验收。

（2）对进场材料、构配件的质量控制要求：

1）进场前应向监理机构提交《工程材料/构配件/设备报审

表》同时附有产品出厂合格证及技术说明书，由施工承包单位按规定要求进行检验的检验报告或试验报告，经监理工程师审查并确认其质量合格后，批准进场。

2）凡是没有产品出厂合格证明及检验不合格者，不得进场。

3）如果监理工程师认为承包单位提交的有关产品合格证明的文件以及施工承包单位提交的检验和试验报告，仍不足以说明到场产品的质量符合要求时，可以再行组织复检或见证取样试验，确认其质量合格后方允许进场。

4）进口材料的检查、验收，应会同国家商检部门进行。

5）如果存放、保管条件不良，监理工程师有权要求施工承包单位加以改善并达到要求。

6）对于某些当地材料及现场配制的制品，一般要求承包单位事先进行试验，达到要求的标准后方准施工。

203. 建筑材料进场后复试的要求是什么？

（1）建筑材料复试的取样原则是：

1）同一厂家生产的同一品种、同一类型、同一生产批次的进场材料应根据相应建筑材料质量标准与管理规程、规范要求的代表数量确定取样批次，抽取样品进行复试，当合同另有约定时应按合同执行。

2）建筑施工企业试验应逐步实行有见证取样和送检制度。即在建设单位或监理人员见证下，由施工人员在现场取样，送至试验室进行试验。见证取样和送检次数不得少于试验总次数的30%，试验总次数在10次以下的不得少于2次。

3）每项工程的取样和送检见证人，由该工程的建设单位书面授权，委派在本工程现场的建设单位或监理人员1至2名担任。见证人应具备与工作相适应的专业知识。见证人及送检单位对试样的代表性、真实性负有法定责任。

4）试验室在接受委托试验任务时，须由送检单位填写委托单，委托单上要设置见证人签名栏。委托单必须与同一委托试验的其他原始资料一并由试验室存档。

（2）建筑材料的复试结果处理

1）试验室必须单独建立不合格试验项目台账。出现不合格项目应及时向建筑施工企业主管领导和当地政府主管部门、质量监督站报告；其中，影响结构安全的建材应在24h内向上级部门报告。

2）建筑施工企业试验室出具的试验报告，当建设单位或监理人员对建筑施工企业试验室出具的试验报告有异议时，可委托法定检测机构进行抽检。如抽检结果与建筑施工企业试验报告相符，抽检费用由建设单位承担，反之，由建筑施工企业承担。

3）依据标准需重新取样复试时，复试样品的试件编号应与初试时相同，但应后缀"复试"加以区别。初试与复试报告均应进入工程档案。

（3）主要材料复试内容及要求

1）钢筋。屈服强度、抗拉强度、伸长率和冷弯。有抗震设防要求的框架结构的纵向受力钢筋抗拉强度实测值与屈服强度实测值之比不应小于1.25，钢筋屈服强度实测值与强度标准值之比不应大于1.3。

2）水泥。抗压强度、抗折强度、安定性、凝结时间。钢筋混凝土结构、预应力混凝土结构中严禁使用含氯化物的水泥。同一生产厂家、同一等级、同一品种、同一批号且连续进场的水泥，袋装不超过200袋为一批，散装不超过500t为一批检验。

3）混凝土外加剂。检验报告中应有碱含量指标，预应力混凝土结构中严禁使用含氯化物的外加剂。混凝土结构中使用含氯化物的外加剂时，混凝土的氯化物总含量应符合规定。

4）石子。筛分析、含泥量、泥块含量、含水率、吸水率及石子的非活性骨料检验。

5）砂子。筛分析、泥块含量、含水率、吸水率及非活性骨料检验。

6）建筑外墙金属窗、塑料窗。气密性、水密性、抗风压性能。

7）装饰装修用人造木板及胶粘剂。甲醛含量。

8）饰面板（砖）。室内用花岗石放射性，粘贴用水泥的凝结时间、安定性、抗压强度，外墙陶瓷面砖的吸水率及抗冻性能复验。

9）混凝土小型空心砌块。同一部位工程使用的小砌块应持有同一厂家生产的合格证书和进场复试报告，小砌块在厂内的养护龄期及其后停放期总时间必须确保 28d。

10）预拌混凝土。检查预拌混凝土合格证书及配套的水泥、砂子、石子、外加剂掺合料原材复试报告和合格证、混凝土配合比单、混凝土石块强度报告。

204. 水泥的保管和使用要求是什么？

（1）水泥进场必须有出厂合格证或进场试验报告，并应对其品种、强度等级、包装和散装仓号、出厂日期等检查。

（2）水泥是一种有效期短、质量极易变化的材料，同时又是最重要的胶结材料，超过三个月要复查检验，并提供试验报告。

（3）进厂水泥必须设立专用库房保管。水泥库房应通风、干燥、屋面不渗漏，地面排水通畅。

（4）水泥应按品种、强度等级、出厂日期分别堆放，并应当用标牌加以明确标识。当日期超期、强度等级不明或有其他怀疑时，应进行取样复试并按复试结果使用。

（5）为防止材料混合后出现变质或强度降低现象，不同品种的水泥不得混合使用。

（6）水泥安定性或初凝时间不符合相应标准时均为废品；强度低于相应标准强度等级指标时为不合格品。对废品水泥不准用于工程中。对强度低于相应标准的不合格水泥，可降级使用，按实际试验结果配制混凝土。

205. 钢材进场时的质量验收要求是什么？

（1）钢筋应有出厂质量证书或试验报告单。钢材出厂合格证应由钢厂质检部门提供或供销部门转抄，内容有：制造厂名称、炉罐号（或批号）、钢种、钢号、强度、级别、规格、重量及件数，生产日期、出厂批号、机械性能检验数据及结论，化学成分检验数据及结论，并由钢厂质检部门印章及标准编号。出厂钢材应按有关规定进行出厂检验，检验项目按相应钢材主要技术性能指标进行。

（2）钢筋表面或每捆（盘）钢筋应有标志，进场时应按统一炉罐（批）号、统一规格（直径）分批检验。检验内容包括查对标志、外观检查、抽取试样做化学性能试验，合格后方可使用。热轧钢筋取样每批重量不大于 60t，在每批钢筋中任选两根切取两个试样供拉力试验用，再任选两根切取两个试样供冷弯试验用，其拉力试验和弯曲试验结果必须符合相应技术标准要求，如有某一项不合格，取双倍数量的试件复试，如仍有任一指标不合格，则该批钢筋判断为不合格。

（3）钢筋在加工过程中，如发现脆断、焊接性能不良或力学性能显著不正常等现象，应对该批钢筋进行化学成分检验或其他专项检查。

206. 骨料的质量验收及保管要求是什么？

（1）骨料应按品种、规格分别堆放，不得混杂，骨料中严禁混入煅烧过的白云石或石灰块。

（2）对重要工程混凝土用砂，应进行骨料的碱活性检验，经检验判断有潜在危险时，应采取措施：

1）使用含碱量小于 0.6% 的水泥，或采用抑制碱的掺合料。

2）使用含钾、含钠离子的外加剂时，必须进行专门试验。

（3）对重要工程的混凝土所使用的碎石或卵石也应进行碱活性试验，首先应采用岩相法检验碱活性骨料的品种、类型和数量。若含有活动二氧化硅时，应采用化学法和砂浆长度法进行检验；若含有活性碳酸盐骨料时，应采用岩石柱法进行检验。

判定有潜在危害时，使用含碱量小于 0.6% 的水泥。当使用钾、钠离子混凝土外加剂时，必须进行专门试验。

（4）混凝土用的粗骨料，其最大颗粒不得超过结构截面最小尺寸的 1/4，且不得超过钢筋间最小净距的 3/4，对混凝土实心板，骨料的最大粒径不宜超过板厚的 1/2，且不得超过 50mm。

（5）骨料的检验与判定

1）砂子的检验项目。

检测项目。每批至少应进行颗粒级配、含泥量和泥块含量检验。海砂还应进行氯离子含量检验。

当质量比较稳定、进料量又较大时，可定期检验。

使用新产地的砂时，应进行全面检验。

检验报告内容：委托单位、样品编号、工程名称、样品产地和名称、代表数量、检测条件、检测依据、检测项目、检测结果和结论等。

2）石子的检验项目。

每验收批至少应进行颗粒级配、含泥量、泥块含量及针片状颗粒含量检验。当质量较稳定进料量又不大时，可定期检验。石子的验收可按重量或体积计算。对重要工程应根据工程要求增加检测项目。使用新产源的石子时，应按质量要求进行全面检验。检验项目应按质量要求的项目进行。

检测报告内容应包括：委托单位、样品编号、工程名称、样品产地、类别、代表数量、检测依据、检测条件、检测项目、检测结果和结论等。

3）砂石合格判定。

若检验不合格时，应重新取样。对不合格项应加倍复验，若仍有一个试样不能满足标准要求，应按不合格品处理。

207. 对外加剂质量和使用要求是什么？

（1）外加剂产品有下列情况之一者就不得出厂：无性能检验合格证，技术文件不全，包装不符，量不足，产品受潮变质以及超过有效期限。

（2）外加剂产品应随货提供技术文件和产品说明书、产品合格证。其内容必须具有：产品名称及型号、出厂日期、主要特征及成分、适用范围及适宜掺量、性能检验合格证、贮存条件及有效期、使用方法及注意事项。此外，泵送剂还应提供 pH 值，凝结时间差，含硫酸钠的泵送剂应提供和说明对钢筋有无锈蚀，防冻剂还应提供碱含量（$N_2O + 0.658K_2O$），适用规定温度、适宜掺量，喷射混凝土用速凝剂时还应提供产品质量等级，推荐掺量，砂浆、混凝土防水剂还应提供最佳掺量。

（3）选用外加剂时，应根据凝土的性质要求、施工工艺及气候条件，结合混凝土的原材料性能、配合比以及对水泥的适应性等因素，通过试验确定其品种和掺量。

（4）对不同品种外加剂应分别储存，做好标记，在运输与储存时不得混入杂物和遭受污染。另外，抗冻融性要求高的混凝土，必须掺用引气剂或引气减水剂，其掺量应根据混凝土的含气量要求，通过试验确定。含有六价铬盐、亚硝酸盐等有毒的防冻剂，严禁用于饮水工程及与食品接触的部位。

（5）外加剂产品合格判定。产品经检查全部项目都符合某一等级规定时，则判为相应等级产品。其中混凝土防冻剂产品经检验，新拌混凝土的含气量和硬化混凝土性能项目应全部符合标准，即可判定为相应等级的产品，其余项目作参考指标。混凝土膨胀剂的各项性能均符合某一等级时，判定为相应等级的产品，按限制膨胀率分为一等品和合格品。

当生产和使用单位对性能有争议时，可以复验，复验以封存样进行。

208. 砌筑砂浆抽样与强度检验评定标准是什么？

（1）抽样数量

砌筑砂浆，按每一个台班，同一配合比，同一层砌体，或250m³砌体为一取样单位取一组试块；地面砂浆，按每一层地面1000m² 取一组，不足1000m² 按1000m² 计。

（2）试件的制作及养护

1）砌筑砂浆试件制作，将无底的钢模或塑料试模放在预先铺有吸水性较好的纸的普通黏土砖上（砖的吸水率不小于10%，含水率不大于2%），试模内壁事先涂刷薄层机油或脱模剂。

2）放于砖上的湿纸，应为湿的新闻纸（或其他未粘过胶凝材料的纸），纸的大小要以能盖过砖的四边为准。砖的使用面要求平整，凡粘过水泥或其他胶结材料的面，不允许再使用。

3）向试模内一次注满砂浆，用捣棒均匀由外向里按螺旋方向插捣25次，为了防止低稠度砂浆插捣后可能留下孔洞，允许用油灰刀沿模壁插数次，使砂浆高出试模顶面6～8mm。

4）当砂浆表面开始出现麻斑状态时（约15～30min），将高出部分的砂浆沿试模顶面削去抹平。

5）试件制作后应在（25±5）℃温度环境下停置一昼夜（24±2）h。当气温较低时，可适当延长时间，但不应超过两昼夜，然后对试件进行编号并拆模。试件拆模后，应在标准养护条件下养护。

①水泥混合砂浆的温度应为（20±3）℃，相对湿度60%～80%。

②水泥砂浆和微沫砂浆的温度应为（20±3）℃，相对湿度90%以上。养护期间，试件彼此间隔不少于10mm。

继续养护到28d，然后进行试压。

（3）砌筑砂浆强度检验评定

按《砌体工程施工及验收规范》规定评定

1）同品种、同强度等级砂浆各组试件的平均强度不小于 $f_{m,k}$。

2）任意一组试件的强度不小于 $0.75f_{m,k}$。

当单位工程中同品种、同强度等级仅有一组试件时，其强度不应低于 $f_{m,k}$。

当按上述检验评定不合格或留置组数不足时，可经法定检测单位鉴定，采用非破损或截取墙体检验等方法检验评定后，做出相应处理。

209. 对砂浆试块试验报告、统计分析评定标准是什么？

（1）砂浆试块的留置，必须符合国家现行规范规定，与施工组织设计中确定的组数一致，以便核查。

（2）砂浆抗压强度试验报告，必须有成型日期、试压日期、龄期、抗压强度等级、达到设计强度等级的百分率及养护条件等。

（3）砂浆试块以标准养护 28d 试验结果的强度等级为准，超龄期的试块强度等级无效。

（4）工程使用的砂浆，必须按试验单位经送样试配确定的砂浆配合比通知单投料，不得使用经验配合比，也不得使用定额及手册的资料。

（5）配合比必须按重（质）量比进行计量，所用材料与配合比通知单必须相符，主要结构砂浆使用的水泥，应用批量编号的记录。

210. 混凝土拌合物坍落度测定有哪些要求？

（1）测定要求

1）湿润坍落度筒及其用具，并把筒放在刚性不吸水的水平底面上，然后用脚踏住两个脚踏板，使坍落度筒在装料时保持位置固定。

2）把按要求取得的试样，用小铲分三层均匀地装入筒内，每层高度在捣实后大致应为坍落度筒高的 1/3。每层用捣棒插捣 25 次。插捣应成螺旋形由外向中心进行，各次插捣均应在截面上均匀分布。插捣筒边混凝土时，捣棒可以略微倾斜。插捣底层时，捣棒应贯穿整个深度。插捣第二层和顶层时，捣棒应插透本层，并使之刚刚插入下面一层。

浇灌顶层时，混凝土应灌至高出筒口，若插捣过程中混凝土沉落到低于筒口，则应随时添加，以使其自始至终都能保持高出筒口。捣毕，刮去多余试样，用抹刀抹平。

3）清除筒边底板上的混凝土，垂直平稳地提起坍落度筒。提离过程应在 5～10s 内完成。

从开始装料到提起坍落度筒的整个过程，应不间断地进行，并应在 150s 内完成。

4）提起坍落度筒后，立即量测筒口与坍落后的混凝土试体最高点之间的高度差，此即为拌合物料的坍落度。

（2）结果评定

1）坍落度筒提离后，如混凝土发生崩塌或一边剪坏现象则应重新取样测定。如第二次试验仍出现上述现象，则表示该混凝土和易性不好，应记录备查。

2）观察坍落度后的混凝土试体的保水性及黏聚性。黏聚性的检查方法是用捣棒在已塌落的混凝土锥体一侧轻轻敲打，如果锥体渐渐下沉，则表示黏聚性良好；如果锥体突然倒塌、部分崩裂或发生离析现象，即表示黏聚性不好。

保水性是以混凝土拌合物中稀浆析出的程度来评定。当坍落度筒提起后，如有较多的稀浆从底部析出，锥体部分的混凝土也因失浆而骨料外露，则表明此混凝土拌合物的保水性能不好；如坍落度筒提起后无稀浆或仅有少量的稀浆自底部析出，则表示拌合物保水性良好。

3）混凝土拌合物坍落度以 mm 为单位，结果表达精确至 5mm。

211. 混凝土主要检验项目包括哪些?

（1）通常检验项目

1）立方体抗压强度。

2）抗折强度。

3）抗渗性能。

4）握裹力。

5）轴心抗压强度。

（2）非破损、半破损检测

其中立方体抗压强度、轴心抗压强度、静力受压弹性模量、劈裂抗压强度、抗折强度的试验方法应执行《普通混凝土力学性能试验方法》（GBJ 81）及《混凝土强度检验评定标准》（GBJ 107）的相关规定；抗渗等级的试验方法应执行《普通混凝土长期性能和耐久性能试验方法》（GBJ 82）的有关规定；稠度试验应执行《普通混凝土拌合物性能试验方法》（GBJ 80）的有关规定。非破损、半破损按有关规定进行检测。

212. 混凝土试块试验报告、统计分析的评定标准是什么？

（1）凡现浇混凝土必须有试验单位经送样试配确定的配合比通知单，不得使用经验配合比，也不得使用定额及手册的资料。

（2）水泥、粗细骨料、水、外加剂等原材料，必须按重（质）量比进行计量，其品种规格应与配合比通知单相符。主要结构中使用的水泥，应有批量编号的记录。

（3）配合比通知单必须注明签发日期、使用部位、试验单位及试验负责人、审核、计算等，且签章齐全。

（4）混凝土试块的留置，必须符合国家现行规范规定，与施工组织设计中确定的组数一致，以便核查。

（5）混凝土抗压强度试验报告，必须注明制作日期、试压日期、龄期、试块尺寸、尺寸折算系数、抗压强度等级、达到设计强度等级的百分率及养护条件等。

（6）预拌混凝土，必须在浇筑地点制作试块，做坍落度试验并做好记录。

（7）混凝土块以标准养护龄期28d试验结果的强度等级为准，超龄期的试块强度等级无效。

（8）抗渗混凝土试块应在浇筑地点制作，其中一组应在标准条件下养护，另一组应同条件养护，试块养护期以28d为准进行试验。

（9）抗渗等级试验内容，必须符合设计要求和GBJ 108《地下工程防水技术规范》中的规定。

（10）有抗冻要求的混凝土，必须做抗冻性能试验，试块的留置必须符合国家规范规定。

（11）抗冻试验内容，必须满足规范规定和设计要求。

（12）混凝土强度等级必须符合设计要求，并应有按GBJ 107《混凝土强度检验评定标准》规定进行统计分析评定。

213. 现浇混凝土工程的安全控制技术要点是什么？

（1）现浇混凝土工程施工方案的编制

1）现浇混凝土工程施工应编制专项施工方案。

2）施工方案的主要内容应包括：模板支撑系统的设计、制作、安装和拆除的施工程序、作业条件。有关模板和支撑系统的设计计算、材料规格、接头方法、构造大样及剪刀撑的设置要求等均应详细说明，并绘制施工详图。

（2）现浇混凝土工程模板支撑系统的选材及安装的安全技术措施

1）支撑系统的选材及安装应按设计要求进行，基土上的支撑点应牢固平整，支撑在安装过程中应考虑必要的临时固定措施，以保证其稳定性。

2）支撑系统的立柱材料可选用钢管、门型架、木杆，其材质和规格应符合设计和安全要求。

3）立柱底部支撑结构必须具有支撑上层荷载的能力。为合理传递荷载，立柱底部应设置木垫板，禁止使用砖及脆性材料铺垫。当支承在地基上时，应对地基土的承载力进行验算。

4）为保证立柱的整体稳定，在安装立柱的同时，应加设水平支撑和剪刀撑。

5）立柱的间距应经计算确定，按照施工方案的规定设置。若采用多层支模，上下层立柱要垂直，并应在同一垂直线上。

（3）模板工程专项方案的编制

模板工程及支撑体系施工前，要按有关规定编制专项方案，必要时进行专家论证。

1）模板工程及支撑体系需编制专项方案的范围。

①各类工具式模板工程。包括大模板、滑模、爬模、飞模等工程。

②混凝土模板支撑工程。搭设高度 5m 及以上；搭设跨度 10m 及以上；施工总荷载 10kN/mm² 及以上；集中线荷载 15kN/m 及以上；高度大于支撑水平投影宽度且相对独立无连系构件的混凝土模板支撑工程。

③承重支撑体系。用于钢结构安装等满堂支撑体系。

2）模板工程及支撑体系需编制专项方案，同时必须进行专家论证的范围。

①工具式模板工程。包括滑模、爬模、飞模工程。

②混凝土模板支撑工程。搭设高度 8m 及以上；搭设跨度 18m 及以上；施工总荷载 15kN/mm² 及以上；集中线荷载 20kN/m 及以上。

③承重支撑体系。用于钢结构安装等满堂支撑体系，承受单点集中荷载 700kg 以上。

（4）保证模板安装施工安全的基本要求

1）模板工程安装高度超过 3.0m，必须搭设脚手架，除操作人员外，脚手架下不得站其他人。

2）模板安装高度在 2m 及以上时，应符合国家现行标准《建筑施工高处作业安全技术规范》（JGJ 80）的有关规定。

3）施工人员上下通行必须借助马道、施工电梯或上人扶梯等设施，不允许攀登模板、斜撑杆、拉条或绳索等上下，不允许在高处的墙顶、独立梁或在其模板上行走。

4）作业时，模板和配件不得随意堆放，模板应放平放稳，严防滑落。脚手架或操作平台上临时堆放的模板不宜超过 3 层，脚手架或操作平台上的施工总荷载不得超过其设计值。

5）高处支模作业人员所用工具和连接件应放在箱盒或工具袋中，不得散放在脚手板上，以免坠落伤人。

6）模板安装时，上下应有人接应，随装随运，严禁抛掷。且不得将模板支搭在门窗框上，也不得将脚手板支搭在模板上，并严禁将模板与上料井架及有车辆运行的脚手架或操作平台支成一体。

7）当钢模板高度超过 15m，应安设避雷设施，避雷设施的接地电阻不得大于 4Ω。大风地区或大风季节施工，模板应有抗风的临时加固措施。

8）遇大雨、大雾、沙尘、大雪或 6 级以上大风等恶劣天气时，应暂停露天高处作业。5 级及以上风力时，应停止高空吊运作业。雨、雪停止后，应及时清除模板和地面上的积水及积雪。

9）在架空输电线路下方进行模板施工，如果不能停电作业，应采取隔离防护措施。

10）模板施工中应设专人负责安全检查，发现问题应报告有关人员处理。当遇险情时，应立即停工和采取应急措施；待修复或排除险情后，方可继续施工。

214. 模板拆除施工安全技术要求是什么？

（1）现浇混凝土结构模板及其支架拆除时的混凝土强度应符合设计要求。当设计无要求时，应符合下列规定：

1）不承重的侧模板，包括梁、柱、墙的侧模板，只要混凝土强度能保证其表面及棱角不因拆除模板而受损时，即可进行拆除。

2）承重模板，包括梁、板等水平结构构件的底模，应在与结构同条件养护的试块强度达到规定要求时，方可进行拆除。

3）后张预应力混凝土结构或构件模板的拆除，侧模应在预应力张拉前拆除，其混凝土强度达到侧模拆除条件即可。进行预应力张拉，必须在混凝土强度达到设计规定值时进行，底模必须在预应力张拉完毕方能拆除。

4）在拆模过程中，如发现实际结构混凝土强度并未达到要求，有影响结构安全的质量问题时，应暂停拆模，经妥当处理，等实际强度达到要求后方可继续拆除。

5）已拆除模板及其支架的混凝土结构，应在混凝土强度达到设计要求后，才允许承受全部设计的使用荷载。

6）拆除芯模或预留孔的内模时，应在混凝土强度能保证不发生塌陷和裂缝时，方可进行拆除。

（2）拆模作业之前必须填写拆模申请，并在同条件养护试块强度记录达到规定要求时，技术负责人方可批准拆模。

（3）冬期施工的模板拆除应遵守冬期施工的有关规定，其中主要是要考虑混凝土模板拆除后的保温养护，如果不能进行保温养护，必须暴露在大气中，要考虑混凝土受冻的临界强度。

（4）各类模板拆除的顺序和方法，应根据模板设计的要求进行。如果模板设计无要求时，可按先支的后拆，后支的先拆，先拆非承重的模板，后拆承重的模板及支架的顺序进行。

（5）拆模时下方不能有人，拆模区应设警戒线，以防有人误入。拆除的模板向下运送传递时，一定要做到上下呼应，协调一致。

（6）模板不能采取猛撬以致大片塌落的方法进行拆除。

（7）拆除的模板必须随时清理，以免钉子扎脚、阻碍通行。使用后的木模板应拔除铁钉，分类进库，堆放整齐。露天堆放时，顶面应遮盖防雨篷布。

（8）使用后的钢模、钢构件应及时将粘结物清理洁净，进行必要的维修、刷油、整理合格后，方可运往其他施工现场或入库。

（9）钢模板在装车运输时，不宜超出车栏杆，少量高出部分必须拴牢，零配件应分类装箱，不得散装运输。装车时，应轻搬轻放，不得相互碰撞。卸车时，严禁成捆从车上推下和拆散抛掷。

（10）模板及配件应放入室内或敞棚内，当需露天堆放时，底部应垫高100mm，顶面应遮盖防水篷布或塑料布。

215. 混凝土浇筑施工的安全技术措施要点是什么？

（1）混凝土浇筑作业人员的作业区域内，应按高处作业的有关规定，设置临边、洞口安全防护设施。

（2）混凝土浇筑所使用机械设备的接零（接地）保护、漏电保护装置应齐全有效，作业人员应正确使用安全防护用具。

（3）交叉作业应避免在同一垂直作业面上进行，否则应按规定设置隔离防护设施。

（4）用井架运输混凝土时，应设制动安全装置，升降应有明确信号，操作人员未离开提升台时，不得发长降信号。提升台内停放的手推车不得伸出台外，车辆前后要挡牢。

（5）用料斗进行混凝土吊运时，料斗的斗门在装料吊运前一定要关好卡牢，以防止吊运过程被挤开抛卸。

（6）用溜槽及串筒下料时，溜槽和串筒应固定牢固，人员不得直接站到溜槽帮上操作。

（7）用混凝土输送泵泵送混凝土时，混凝土输送泵的管道应连接和支撑牢固，试送合格后才能正式输送，检修时必须卸压。

（8）有倾倒、掉落危险的浇筑作业应采取相应的安全防护措施。

216. 高处作业的安全控制防范要点是什么？

（1）高处作业起重吊装时，应按规定设置安全措施防止高处坠落。包括各洞口盖严盖牢，临边作业应搭设防护栏杆封挂密目网等。高处作业规范规定："屋架吊装前，应预先在下弦挂设安全网，吊装完毕后，即将安全网铺设固定"。

（2）吊装作业人员必须佩戴安全帽，在高空作业和移动时，必须系牢安全带。

（3）作业人员上下应有专用的爬梯或斜道，不允许攀爬脚手架或建筑物上下。

（4）遇有六级或六级以上强风、浓雾等恶劣气候，不得从事露天高处吊装作业，暴风雨及台风、暴雨后，应对吊装作业安全设施逐一加以检查。

（5）在高处用气割或电焊切割物件时，应采取措施，防止火花飞落伤人。

217. 临边作业的安全控制防范要点是什么？

（1）基坑周边，尚未安装栏杆或栏板的阳台、料台与悬挑平台周边，雨篷与挑檐边，无外脚手架的屋面与楼层周边及水箱与水塔周边等处，都必须设置防护栏杆。

（2）头层墙高度超过3.2m的二层楼面周边，以及无外脚手架的高度超过3.2m的楼层周边必须在外围架设安全平网一道。

（3）分层施工的楼梯口和梯段边，必须安装临时护栏。顶层楼梯口应随工程结构进度安装正式防护栏杆。

（4）井架与施工用电梯和脚手架等与建筑物通道的两侧边，必须设防护栏杆。地面通道上部应装设安全防护棚。双笼井架通道中间，应分隔封闭。

（5）各种垂直运输接料平台，除两侧设防护栏杆外，平台口还应设置安全门或活动防护栏杆。

218. 洞口作业的安全控制防范要点是什么？

（1）板与墙的洞口，必须设置牢固的盖板、防护栏杆、安全网或其他防坠落的防护设施。

（2）电梯井口必须设防护栏杆或固定栅门；电梯井内应每隔两层并最多隔10m设一道安全网。

（3）钢管桩、钻孔桩等桩孔上口，杯形、条形基础上口，未填土的坑槽，以及人孔、天窗、地板门等处，均应按洞口防护设置稳固的盖板。

236

（4）施工现场通道附近的各类洞口与坑槽等处，除设置防护设施与安全标志外，夜间还应设红灯示警。

（5）洞口根据具体情况采取设防护栏杆、加盖板、张挂安全网与装栅门等措施时，必须符合规范要求。

（6）垃圾井道和烟道，应随楼层的砌筑或安装而消除洞口，或参照预留洞口做防护。管道井施工时，还应加设明显的标志。如有临时性拆移，需经施工负责人核准，工作完毕后必须恢复防护设施。

（7）位于车辆行驶道旁的洞口、深沟与管道坑、槽所加盖板应能承受不小于当地额定卡车后轮有效承载力 2 倍的荷载。

（8）墙面等处的竖向洞口，凡落地的洞口应加装开关式、工具式或固定式的防护门，门栅网格的间距不应大于 15cm，也可采用防护栏杆，下设挡脚板（笆）。

（9）下边沿至楼板或底面低于 80cm 的窗台等竖向洞口，如侧边落差大于 2m 时，应加设 1.2m 高的临时护栏。

219. 洞口边缘作业安全管理要求是什么？

（1）基坑（槽）周边，未安装栏板的阳台、上料台与挑平台周边，雨篷与挑檐边，无外脚手架的屋面等周边，板和墙的洞口、电梯口等都必须设置牢固的防护栏杆、盖板或安全网等防护设施。

（2）房屋超过 3.2m，楼顶周边以及无外脚手架高度超过 3.2m 楼层周边，必须在外围架设防护栏杆。

（3）各作业层的楼梯口和梯段边，必须安装临时护栏，顶层楼梯口应随工程进度安装正式护栏，电梯井口必须设置防护栏杆或固定栅门，电梯井内应每隔两层并最多隔 10m 设一道安全网。

（4）井架与施工用电梯等与建筑物通道的两侧边，必须设防护栏杆。地面通道上部应装设安全防护棚。双笼井架通道中间应分隔封闭。

（5）各种垂直运输接料平台，除两侧设防护栏杆外，平台口还应设置安全门或活动防护栏杆。

（6）施工现场通道附近的各类洞口与坑槽等处，除设置防护设施与安全标志外，夜间作业还应设置红灯示警。

（7）现场施工的各工种进行上下立体交叉作业时，不得在同一垂直方向上同时操作，必须上下层交叉作业，应设置安全防护层。

（8）各种栏杆和防护器的规格、材质必须符合脚手架用料要求。必要时可进行结构计算，所设防护要可靠安全。

220. 悬空作业的安全控制防范要点是什么？

（1）悬空作业处应有牢靠的立足处，并必须视具体情况，配置防护栏网、栏杆或其他安全设施。

（2）悬空作业所用的索具、脚手板、吊篮、吊笼、平台等设备，均需经过技术鉴定或检定方可使用。

（3）模板支撑和拆卸时的悬空作业必须遵守下列规定：

1）支模应按规定的作业程序进行，模板未固定前不得进行下一道工序。严禁在连接件和支撑件上攀登上下，并严禁在上下同一垂直面上装、拆模板。结构复杂的模板，装、拆应严格按照施工组织设计的措施进行。

2）支设高度在3m以上的柱模板，四周应设斜撑，并应设立操作平台。低于3m的可使用马凳操作。

3）支设悬挑形式的模板时，应有稳固的立足点。支设临空构筑物模板时，应搭设支架或脚手架。模板上有预留洞时，应在安装后将洞盖没。混凝土板上拆模后形成的临边或洞口，应按《建筑施工高处作业安全技术规范》（JGJ 80）有关章节进行防护。拆模高处作业，应配置登高用具或搭设支架。

（4）钢筋绑扎时的悬空作业必须遵守下列规定：

1）绑扎钢筋和安装钢筋骨架时，必须搭设脚手架和马道。

2）绑扎圈梁、挑梁、挑檐、外墙和边柱等钢筋时，应搭设操作台架和张挂安全网。悬空大梁钢筋的绑扎，必须在满铺脚手板的支架或操作平台上操作。

3）绑扎立柱和墙体钢筋时，不得站在钢筋骨架上或攀登骨架上下。3m 以内的柱钢筋，可在地面或楼面上绑扎，整体竖立；绑扎 3m 以上的柱钢筋，必须搭设操作平台。

（5）混凝土浇筑时的悬空作业必须遵守下列规定：

1）浇筑离地 2m 以上框架、过梁、雨篷和小平台时，应设操作平台，不得直接站在模板或支撑件上操作。

2）浇筑拱形结构，应自两边拱脚对称地相向进行。浇筑储仓，下口应先行封闭，并搭设脚手架以防人员坠落。

3）特殊情况下如无可靠的安全设施，必须系好安全带并扣好保险钩，或架设安全网。

（6）进行预应力张拉的悬空作业时必须遵守下列规定：

1）进行预应力张拉时，应搭设站立操作人员和设置张拉设备用的牢固可靠的脚手架或操作平台，雨天张拉时，还应架设防雨篷。

2）预应力张拉区域应标示明显的安全标志，禁止非操作人员进入，张拉钢筋的两端必须设置挡板，挡板应距所张拉钢筋的端部 1.5 ~ 2m，且应高出最上一组张拉钢筋 0.5m，其宽度应距张拉钢筋两外侧各不小于 1m。

3）孔道灌浆应按预应力张拉安全设施的有关规定进行。

（7）悬空进行门窗作业时必须遵守下列规定：

1）安装门、窗，刷漆及安装玻璃时，严禁操作人员站在橙子、阳台栏板上操作。门、窗临时固定，封填材料未达到强度以及电焊时，严禁手拉门、窗进行攀登。

2）在高处外墙安装门、窗，无外脚手架时，应张挂安全网。无安全网时，操作人员应系好安全带，其保险钩应挂在操作人员上方的可靠物件上。

3）进行各项窗口作业时，操作人员的重心应位于室内，不得在窗台上站立，必要时应系好安全带进行操作。

221. 冬、雨期施工安全管理要求是什么？

（1）冬雨期施工必须严格按照冬、雨期的施工组织方案中的安全措施执行。

（2）雨期施工安全管理要求：

1）雨期前后，要检查现场的临时设施、脚手架、井架、机电设备、临时线路等，发现倾斜、变形、下沉、漏电和漏雨等现象，应及时修理加固，有严重危险的立即排除。

2）在土石方工程中，基槽（坑）的边坡应适当地加大坡度，或对边坡加固及做支撑防护，避免坍塌。

3）施工现场所有的用电设备做好接地（零），防雨、防潮设施要齐全。

4）现场道路应加强维护，斜道和脚手架应做好防滑措施。道路两侧，建筑物、仓库、临时工棚等四周要增挖排水沟。

5）现场的高及凸出的建筑物、构筑物及大型设备等应设置避雷设施。

（3）冬期施工安全管理要求：

1）室外作业人员要穿戴防寒保护用品，严禁私自生火取暖。

2）冬期挖土方时，不得以掏洞方式挖方，如需掏洞挖方应采取支护措施。在砂堆取运砂，绝对不准以掏洞方式进行。

3）施工现场用作混凝土缓冻剂、早强剂的物品要有专人负责管理。严禁将工业用氯化钠作为食盐等问题发生。

4）从事土方、砌筑等作业人员之间应适当增加作业面积。天气寒冷时，室外作业人员要相对减少作业时间，或进行轮换作业。

5）施工现场生产、生活用火，必须有防火要求，并指定专人负责管理。

6）施工现场加热建材的养护混凝土用的锅炉，必须有出厂合格证，并经检验认定后方准使用。司炉人员必须是经过劳动安全监察部门考试核发了特殊工种作业证的人员。

7）混凝土工程采取电热法时，必须注意防止电极与钢筋碰触而引起短路，避免人员触电和发生电火。

8）下雪应及时清扫现场道路、架上的积雪，作业时不得有冰雪。操作人员穿的鞋必须防滑。

222. 工地防火安全管理要求是什么？

（1）施工现场使用明火作业必须报经有关部门批准后，方可用火。

（2）施工现场应划分用火区，易燃、易爆材料堆放场，仓库，易燃废品集中点和生活区等。各区之间的距离应符合防火规定。

（3）现场仓库、木工棚及易燃易爆物品堆放处等，应张贴（悬挂）醒目的防火标志。

（4）施工现场必须配备足够数量的防火、灭火设施和器材。这些砂箱、铁锹、安全钩、灭火器应放置在明显便于进行消防的位置。较大的工地应设消防栓。

（5）建立完善的施工现场的防火制度，健全严密的消防组织，落实责任人及划分责任区。

（6）规模大的施工现场要抽选相当数量的人员，进行消防专业知识培训后，作为工地兼职消防队伍，以应急防患。

223. 建设项目安全管理应遵守的程序是什么？

（1）确定施工安全目标。

（2）编制项目安全保证计划。

（3）项目安全计划实施。

（4）项目安全保证计划验证。

（5）持续改进。

（6）兑现合同承诺。

224. 建设项目施工安全验收制度具体要求是什么？

（1）建设项目施工安全验收原则

坚持"验收合格才能使用"的原则。

（2）建设项目施工安全验收范围

1）各类脚手架、井字架、龙门架、堆料架。

2）临时设施及沟槽支撑与支护。

3）支搭好的水平安全网和立网。

4）临时电气工程设施。

5）各种起重机械、路基轨道、施工电梯及中小型机械设备。

6）安全帽、安全带和护目镜、防护面罩、绝缘手套、绝缘鞋等个人防护用品。

（3）建设项目施工安全验收程序

1）脚手架杆件、扣件、安全网、安全帽、安全带以及其他个人防护用品，应有出厂证明或验收合格的凭据，由项目经理、技术负责人、施工队长共同审验。

2）各类脚手架、堆料架、井字架、龙门架和支搭的安全网、立网由项目经理或技术负责人申报支搭方案并牵头，会同工程和安全主管部门进行检查验收。

3）临时电气工程设施，由安全主管部门牵头，会同电气工程师、项目经理、方案制定人、安全员进行检查验收。

4）起重机械、施工用电梯由安装单位和使用工地的负责人牵头，会同有关部门检查验收。

5）工地使用的中小型机械设备，由工地技术负责人和工长牵头，进行检查验收。

6）所有验收，必须办理书面确认手续，否则无效。

225. 施工现场安全事故处理应符合哪些规定？

（1）安全事故处理必须坚持"事故原因不清楚不放过，事故责任者没有受到教育不放过，事故责任者没有处理不放过，没有制定防范措施不放过"的原则。

（2）安全事故处理的程序。

1）报告安全事故。安全事故发生后，受伤者或最先发现事故的人员应立即用最快的传递手段，将发生事故的时间、地点、伤亡人数、事故原因等情况，上报至企业安全主管部门。企业安全主管部门视事故造成的伤亡人数或直接经济损失的情况，按规定向政府主管部门报告。

2）事故处理。抢救伤员、排除险情、防止事故蔓延扩大，做好标识，保护好现场。

3）事故调查。安全、技术质量等部门人员组成调查组，开展调查。

4）调查报告。调查组应把事故发生的经过、原因、性质、损失责任、处理意见、纠正和预防措施撰写成调查报告，并经调查组全体人员签字确认后报企业安全主管部门。

226. 《建设工程安全生产管理条例》对生产安全事故的应急救援作了哪些相关规定？

（1）《建设工程安全生产管理条例》对生产安全事故的应急救援相关规定

1）施工单位应当制定本单位生产安全事故应急救援预案，建立应急救援组织或者配备应急救援人员，配备必要的应急救援器材、设备，并定期组织演练。

2）施工单位应当根据建设工程施工的特点、范围，对施工现场易发生重大事故的部位、环节进行监控，制定施工现场生产安全事故应急救援预案。

①实行施工总承包的，由总承包单位统一组织编制建设工程生产安全事故应急救援预案。

②工程总承包单位和分包单位按照应急救援预案，各自建立应急救援组织或者配备应急救援人员，配备救援器材、设备，并定期组织演练。

3）施工单位发生生产安全事故，应当按照国家有关伤亡事故报告和调查处理的规定，及时、如实地向负责安全生产监督管理的部门、建设行政主管部门或者其他有关部门报告；特种设备发生事故的，还应当同时向特种设备安全监督管理部门报告。接到报告的部门应当按照国家有关规定，如实上报。

实行施工总承包的建设工程，由总承包单位负责上报事故。

4）发生生产安全事故后，施工单位应当采取措施防止事故扩大，保护事故现场。需要移动现场物品时，应当做出标记和书面记录，妥善保管有关证物。

（2）落实安全生产责任事故应急救援具体措施

1）县级以上地方各级人民政府应当组织有关部门制定本行政区域内特大生产安全事故应急救援预案，建立应急救援体系。

2）危险物品的生产、经营、储存单位以及矿山、建筑施工单位应当建立应急救援组织；生产经营规模较小、可以不建立应急救援组织的，应当指定兼职的应急救援人员。

3）危险物品的生产、经营、储存单位以及矿山、建筑施工单位，应当配备必要的应急救援器材、设备，并进行经常性维护、保养，保证其正常运转。

（3）施工过程中事故隐患的控制

1）对存在隐患的安全设施、过程和行为进行控制，确保不合格设施不使用；不合格物资不放行；不合格过程不通行。组装完毕后应进行检查验收。

2）确定对事故隐患进行处理的人员，规定其职责和权限。

3）事故隐患的处理方式。

①停止使用、封存。

②指定专人进行整改以达到规定要求。

③进行返工，以达到规定要求。

④对有不安全行为的人员进行教育或处罚。

⑤对不安全生产的过程重新组织。

4）验证。

①项目经理部安检部门必要时对存在隐患的安全实施、安全防护用品整改效果进行验证。

②对上级部门提出的重大事故隐患，应由项目经理部组织实施整改，由企业主管部门进行验证，并报上级检查部门备案。

244

227. 建设工程施工质量应按什么要求进行验收？

（1）建设工程施工质量应符合《建筑工程施工质量验收统一标准》和相关专业验收规范的规定。

（2）建设工程施工应符合工程勘察、设计文件的要求。

（3）参加建设工程施工质量验收的各方人员应具备规定的资格。

（4）工程质量的验收均应在施工单位自行检查评定的基础上进行。

（5）隐蔽工程在隐蔽前应由施工单位通知有关单位进行验收，并应形成验收文件。

（6）涉及结构安全的试块、试件以及有关材料，应按规定进行见证取样检测。

（7）检验批的质量应按主控项目和一般项目验收。

（8）对涉及结构安全和使用功能的重要分部工程应进行抽样检测。

（9）承担见证取样检测及有关结构安全检测的单位应具有相应资质。

（10）工程的观感质量应由验收人员通过现场检查，共同确认。

228. 检验批质量验收应符合哪些规定？

（1）检验批是工程质量验收的基本单元。检验批通常是按下列原则划分。

1）检验批内质量均匀一致，抽样应符合随机性和真实性的原则。

2）贯彻过程控制的原则，按施工次序、便于质量验收和控制关键工序质量的需要划分检验批。

（2）检验批的质量验收应包括如下内容。

1）实物检查，按下列方式进行：

①对原材料、构配件和器具等产品的进场复验，应按进场的批次和产品的抽样检验方案执行。

②对混凝土强度、预制构件结构性能等，应按国家现行有关标准执行。

③对规范中采用计数检验的项目，应按抽查总点数的合格点率进行检查。

2）资料检查，包括原材料、构配件和器具等的产品合格证（中文质量合格证明文件、规格、型号及性能检测报告等）及进场复验报告、施工过程中重要工序的自检和交接检验记录、抽样检验报告、见证检测报告、隐蔽工程验收记录等。

（3）根据《建筑工程施工质量验收统一标准》GB 50300—2001的规定，检验批质量验收时可选择经实践检验有效的抽样方案。

1）检验批的质量检验，应根据检验项目的特点在下列抽样方案中进行选择：

①计量、计数或计量-计数等抽样方案。

②一次、二次或多次抽样方案。

③根据生产连续性和生产控制稳定性情况，尚可采用调整性抽样方案。

④对重要的检验项目当可采用简易快速的检验方法时，可选用全数检验方案。

⑤经实践检验有效的抽样方案。

2）在制定检验批的抽样方案时，对生产方风险（或错判概率 α）和使用方风险（或漏判概率 β）可按下列规定采取：

①主控项目。对应于合格质量水平的 α 和 β 均不宜超过5%。

②一般项目。对应于合格质量水平的 α 不宜超过5%，β 不宜超过10%。

（4）检验批合格质量应符合下列规定：

1）主控项目的质量经抽样检验合格。

2）项目的质量经抽样检验合格；当采用计数检验时，除有专门要求外，一般项目的合格点率达到80%及以上，且不得有严重缺陷。

3）具有完整的施工操作依据和质量验收记录。

对验收合格的检验批，宜做出合格标志。

（5）检验批的检查层次为：生产班组的自检、交接检；施工单位质量检验部门的专业检查和评定；监理单位（建设单位）组织的检验批验收。

（6）在施工过程中，前一工序的质量未得到监理单位（建设单位）的检查认可，不应进行后续工序的施工，以免质量缺陷累积，造成更大损失。

（7）根据有关规定和工程合同的约定，对工程质量起重要作用或有见证的检验项目，应由各方参与进行见证检测，以确保施工过程中的关键质量得到控制。

229. 分项工程质量验收合格应符合哪些规定？

（1）分项工程划分的原则

1）按主要工种、材料、施工工艺、设备类别等进行划分。

2）建设工程分项工程的具体划分见《建筑工程施工质量验收统一标准》。

（2）分项工程合格质量应符合的规定

1）分项工程所含的检验批均应符合合格质量规定。

2）分项工程所含的检验批的质量验收记录应完整。

（3）分项工程质量合格的条件

1）分项工程的验收在检验批的基础上进行。

2）构成分项工程的各检验批的验收资料文件完整，并且均已验收合格，则分项工程验收合格。

（4）分项工程质量达不到合格标准的处理

1）全部或局部返工重做，可重新评定质量等级。质量等级按标准规定可以是合格，也可以申报优良。

2）经加固补强或经检测单位鉴定能够达到设计要求的，分项工程质量处理后，都只能评定为合格等级，不能申报优良。

3）经法定检测单位鉴定，工程质量虽未达到设计要求，但经设计单位签字认可，能满足结构安全及使用功能要求，而不加固补强的或加固补强改变了外形尺寸或造成永久性缺陷的，分项工程质量处理后，分项工程可定为合格，但所在分部工程质量不能评为优良。

（5）分项工程的质量验收程序和组织要求

1）分项工程在承包单位自检合格后，填写分项工程的质量验收记录，申报验收。

2）监理工程师（建设单位专业技术负责人）组织施工单位项目专业技术负责人等进行验收。

230. 分部（子分部）工程质量验收合格应符合哪些规定？

（1）分部工程划分的原则

1）按专业性质、建筑部位确定。如建筑工程划分为地基与基础、主体结构、建筑装饰装修、建筑屋面、建筑给水排水及采暖、建筑电器、智能建筑、通风与空调、电梯等九个分部工程。

2）当分部工程较大或较复杂时，可按材料种类、施工特点、施工程序、专业系统及类别等划分为若干个子分部工程。

（2）分部工程合格质量应符合的规定

1）分部（子分部）工程所含分项工程的质量均应验收合格。

2）质量控制资料应完整。

3）地基与基础、主体结构和设备安装等分部工程有关安全及功能的检验和抽样检测结果应符合有关规定。

4）观感质量验收应符合要求。

（3）分部工程质量合格的条件

1）分部工程中的各分项工程必须已验收，且相应的质量控制资料文件必须完整，这是验收的基本条件。

2）涉及安全和使用功能的地基基础、主体结构、有关安全及重要使用功能的安装分部工程，应进行有关见证取样送样试验或抽样检测。

3）观感质量验收。以观察、触摸、敲击或简单量测的方式进行，并由检查人员凭个人的经验和主观印象判断，检查结果不给出："合格"或"不合格"的结论，而是综合给出质量评价。评价的结论为"好"、"一般"和"差"三种，对于差的检查点应通过返修处理等进行补救。

（4）分部工程质量达不到合格标准的处理

1）经返修或加固的分部工程，虽然改变外形尺寸，但仍能满足安全使用要求，可按技术处理方案和协商文件进行验收。

2）通过返修或加固仍不能满足安全使用要求的分部工程，严禁验收。

（5）分部工程的质量验收程序和组织要求

1）分部（子分部）工程质量验收时，承包单位必须在分部（子分部）工程完成后，①填报质量验收申请表并附有相关质量评定标准要求的资料；②填写分部（子分部）工程验收记录表，申报验收。

2）总监理工程师（建设单位项目负责人）组织施工单位的项目负责人和技术、质量负责人及有关人员进行验收。

3）对于地基基础、主体结构的主要技术性能要求严格、技术性强的分部工程，勘察、设计单位的工程项目负责人应参加相关的工程质量验收，并邀请质量监督部门代表参加。

4）监理单位应根据在日常监控过程中所掌握的施工质量资料和实测资料、质保资料的核查情况写出该分部工程质量评估书。

231. 单位（子单位）工程质量验收合格应符合哪些规定？

（1）单位工程划分的原则

1）具备独立施工条件并能形成独立使用功能的建筑物及构筑物为一个单位工程。

2）规模较大的单位工程，可将其能形成独立使用的部分划分为一个子单位工程。

3）室外工程可根据专业类别和工程规模划分单位（子单位）工程。

（2）单位工程合格质量应符合的规定

1）单位（子单位）工程所含分部（子分部）工程的质量应验收合格。

2）质量控制资料应完整。

3）单位（子单位）工程所含分部工程有关安全和功能的检验资料应完整。

4）主要功能项目的抽查结果应符合相关专业质量验收规范的规定。

5）观感质量验收应符合要求。

6）单位工程质量验收也称质量竣工验收，除构成单位工程的各分部工程应该合格，并且有关的资料文件应完整外，还应进行以下三方面的检查。

①涉及安全和使用功能的分部工程应进行检验资料的复查。不仅要全面检查其完整性（不得有漏检缺项），而且对分部工程验收时补充进行的见证抽样检验报告也要复核。

②对主要使用功能还需进行抽查。在分项、分部工程验收合格的基础上，竣工验收时再作全面检查。抽查项目是在检查资料文件的基础上由参加验收的各方人员商定，并用计量、计数的抽样方法确定检查部位。检查要求按有关专业工程施工质量验收标准的要求进行。

③由参加验收的各方人员共同进行观感质量检查。检查的方法、内容、结论等应在分部工程的相应部分中阐述，最后共同确定是否通过验收。

（3）单位工程质量合格的条件

1）构成单位工程的各分部工程应该合格，并且有关的资料文件应完整。

2）涉及安全和使用功能的分部工程应进行检验资料的复查。

3）对主要使用功能还要进行抽查。抽查项目在检查资料文件的基础上由参加验收的各方人员协商决定，检查要求按有关专业工程施工质量验收标准的要求进行，并用计量、计数的抽样方法确定检查部位。

4）对观感质量检查须有参加验收的各方人员共同进行。

（4）单位工程的验收程序与组织

1）竣工初验收的程序

①单位工程达到竣工验收条件后，承包单位应在自检、自评的基础上，填写工程竣工报验单，并将全部竣工资料报送项目监理机构，申请竣工验收。

②总监理工程师组织各专业监理工程师对竣工资料及各专业工程的质量情况进行全面检查。检查出问题，应督促承包单位及时整改。

③对竣工资料及实物全面检查，验收合格后，由总监理工程师签署工程竣工报验单，并向建设单位提出质量评估报告。

2）正式验收的程序

①建设单位收到工程验收报告后，由建设单位（项目）负责人组织施工（含分包单位）、设计、监理等单位（项目）负责人进行单位（子单位）工程验收。

②单位工程由分包单位施工时，分包单位对所承包的工程项目应按标准规定的程序检查评定，总承包单位应派人参加。分包工程完成后，应将工程有关资料交总包单位。

③当参加验收各方对工程质量验收意见不一致时，可请当地建设行政主管部门或工程质量监督机构协调处理。

④单位工程质量验收合格后，建设单位应在规定的时间内将工程竣工验收报告和有关文件，报建设行政管理部门备案。

（5）单位工程的质量验收记录

1）施工单位填写

①单位（子单位）工程质量竣工验收记录表。

②单位（子单位）工程质量控制资料核查记录表。

③单位（子单位）工程安全和功能检验资料核查及主要功能抽查记录表（抽查项目由验收组协商确定）。

④单位（子单位）工程观感质量检查记录表（质量评价为差的项目，应进行返修）。

2）监理（建设）单位填写验收结论。

3）综合验收结论由参加验收各方共同商定，由建设单位填写。填写时应对工程质量是否符合设计和规范要求及总体质量水平做出评价。

232. 建筑节能分部工程验收应符合哪些规定？

（1）建筑节能分部工程验收的组织应符合下列规定：

1）节能工程的检验批验收和隐蔽工程验收应由监理工程师主持，施工单位相关专业的质量检查员与施工员参加。

2）节能分项工程验收应由监理工程师主持，施工单位项目技术负责人和相关专业的质量检查员、施工员参加，必要时可邀请设计单位相关专业的人员参加。

3）节能分部工程验收应由总监理工程师（建设单位项目负责人）主持，施工单位项目经理、项目技术负责人和相关专业的质量检查员、施工员参加，施工单位的质量或技术负责人应参加，设计单位节能设计人员应参加。

（2）建筑节能工程验收的程序

1）施工单位自检评定，由项目经理和施工单位负责人签字。

2）监理单位进行节能工程质量评估。

3）建筑节能分部工程验收。

由监理单位总监理工程师（建设单位项目负责人）主持验收会议，组织施工单位的相关人员、设计单位节能设计人员对节能工程质量进行检查验收。验收各方对工程质量进行检查，提出整改意见。

建筑节能质量监督管理部门的验收监督人员到施工现场对节

能工程验收的组织形式、验收程序、执行验收标准等情况进行现场监督。

4）施工单位按验收意见进行整改。

5）节能工程验收结论。

6）验收资料归档。

（3）建筑节能工程专项验收应注意事项

1）建筑节能工程验收重点是检查建筑节能工程效果是否满足设计及规范要求。

2）工程项目存在以下问题之一的，监理单位不得组织节能工程验收。

①未完成建筑节能工程设计内容的。

②隐蔽验收记录等技术档案和施工管理资料不完整的。

③工程使用的主要建筑材料、建筑构配件和设备未提供进场检验报告的，未提供相关的节能性能检测报告的。

④工程存在违反强制性条文的质量问题而未整改完毕的。

⑤对监督机构发出的责令整改内容未整改完毕的。

⑥存在其他违反法律、法规行为而未处理完毕的。

233. 竣工验收应包括那些具体条件？

（1）建设工程竣工验收的主体

1）《建设工程质量管理条例》规定，建设单位收到建设工程竣工报告后，应当组织设计、施工、工程监理等有关单位进行竣工验收。

2）对工程进行竣工检查和验收，是建设单位法定的权利和义务。

（2）竣工验收应当具备的条件

《建筑法》规定，交付竣工验收的建设工程，必须符合规定的建设工程质量标准，有完整的工程技术经济资料和经签署的工程保修书，并具备国家规定的其他竣工条件。建设工程竣工经验收合格后，方可交付使用；未经验收或者验收不合格的，不得交付使用。

《建设工程质量管理条例》进一步规定，建设工程竣工验收应当具备下列条件：

1）完成建设工程设计和合同约定的各项内容。

2）有完整的技术档案和施工管理资料。

3）有工程使用的主要建筑材料、建筑构配件和设备的进场试验报告。

4）有勘察、设计、施工、工程监理等单位分别签署的质量合格文件。

5）有施工单位签署的工程保修书。建设工程经验收合格的，方可交付使用。

（3）完成建设工程设计和合同约定的各项内容是指：

建设工程设计和合同约定的内容，主要是指设计文件所确定的以及承包合同"承包人承揽工程项目一览表"中载明的工作范围，也包括监理工程师签发的变更通知单中所确定的工作内容。

（4）有完整的技术档案和施工管理资料，主要包括以下档案和资料：

1）工程项目竣工验收报告。

2）分项、分部工程和单位工程技术人员名单。

3）图纸会审和技术交底记录。

4）设计变更通知单，技术变更核实单。

5）工程质量事故发生后调查和处理资料。

6）隐蔽验收记录及施工日志。

7）竣工图。

8）质量检验评定资料等。

9）合同约定的其他资料。

234. 如何组织竣工验收备案工作？

《建设工程质量管理条例》规定，建设单位应当自建设工程竣工验收合格之日起 15 日内，将建设工程竣工验收报告和规划、公安消防、环保等部门出具的认可文件或者准许使用文件报建设行政主管部门或者其他有关部门备案。

（1）竣工验收备案的时间及须提交的文件

建设单位应当自工程竣工验收合格之日起 15 日内，向工程所在地的县级以上地方人民政府建设行政主管部门（以下简称备案机关）备案。

（2）建设单位办理工程竣工验收备案应当提交下列文件：

1）工程竣工验收备案表。

2）工程竣工验收报告。

3）法律、行政法规规定应当由规划、环保等部门出具的认可文件或者准许使用文件。

4）法律规定应当由公安、消防部门出具的对大型的人员密集场所和其他特殊建设工程验收合格的证明文件。

5）施工单位签署的工程质量保修书。

6）法规、规章规定必须提供的其他文件。住宅工程还应当提交《住宅质量保证书》和《住宅使用说明书》。

235. 当工程施工质量不符合要求时如何处理？

一般情况下，不合格现象在检验批的验收时就应发现并及时处理，所有质量隐患必须尽快消灭在萌芽状态，否则将影响后续检验批和相关的分项工程、分部工程的验收。但非正常情况下可按下述规定进行处理：

（1）经返工重做或更换器具、设备检验批，应重新进行验收。这种情况是指主控项目不能满足验收规范规定或一般项目超过偏差限制的子项不符合检验规定的要求时，应及时进行处理的检验批。其中，严重的缺陷应推倒重来；一般的缺陷通过返修或更换器具、设备予以解决，应允许施工单位在采取相应的措施后重新验收。如能符合相应的专业工程质量验收规范，则应认为该检验批合格。

（2）经有资质的检测单位鉴定达到设计要求的检验批，应予以验收。这种情况是指个别检验批发现试块强度等不满足要求等问题，难以确定是否验收时，应请具有资质的法定检测单位检测，当鉴定结果能够达到设计要求时，该检验批应允许通过验收。

（3）经有资质的检测单位鉴定达不到设计要求但经原设计单位核算认可能满足结构安全和使用功能的检验批，可予以验收。这种情况一般是指，规范标准给出了满足安全和功能的最低限度要求，而设计往往在此基础上留有一些余量。不能满足设计要求和符合相应规范标准的要求，两者并不矛盾。

（4）经返修或加固的分项、分部工程，虽然改变外形尺寸但仍能满足安全使用要求，可按技术处理方案和协商文件进行验收。

这种情况是指更为严重缺陷或范围超过检验批的更大范围内的缺陷，可能影响结构的安全性和使用功能。如经法定检测单位检测鉴定后认为达不到规范标准的相应要求，即不能满足最低限度的安全储备和使用功能，则必须按一定的技术方案进行加固处理，使之能保证满足安全使用的基本要求。这样会造成一些永久性的缺陷，如改变结构的外形尺寸，影响一些次要的使用功能等。为了避免社会财富更大的损失，在不影响安全和主要使用功能条件下可按处理技术方案和协商文件进行验收，但不能作为轻视质量而回避责任的一种出路，这是应该特别注意的。

（5）通过返修或加固仍不能满足安全使用要求的分部工程、单位（子单位）工程，严禁验收。

236. 如何区分工程质量不合格、工程质量问题与质量事故？

根据国际标准化组织（ISO）和我国有关质量、质量管理和质量保证标准的定义，凡工程产品质量没有满足某个规定的要求，就称之为质量不合格。

根据 1989 年建设部颁布的第 3 号令《工程建设重大事故报告和调查程序规定》和 1990 年建设部建工字第 55 号文件关于第

3 号部令有关问题的说明：凡是工程质量不合格，必须进行返修、加固或报废处理，由此造成直接损失低于 5000 元的称为质量问题；直接经济损失在 5000 元（含 5000 元）以上的称为工程质量事故。

由于影响建设工程质量的因素众多而且复杂多变，建设工程在施工和使用过程中往往会出现各种各样不同程度的质量问题，甚至质量事故。监理工程师应学会区分工程质量不合格、质量问题和质量事故。应准确判定工程质量不合格、正确处理工程质量不合格和工程质量问题的基本方法和程序。了解工程质量事故处理的程序，在工程质量事故处理过程中如何正确对待有关各方，并应掌握工程质量事故处理方案，确定基本方法和处理结果的鉴定验收程序。

237. 工程质量问题处理的方式和程序是什么？

工程质量问题是由工程质量不合格或工程质量缺陷引起，在任何工程施工过程中，由于种种主观和客观原因，出现不合格项或质量问题往往难以避免。为此，作为监理工程师必须掌握如何防止和处理施工中出现的不合格项和各种质量问题。对已发生的质量问题，应掌握其处理程序。

（1）处理方式

在各项工程的施工过程中或完工以后，现场监理人员如发现工程项目存在着不合格项或质量问题，应根据其性质和严重程度按如下方式处理：

1）当施工而引起的质量问题在萌芽状态，应及时制止，并要求施工单位立即更换不合格材料、设备或不称职人员，或要求施工单位立即改变不正确的施工方法和操作工艺。

2）当因施工而引起的质量问题已出现时，应立即向施工单位发出《监理通知》；要求其对质量问题进行补救处理，并采取足以保证施工质量的有效措施后，填报《监理通知回复单》报送监理单位。

3）当某道工序或分项工程完工后，出现不合格项，监理工程师应填写《不合格项处置记录》，要求施工单位及时采取措施予以整改。监理工程师应对其补救方案进行确认，跟踪处理过程，对处理结果进行验收，否则不允许进行下道工序或分项的施工。

4）在交工使用后的保修期内发现的施工质量问题，监理工程师应及时签发《监理通知》，指令施工单位进行修补、加固或返工处理。

（2）处理程序

发现工程质量问题，监理工程师应按以下程序进行处理：

1）当发生工程质量问题时，监理工程师首先应该判断其严重程度。对可以通过返修或返工弥补的质量问题可签发《监理通知》，责成施工单位写出问题调查报告，提出处理方案，填写《监理通知回复单》报送监理工程师审核后，批复承包单位处理，必要时应经建设单位和设计单位认可，处理结果应重新进行验收。

2）对需要加固补强的质量问题，或质量问题的存在影响下道工序和分项工程的质量时，应签发《工程暂停令》，指令施工单位停止有质量问题部位和与其有关部位及下道工序的施工。必要时，应要求施工单位采取防护措施，责成施工单位写出质量问题调查报告，由设计单位提出处理方案，并征得建设单位同意，批复承包单位处理。处理结果应重新进行验收。

3）施工单位接到《监理通知》后，在监理工程师的组织参与下，尽快进行质量问题调查并完成报告编写。

调查的主要目的是明确质量问题的范围、程度、性质、影响和原因，为问题处理提供依据，调查应力求全面、详细、客观、准确。调查报告主要内容应包括：

①与质量问题相关的工程情况。

②质量问题发生的时间、地点、部位、性质、现状及发展变化等详细情况。

③调查中的有关数据和资料。

④原因分析与判断。

⑤是否需要采取临时防护措施。

⑥质量问题处理与补救的建议方案。

⑦涉及的有关人员和责任及预防该质量问题重复出现的措施。

4）监理工程师审核、分析质量问题调查报告，判断和确认质量问题产生的原因。

原因分析是确定处理措施方案的基础，正确的处理来源于对原因的正确判断。只有对调查提供的充分的资料、数据进行详细深入的分析后，才能由表及里，去伪存真，找出质量问题的真正起源点。必要时，监理工程师应组织设计、施工、供货和建设单位各方共同参加分析。

在原因分析的基础上，认真审核质量问题处理方案。

质量问题处理方案应以原因分析为基础，如果某些问题一时认识不清，且一时不致产生严重恶化，可以继续进行调查、观测，以便掌握更充分的资料和数据，做进一步分析，找出起源点，方可确认处理方案，避免急于求成造成反复处理的不良后果。监理工程师审核确认处理方案应牢记：安全可靠，不留隐患。满足建筑物的功能和使用要求，技术可行，经济合理原则。针对确认不需专门处理的质量问题，应能保证它不构成对工程安全的危害，且满足安全和使用要求，并必须征得设计和建设单位的同意。

指令施工单位按既定的处理方案实施处理并进行跟踪检查。

发生的质量问题不论是否由于施工单位原因造成，通常都是先由施工单位负责实施处理。对因设计单位原因等非施工单位责任引起的质量问题，应通过建设单位要求设计单位或责任单位提出处理方案，处理质量问题所需的费用或延误的工期，由责任单位承担，若质量问题属施工单位责任，施工单位应承担各项费用损失和合同约定的处罚，工期不予顺延。

质量问题处理完毕，监理工程师应组织有关人员对处理的结果进行严格的检查、鉴定和验收，写出质量问题处理报告，报建设单位和监理单位存档。主要内容包括：

①基本处理过程描述。

②调查与核查情况，包括调查的有关数据、资料。

③原因及结果分析。

④处理的依据。

⑤审核认可的质量问题处理方案。

⑥实施处理中的有关原始数据、验收记录、资料。

⑦对处理结果的检查、鉴定和验收结论。

⑧质量问题处理结论。

第七篇　建设工程监理质量控制

238. 建设工程监理质量控制的含义是什么？

（1）质量控制的目标

指通过有效的质量控制工作和具体的质量控制措施，在满足投资和进度要求的前提下，实现工程预定的质量目标。

建设工程的质量目标又是通过合同加以约定的，但必须保证符合国家现行的关于工程质量的法律、法规、技术标准和规范等的有关规定，尤其是强制性标准的规定。

（2）系统控制

1）避免不断提高质量目标的倾向。

2）确保基本质量目标的实现。

3）尽可能发挥质量控制对投资目标和进度目标的积极作用。

（3）全过程控制

1）应根据建设工程各阶段质量控制的特点和重点，确定各阶段质量控制的目标和任务，以便实现全过程质量控制。

①在设计阶段。主要解决"做什么"和"如何做"的问题，使建设工程总体质量目标具体化。

②在施工招标阶段。主要解决"谁来做"的问题，使工程质量目标的实现落实到承包商。

③在施工阶段。通过施工组织设计等文件，进一步解决"如何做"的问题，通过具体的施工解决"做出来"的问题，使建设工程形成实体，将工程质量目标物化地体现出来。

④在竣工验收阶段。主要解决工程实际质量是否符合预定质

量的问题。

⑤在保修阶段。主要解决已发现的质量缺陷问题。

2）要将设计质量的控制落实到设计工作的过程中

设计质量的概念，就是在严格遵守技术标准、法规的基础上，正确处理和协调资金、资源、技术、环境条件的制约，使设计项目能更好地满足业主所需要的功能和使用价值，充分发挥项目投资的经济效益。

设计过程表现为设计内容不断深化和细化的过程。因此监理工程师在经过对业主提出的总投资、总进度和质量目标进行充分论证的前提下，编制设计大纲，并跟踪设计。

3）要将施工质量的控制落实到施工各个阶段的过程中

房屋建筑的施工阶段一般分为基础工程、上部结构工程、安装工程和装饰工程等几个阶段。

施工阶段质量控制是一个对投入的资源和条件的质量控制（事前控制），进而对生产过程及各个环节进行质量控制（事前控制），直到对所完成的产品质量进行最终检验（事后控制）为止的全过程的系统控制过程。

（4）全方位控制

1）对建设工程所有工程内容的质量进行控制。

2）对建设工程质量目标的所有内容进行控制。

3）对影响建设工程质量目标的所有因素进行控制。

239. 建设工程施工质量控制的依据包括哪些内容？

（1）工程合同文件。

（2）设计文件。

（3）国家及政府有关部门颁布的有关质量管理方面的法律、法规性文件。

（4）有关质量检验与控制的专门技术法规性文件：

1）工程项目施工质量验收标准。

2）有关工程材料、半成品和构配件质量控制方面的专门技术法规。

3）有关材料及其制品质量的技术标准。

4）有关材料或半成品等的取样、试验等方面的技术标准或规程，如钢材的机械及工艺试验取样法，水泥安定性检验方法等。

5）有关材料验收、包装、标志方面的技术标准和规定。

6）控制施工作业活动质量的技术规程。

7）有关新工艺、新技术、新材料的质量标准和施工工艺规程。

240. 基坑工程降低地下水位应采取哪些具体措施？

基坑工程中采取降低地下水位的措施应满足下列要求：

（1）施工中地下水位应保持在基坑底面下 0.5～1.5m。

（2）降水过程中应防止渗透水流的不良作用。

（3）深层承压水可能引起突涌时，应采取降低基坑下的承压水头的减压措施。

（4）应对可能影响的既有建（构）筑物、道路和地下管线等设施进行监测，必要时，应采取防护措施。

241. 集水明排质量检验标准应符合哪些规定？

（1）排水沟和集水井宜布置在拟建建筑基础边净距 0.4m 以外，排水沟边缘离开边坡坡脚不应小于 0.3m，在基坑四角或每隔 30～40m 应设一个集水井。

（2）单独使用集水井明排时，降水深度不宜大于 5m。

（3）排水沟底面应比挖土面低 0.3～0.4m，集水井底面应比沟底面低 0.5m 以上。

（4）集水明排质量检验标准应符合表 7-1 的规定。

表 7-1　集水明排质量检验标准

项	序	检查项目	允许偏差或允许值	检查方法
一般项目	1	排水沟坡度	1‰ ~ 2‰	目测：坑内不积水，沟内排水畅通
	2	集水井间距（与设计相比）	≤150mm	用钢尺量
	3	集水井深度（与设计相比）	≤200mm	水准仪
	4	排水沟底宽	≥400mm	用钢尺量
	5	排水沟深度	300 ~ 600mm	水准仪
	6	排水沟边坡坡度	1 : 1.00 ~ 1 : 1.50	用钢尺量
	7	集水井砾石填灌（与计算值相比）	≤5%	检查回填料用量

242. 轻型井点降水质量标准应符合哪些规定？

（1）井点冲孔深度应比滤管底端深 0.5m 以上，冲孔直径应不小于 300mm。

（2）井点滤网和砂滤料应根据土质条件选用，当土层为砂质粉土或粉砂时，一般可选用 60 ~ 80 目的滤网，砂滤料可选中粗砂。

（3）集水总管、滤管和泵的位置及标高应正确。

（4）井点系统各部件均应安装严密，防止漏气。

（5）在抽水过程中，应定时观测水量、水位、真空度。

（6）轻型井点降水质量标准应符合表 7-2 的规定。

表 7-2　轻型井点降水质量标准

项	序	检查项目	允许偏差或允许值	检查方法
一般项目	1	井点真空度	>60kPa	真空度表
	2	井径	±50mm	钢尺量
	3	井点插入深度（与设计相比）	≤200mm	水准仪
	4	过滤砂砾料填灌（与计算值相比）	≤5%	检查回填土料用量
	5	井点垂直度	1%	插管时目测
	6	洗井效果	满足设计要求	目测
	7	井点间距（与设计相比）	≤150mm	用钢尺量

243. 基坑降水工程施工质量验收必须具备哪些资料?

基坑降水工程施工质量验收必须具备的资料:

(1)岩土工程勘察报告。

(2)邻近建筑物和地下设施类型、分布及结构质量情况记录。

(3)基坑降水工程设计图纸、设计要求、设计交底、设计变更及洽商记录。

(4)基坑降水分项工程施工组织设计或施工方案、技术交底记录。

(5)工程定位测量记录。

(6)施工记录。

(7)各种原材料出厂合格证和试验报告。

(8)检验批、分项工程质量验收记录。

(9)工程竣工图。

244. 高层建筑施工遇到什么情况时应布置现场监测?

现场监测应根据委托方要求、工程性质、施工场地条件与周围环境受影响程度有针对性地进行,高层建筑施工遇下列情况时应布置现场监测:

(1)基坑开挖施工引起周边土体位移、坑底土隆起危及支挡结构、相邻建筑和地下管线设施的安全时。

(2)地基加固或打入桩施工时,可能危及相邻建筑和地下管线,并对周围环境有影响时。

(3)当地下水位的升降影响岩土的稳定时,当地下水位上升对构筑物产生浮托力或对地下室和地下构筑物的防潮、防水产生较大影响时。

(4)需监测建筑施工和使用过程中的沉降变化情况时。

245. 基坑工程监测应包括哪些内容？

基坑工程监测一般包括下列内容，应根据工程情况、有关规范和设计要求选择部分或全部进行：

（1）支挡结构的内力、变形和整体稳定性。

（2）基坑内外土体和邻近地下管线的水平、竖向位移、邻近建筑物的沉降和裂缝。当基坑开挖较深、面积较大时，宜进行基坑卸荷回弹观测。

（3）基坑开挖影响范围内的地下水位、孔隙水压力的变化。

（4）有无渗漏、冒水、管涌、冲刷等现象发生。

246. 建筑物地基的施工质量一般应满足哪些规定？

（1）建筑物地基的施工应具备以下资料：

1）岩土工程勘察资料。

2）临近建筑物和地下设施类型、分布及结构质量情况。

3）工程设计图纸、设计要求及需达到的标准、检验手段。

（2）砂、石子、水泥、钢材、石灰、粉煤灰等原料的质量、检验项目、批量和检验方法，应符合国家现行标准的规定。

（3）地基施工结束，宜在一个间歇期后进行质量验收，间歇期由设计确定。

1）对灰土地基、砂和砂石地基、土工合成材料地基、粉煤灰地基、强夯地基、注浆地基、预压地基，其竣工后的结果（地基强度或承载力）必须达到设计要求的标准。检验数量，每单位工程不应少于 3 点，1000m² 以上工程，每 100m² 至少应有 1 点，3000m² 以上工程，每 300m² 至少应有 1 点。每一独立基础下至少应有 1 点，基槽每 20 延米应有 1 点。

2）对水泥土搅拌桩复合地基、高压喷射注浆桩复合地基、砂桩地基、振冲桩复合地基、土和灰土挤密桩复合地基、水泥粉

266

煤灰碎石桩复合地基及夯实水泥复合地基，其承载力检验，数量为总数的 0.5% ~ 1%，但不应少于 3 处。有单桩强度检验要求时，数量为总数的 0.5% ~ 1%，但不应少于 3 处。

（4）地基加固工程，应在正式施工前进行试验段施工，论证设定的施工参数及加固效果。为验证加固效果所进行的载荷试验，其施工加荷载应不低于设计荷载的 2 倍。

（5）建筑物地基的施工质量在满足以上第（3）条规定外，其他主控项目及一般项目可随意抽查，但复合地基中的水泥土搅拌桩、高压喷射注浆桩、振冲桩、土和灰土挤密桩、水泥粉煤灰碎石桩及夯实水泥土桩至少抽查 20%。

247. 地基基础工程施工前必须具备哪些资料？

地基基础工程施工前，必须具备以下资料：

（1）完备的地质勘察资料及工程附近管线、建筑物、构筑物和其他公共设施的构造情况，必要时应做施工勘察和调查以确保工程质量及邻近建筑物的安全。

（2）工程设计图纸、设计要求及需达到的标准，检验手段。

（3）施工现场应有相应的施工技术标准、健全的质量管理体系、施工质量控制和质量检验制度。

（4）相应的施工组织设计或施工方案，并按规定经审查批准。

248. 灰土地基的质量验收标准应符合哪些规定？

（1）灰土土料、石灰或水泥（当水泥替代灰土中的石灰时）等材料及配合比应符合设计要求，灰土应搅拌均匀。

（2）施工过程中应检查分层铺设的厚度、分段施工时上下两层的搭接长度、夯实时加水量、夯压遍数、压实系数。

（3）施工结束后，应检验灰土地基的承载力。

（4）灰土地基的质量验收标准应符合表 7-3 的规定。

表 7-3　灰土地基的质量验收标准

项	序	检查项目	允许偏差或允许值	检查方法
主控项目	1	地基承载力	设计要求	按规定方法
	2	配合比	设计要求	按拌合时的体积比
	3	压实系数	设计要求	现场实测
一般项目	1	石灰粒径	≤5mm	筛分法
	2	土料有机质含量	≤5%	试验室焙烧法
	3	土颗粒粒径	≤15mm	筛分法
	4	含水量（与要求的最优含水量比较）	±2%	烘干法
	5	分层厚度偏差（与设计要求比较）	±50mm	水准仪

249. 砂和砂石地基的质量验收标准应符合哪些规定?

（1）砂、石等原材料质量、配合比应符合设计要求，砂、石应搅拌均匀。

（2）施工过程中必须检查分层铺设的厚度、分段施工时搭接部分的压实情况、加水量、压实遍数、压实系数。

（3）施工结束后，应检验石地基承载力。

（4）砂和砂石地基的质量验收标准应符合表 7-4 的规定。

表 7-4　砂和砂石地基的质量验收标准

项	序	检查项目	允许偏差或允许值	检查方法
主控项目	1	地基承载力	设计要求	按规定方法
	2	配合比	设计要求	检查拌合时的体积比或重量比
	3	压实系数	设计要求	现场实测
一般项目	1	砂石料有机质含量	≤5%	焙烧法
	2	砂石料含泥量	≤5%	水洗法
	3	石料粒径	≤100mm	筛分法
	4	含水量（与要求的最优含水量比较）	±2%	烘干法
	5	分层厚度偏差（与设计要求比较）	±50mm	水准仪

250. 土工合成材料地基质量检验标准应符合哪些规定？

（1）施工前应对土工合成材料的物理性能（单位面积的质量、厚度、密度）、强度、延伸率以及土、砂石料等做检验。土工合成材料以 $100m^2$ 为一批，每批应抽查 5%。

（2）施工过程中应检查清基、回填料铺设厚度及平整度、土工合成材料的铺设方向、接缝搭接长度或缝接状况、土工合成材料与结构的连接状况等。

（3）施工结束后，应进行承载力检验。

（4）土工合成材料地基质量检验标准应符合表7-5的规定。

表7-5　土工合成材料地基质量检验标准

项	序	检查项目	允许偏差或允许值	检查方法
主控项目	1	土工合成材料强度	≤5%	置于夹具上做拉伸试验（结果与设计标准相比）
	2	土工合成材料延伸率	≤3%	置于夹具上做拉伸试验（结果与设计标准相比）
	3	地基承载力	设计要求	按规定方法
一般项目	1	土工合成材料搭接长度	≥300mm	用钢尺量
	2	土石料有机质含量	≤5%	焙烧法
	3	层面平整度	≤20mm	用2m靠尺
	4	每层铺设厚度	±25mm	水准仪

251. 粉煤灰地基质量检验标准应符合哪些规定？

（1）施工前应检查粉煤灰材料，并对基槽清底状况、地质条件予以检验。

（2）施工过程中应检查铺设厚度、碾压遍数、施工含水量控制、搭接区碾压程度、压实系数等。

（3）施工结束后，应检验地基的承载力。

（4）粉煤灰地基质量检验标准应符合表7-6的规定。

269

表 7-6　粉煤灰地基质量检验标准

项	序	检查项目	允许偏差或允许值	检查方法
主控项目	1	压实系数	设计要求	现场实测
	2	地基承载力	设计要求	按规定方法
一般项目	1	粉煤灰粒径	0.001～2.000mm	过筛
	2	氧化铝及二氧化硅含量	≥70%	试验室化学分析
	3	烧失量	≤12%	试验室烧结法
	4	每层铺筑厚度	±50mm	水准仪
	5	含水量（与最优含水量比较）	±2%	取样后试验室确定

252. 强夯地基质量检验标准应符合哪些规定?

（1）施工前应检查夯锤重量、尺寸、落距控制手段、排水设施及被夯地基的土质。

（2）施工中应检查落距、夯实遍数、夯点位置、夯击范围。

（3）施工结束后，检查被夯地基的强度并进行承载力检验。

（4）强夯地基质量检验标准应符合表 7-7 的规定。

表 7-7　强夯地基质量检验标准

项	序	检查项目	允许偏差或允许值	检查方法
一般项目	1	地基强度	设计要求	按规定方法
	2	地基承载力	设计要求	按规定方法
	3	夯击遍数及顺序	设计要求	计数法
	4	夯锤落距	±300mm	钢索设标志
	5	锤重	±100kg	称重
一般项目	1	夯点间距	±500mm	用钢尺量
	2	夯击范围（超出基础范围距离）	设计要求	用钢尺量
	3	前后两遍间歇时间	设计要求	计时法

253. 注浆地基的质量检验标准应符合哪些规定？

（1）施工前应掌握有关技术文件（注浆点位置、浆液配比、注浆施工技术参数、检测要求）。浆液组成材料的性能应符合设计要求，注浆设备应确保正常运转。

（2）施工中应经常抽查浆液的配比及主要性能指标，注浆顺序、注浆过程中的压力控制等。

（3）施工结束后，应检查注浆体强度、承载力等。检查孔数为总量 2% ~5%，不合格率大于或等于 20% 时应进行二次注浆，检验应在注浆后 15d（砂土、黄土）或 60d（黏性土）进行。

（4）注浆地基的质量检验标准应符合表 7-8 的规定。

表 7-8　注浆地基的质量检验标准

项	序	检查项目	允许偏差或允许值	检查方法
主控项目	1	水泥	设计要求	查产品合格证书或抽样送检
		注浆用砂：粒径	<2.5mm	试验室试验
		细度模数	<2.0	
		含泥量及有机物含量	<3%	
		注浆用黏土：塑性指数	>14	试验室试验
		黏粒含量	>25%	
		含砂	<5%	
		有机物含量	<3%	
		粉煤灰：细度	不粗于同时使用的水泥	试验室试验
		烧失量	<3%	
		水玻璃：模数	2.5~3.3	抽样送检
		其他化学浆液	设计要求	查产品合格证书或抽样送检试

项	序	检查项目	允许偏差或允许值	检查方法
主控项目	2	注浆孔深	±100mm	量测注浆管长度
	3	地基承载力	设计要求	按规定方法
	4	注浆体强度	设计要求	取样检验
一般项目	1	各种注浆材料称量误差	<3%	
	2	注浆孔位	±20mm	
	3	注浆压力（与设计参数比）	±10%	

254. 土和灰土挤密桩复合地基质量检验标准应符合哪些规定?

（1）施工前应对土及灰土的质量、桩孔放样位置等做检查。

（2）施工中应对桩孔直径、桩孔深度、夯击次数、填料的含水量等做检查。

（3）施工结束后，应检查成桩的质量及地基承载力。

（4）土和灰土挤密桩复合地基质量检验标准如表 7-9 的规定。

表 7-9　土和灰土挤密桩复合地基质量检验标准

项	序	检查项目	允许偏差或允许值	检查方法
主控项目	1	桩体及桩间土干密度	设计要求	现场取样检查
	2	桩长	+500mm	测桩管长度或垂球测孔深
	3	桩径	-20mm	用钢尺量
	4	地基承载力	设计要求	按规定方法
一般项目	1	土样有机质含量	≤5%	试验室焙烧法
	2	石灰粒径	≤5mm	筛分法
	3	桩位偏差	满堂布桩≤0.40D，条基布桩≤0.25D	用钢尺量，D 为桩径
	4	垂直度	≤1.5%	用经纬仪测桩管

255. 水泥粉煤灰碎石桩复合地基的质量检验标准应符合哪些规定?

（1）水泥、粉煤灰、砂及碎石等原材料应符合设计要求。

（2）施工中应检查桩身混合料配合比、坍落度和提拔钻杆速度（或提拔套管速度）、成孔深度、混合料灌入量等。

（3）施工结束后，应对桩顶标高、桩位、桩体质量、地基承载力以及褥垫层的质量做检查。

（4）水泥粉煤灰碎石桩复合地基的质量检验标准应符合表7-10的规定。

表7-10 水泥粉煤灰碎石桩复合地基的质量检验标准

项	序	检查项目	允许偏差或允许值	检查方法
主控项目	1	原材料	设计要求	查产品合格证书或抽样送检
	2	桩径	-20mm	用钢尺量或计算填料量
	3	桩长	+100mm	测桩管长度或垂球测孔深
	4	桩身完整性	按桩基检测技术规范	按桩基检测技术规范
	5	地基承载力	设计要求	按规定的方法
	6	桩身强度	设计要求	查试块28d强度
一般项目	1	桩位偏差	满堂布桩≤0.40D，条基布桩≤0.25D	用钢尺量，D为桩径
	2	桩垂直度	≤1.5%	用经纬仪测桩管
	3	褥垫层夯填度	≤0.9	用钢尺量

256. 水泥土搅拌桩地基质量检验标准应符合哪些规定?

（1）施工前应检查水泥及外掺剂的质量、桩位、搅拌机工作性能及各种计量设备完好程度。

（2）施工中应检查机头提升、水泥浆或水泥注入量、搅拌桩的长度及标高。

（3）施工结束后，应检查桩体强度、桩体直径及地基承

273

载力。

（4）进行强度检验时，对承重水泥土搅拌桩应取 90d 后的试件；对支护水泥土搅拌桩应取 28d 后的试件。

（5）水泥土搅拌桩地基质量检验标准应符合表 7-11 的规定。

表 7-11　水泥土搅拌桩地基质量检验标准

项	序	检查项目	允许偏差或允许值	检查方法
主控项目	1	水泥及外掺剂质量	设计要求	查产品合格证书或抽样送检
	2	水泥用量	参数指标	查看流量计
	3	桩径	$<0.04D$	用钢尺量，D 为桩径
	4	桩底标高	±200mm	测机头深度
	5	桩体强度	设计要求	按规定的方法
	6	地基承载力	设计要求	按规定的方法
一般项目	1	机头提升速度	≤0.5m/mim	量机头上升距离及时间
	2	桩顶标高	+100mm，-50mm	水准仪（最上部 500mm 不计入）
	3	桩位偏差	<50mm	用钢尺量
		垂直度	≤1.5%	经纬仪
		搭接	>200mm	用钢尺量

257. 土方开挖工程的施工质量检查一般应满足哪些规定？

（1）土方工程施工前应进行挖填方的平衡计算，综合考虑土方运距最短、运程合理和各个工程项目的合理施工程序等，做好土方平衡调配、减少重复挖运。

1）土方的平衡和调配一般先由设计单位提出基本平衡数据，再由施工单位根据实际情况进行平衡计算。

2）如工程量较大，在施工中还应进行多次平衡调整，在平衡计算中，应综合考虑土的松散率、压缩率、沉陷量等影响土方量变化的各种因素。

3）土方平衡调配应尽可能与城市规划和农田水利相结合，将余土一次性地运到指定弃土场，做到文明施工。

274

（2）当土方工程挖方较深时，施工单位应采取措施，防止基坑底部土的隆起并避免危害周边环境。

（3）在挖方前，应做好地面排水和降低地下水位工作。

（4）边坡坡度应符合设计要求，且不得留有虚土；基底土性应符合设计要求，并应经勘察、设计、监理等单位确认；基坑开挖的深度、长度、宽度及表面平整度应符合现行国家标准《建筑地基基础工程施工质量验收规范》GB 50202 的要求。

（5）检查点为每 $100 \sim 400 \mathrm{m}^2$ 取 1 点，但不应少于 10 点；长度、宽度和边坡均匀每 20m 取 1 点，每边不应少于 1 点。

（6）土方工程施工，应经常测量和校核其平面位置、水平标高和边坡坡度。平面控制桩和水准控制点应采取可靠的保护措施，定期复测和检查。土方不应堆在基坑边缘。

对雨期和冬期施工还应遵守国家现行有关标准。

258. 监理工程师对土方开挖的质量控制监理要点是什么？

（1）挖方质量控制

1）检查挖方的弃土堆是否按施工总平面图规划布置，弃土堆不能影响周围的建筑物、构筑物、道路和排水等。如有废弃土需外运，必须经监理工程师同意后，方可运出该工程范围以外有关方面允许收存的地方。

2）开挖基槽前应对定位标准桩、轴线引桩、标准水平桩、龙门板、标高等进行复查，监理工程师应确定是否符合设计和《施工规范》的要求后，方准挖土。

3）基坑施工用的临时设施，如供电、供水、道路、排水、暂设房屋等均应在开挖基坑前设置就绪。

4）在土方开挖过程中，如边坡出现裂纹、滑动等现象时，监理工程师应尽快审查承包单位的处理方案，督促承包单位采取安全防护措施，设置观测点，观测滑动情况，检查承包商的记录。

5）若发现工程实际地质与设计资料不符时，承包单位应书面报告监理工程师，监理工程师应向上级反馈信息，通知设计与有关单位进行处理，待监理工程师发出设计变更指令后，承包单位方可继续施工。

6）基坑（槽）挖好后要检验基底土承载能力是否符合设计要求。由勘察、设计、建设、监理、质检站和施工单位共同检验确定，并做好隐蔽工程记录。

（2）挖方工程监理工程师主要监理要点

1）监理工程师应检查坡度是否符合下列要求：

在天然含水量的土中，开挖基坑（槽）和管沟时，当挖土深度超过下列数值时，应放坡或加支撑。

①密实、中密的砂土和碎石类土：1.00m。

②硬塑、可塑的粉土、粉质黏土：1.25m。

③硬塑、可塑的黏土和碎石类土：1.50m。

④坚硬的黏土：　　　　　　　　2.00m。

超过上述规定深度，在5m以内时，当土具有天然湿度、构造均匀、水文地质条件好，且无地下水，不加支撑的基坑（槽）和管沟，必须放坡，边坡坡度应符合设计要求。

2）监理工程师应检查承包单位的基坑（槽）、管沟开挖顺序。

3）监理工程师应检查承包单位在基坑（槽）、管沟开挖过程中和敞露期间是否采取防塌方措施。一般情况下，在槽边弃土时，应保证槽边坡和直立帮的稳定。当土质良好时，抛于槽边的土方（或材料）应距槽（沟）边缘0.8m以外，高度不宜超过1.5m。在柱基周围、墙基或围墙一侧，不得堆土过高。

4）防止基底超挖，当挖土接近设计标高时，应督促承包商标出基本点，拉出基准线，预防超挖，防止扰动承载地基，如个别地方超挖时，其处理方法应取得设计单位的同意，不得私自处理。

5）待土方工程开挖完毕，承包单位应通知监理工程师进行验收，并向监理工程师提交《工程报验单》及附件。附件包括：

①工程定位测量记录。

②基槽（坑）自检记录。

监理工程师应组织建设单位代表、勘察设计单位代表和承包单位进行验收。待验收合格后，各有关单位负责人应在验收基槽（坑）记录上签字，监理工程师审批《工程报验单》，签发《工程质量认可证书》。

259. 监理工程师对回填土工程监理要点是什么？

（1）监理工程师应对基础、箱形基础墙或地下防水层、保护层进行检查验收，并进行隐蔽验收，签署隐蔽验收报告。

（2）监理工程师必须符合基底处理设计要求和施工验收规范的规定，严格控制填方的基底处理，基底处理不合格不得进行下道工序。

（3）填土料应符合设计质量要求。回填土中的土宜优先利用基槽中挖出的土，但不得含有机杂质，使用前应过筛，其粒径不大于 50mm，含水率应符合有关规定。设计无要求时应符合下列规定：

1）含水量符合要求的黏性土，可用作各层填料，淤泥质土不能用作填料。

2）碎块、草皮和有机质含量大于 8% 的土仅用于无压实要求的填方。

（4）施工前，应做好水平标志，以控制回填土的高度或厚度。如在基坑（槽）或管沟边坡上，每隔 3m 钉上水平橛；室内和散水的边墙上弹上水平线或在地坪上钉上标高控制木桩。

（5）检查填方土料的含水率、虚铺厚度、压实遍数和分层压实系数等应符合规范规定的要求。

（6）基坑（槽）回填应在相对两侧或四周同时进行。基础墙两侧标高不可相差太多，以免把墙挤歪；较长的管沟墙，应采用内部加支撑的措施，然后再在外侧回填土方。

（7）检查上下水、煤气管道的安装和管沟墙间加固质量是否合格。沟槽、地坪上的积水和杂质是否清理干净后再回填埋管。回填时为防止管道中心线位移或损坏管道，应用人工先在管子两侧填土夯实，并应由管道两侧同时进行，直至管顶 0.5m 以上时，在不损坏管道的情况下，方可采用蛙式打夯机夯实。在接口处，防腐绝缘层或电缆周围，应回填细粒料。

（8）施工时应有防雨措施，要防止地面水流入基坑（槽）内，以免边坡塌方或基土遭到破坏。

（9）各期回填土每层铺土厚度应比常温施工时减少 20%～50%，其中冻土块体积不得超过填土总体积的 15%，冻土粒径不得大于 150mm。铺填时，冻土块应均匀分布，逐层压实。

（10）待回填土工程施工完毕，承包单位应交工程报验单及质量记录。

质量记录内容包括：

1）地基处理记录。

2）地基钎探记录。

3）回填土的试验报告（各层回填土）。

4）回填土自检资料。

经验收合格后，监理工程师签发工程质量认可证书。

260. 土方开挖工程的质量检验标准应符合哪些规定？

（1）土方开挖前应检查定位放线、排水和降低地下水位系统，合理安排土方运输车的行走路线及弃土场。

（2）施工过程中应检查平面位置、水平标高、边坡坡度、压实度、排水、降低地下水位系统，并随时观测周围的环境变化。

（3）临时性挖方的边坡值应符合表7-12的规定。

表7-12　临时性挖方的边坡值

土的类别	边坡值（高：宽）
砂土（不包括细砂、粉砂）	1：1.25 ~ 1：1.50
一般性黏土：硬	1：0.75 ~ 1：1.00
硬、塑	1：1.00 ~ 1：1.25
软	1：1.50 或更缓
碎石类土：充填坚硬、硬塑黏性土	1：0.50 ~ 1：1.00
充填砂土	1：1.00 ~ 1：1.50

注：1. 设计有要求时，应符合设计标准。
　　2. 如采用降水或其他加固措施，可不受本表的限制，但应计算复核。
　　3. 开挖深度，对软土不应超过4m，对硬土不应超过8m。

（4）土方开挖工程的质量检验标准应符合表7-13的规定。

表7-13　土方开挖工程的质量检验标准　　　　　（mm）

项	序	项目	允许偏差或允许值					检查方法
			柱基基坑基槽	挖方场地平整		管沟	地（路）面基层	
				人工	机械			
主控项目	1	标高	−50	±30	±50	−50	−50	水准仪
	2	长度、宽度（由设计中心线向两边量）	+200 −50	+300 −100	+500 −150	+100 +100	—	经纬仪，用钢尺量
	3	边坡	设计要求					观察或用坡度尺检查
一般项目	1	表面平整度	20	20	50	20	20	用2m靠尺和钢尺检查
	2	基底土性	设计要求					观察或土样分析

注：地（路）面基层的偏差只适用于直接在挖、填方上做地（路）面的基层。

261. 土方回填工程质量检验标准应符合哪些规定？

（1）土方回填前应清除基底的垃圾、树根等杂物，抽除坑穴积水、淤泥，验收基底标高。如在耕植土或松土上填方应在基底压实后再进行。

（2）对填方土料应按设计要求验收后方可填入。

（3）填方施工过程中应检查排水措施，每层填筑厚度、含水量控制、压实程度。填筑厚度及压实遍数应根据土质、压实系数及所用机具确定。如无试验依据，应符合表7-14的规定。

表7-14　填土施工时的分层厚度及压实遍数

压实机具	分层厚度（mm）	每层压实遍数
平碾	250~300	6~8
振动压实机	250~350	3~4
柴油打夯机	200~250	3~4
人工打夯	<200	3~4

（4）填方施工结束后，应检查标高、边坡坡度、压实程度等，检验标准应符合表7-15的规定。

表7-15　填土工程质量检验标准　　　　　　（mm）

项目	序	项目	允许偏差或允许值					检查方法
			柱基基坑基槽	挖方场地平整		管沟	地（路）面基层	
				人工	机械			
主控项目	1	标高	−50	±30	±50	−50	−50	水准仪
	2	分层压实系数	设计要求					按规定方法
	3	边坡	设计要求					观察或用坡度尺检查
一般项目	1	回填土料	设计要求					取样检查或直接鉴别
	2	分层厚度及含水量	设计要求					水准仪及抽样检查
	3	表面平整度	20	20	30	20	20	用靠尺或水准仪

262. 土方工程质量验收应具备哪些资料？

土方工程质量验收应具备的资料：

（1）岩土工程勘察报告。

（2）邻近建筑物和地下设施类型、分布及结构质量情况记录。

（3）分项工程施工组织设计或施工方案、技术交底记录。

（4）铺筑厚度及压实遍数取值的根据或试验报告。

（5）填方工程基底处理记录。

（6）最优含水量选定根据或试验报告。

（7）每层填土分层压实系数测试报告和取样分布图；施工过程排水监测记录。

（8）工程定位测量记录。

（9）施工记录。

（10）见证取样记录。

（11）隐蔽工程检查记录。

（12）各种原材料出厂合格证和试验报告。

（13）检验批、分项工程质量验收记录。

（14）地基验槽记录；工程竣工图。

（15）天然地基基础基槽开挖后，应检查下列内容。

1）核对基坑的位置、平面尺寸、坑底标高。

2）核对基坑土质和地下水情况。

3）空穴、古墓、古井、防空掩体及地下埋设物的位置、深度、性状。

263. 湿陷性黄土地区基坑支护结构形式应满足什么适用条件？

基坑支护结构形式应依据场地工程地质与水文地质条件、场地湿陷类形及地基湿陷等级、开挖深度、周边环境、当地施工条件及施工经验等选用。同一基坑可采用一种支护结构形式，也可采用几种支护结构形式或组合，同一坡体水平向宜采用相同的支护形式。湿陷性黄土地区常用的支护结构形式可按可表7-16的规定选用。

表7-16 支护结构选型

结构类型	适用条件
锚、撑式排桩	1. 基坑侧壁安全等级为一、二、三级。 2. 当地下水位高于基坑底面时，应采取降水或排桩加截水帷幕措施。 3. 基坑外地下空间允许占用时，可采用锚拉式支护；基坑边土体为软弱黄土且坑外空间不允许占用时，可采用内撑式支护
悬臂式排桩	1. 基坑侧壁安全等级为二、三级。 2. 基坑采取降水或采取截水帷幕措施时。 3. 基坑外地下空间不允许占用时
土钉墙	1. 基坑侧壁安全等级一般为二、三级，且基坑坡体为非饱和黄土。 2. 单一土钉墙支护深度不宜超过12m，当与预应力锚杆、排桩等组合使用时，可超过此限。 3. 当地下水位高于基坑底面时，应采取排水措施。 4. 不适于淤泥、淤泥质土、饱和软黄土
水泥土墙	1. 基坑侧壁安全等级宜为三级。 2. 一般支护深度不宜大于6m。 3. 水泥土桩施工范围内地基承载力宜大于150kPa
放坡	1. 基坑侧壁安全等级宜为二、三级。 2. 场地应满足放坡条件。 3. 地下水位高于坡脚时，应采取降水措施。 4. 可独立或与上述其他结构结合使用

注：对于基坑上部采用放坡或土钉墙，下部采用排桩的组合支护形式时，上部放坡或土钉墙高度不宜大于基坑总深度的1/2；且应严格控制排桩顶部水平位移。

264. 基坑支护的质量控制监理要点主要包括哪些？

基坑围护体系的作用是为基坑工程土方开挖和地下室施工起一个"挡土"或"干作业"的条件，并限制周围土体的变形，保证基坑相邻建筑物、构筑物和地下管线的安全及正常使用。

（1）根据《建筑基坑支护技术规程》规定，基坑支护工程的质量控制要点包括：

1）基坑开挖应根据支护结构设计、降排水要求确定开挖方案。

2）基坑边界周围地面应设排水沟，且应避免漏水、渗水进入坑内；放坡开挖时，应对坡顶、坡面、坡脚采取降排水措施。

3）基坑周边严禁超堆荷载。

4）软土基坑必须分层均衡开挖。

5）基坑开挖过程中，应采取措施防止碰撞支护结构、工程桩或扰动基底原状土。

6）发生异常情况时，应立即停止挖土，并应立即查清原因和采取措施，方能继续挖土。

7）支撑体系的施工应符合下列要求：

①支撑结构的安装与拆除顺序，应同基坑支护结构的设计计算情况相一致。必须严格遵守先支撑后开挖的原则。

②立柱穿过主体结构底板以及支撑结构穿越主体结构地下室外墙的部位，应采用止水构造措施。

③钢支撑的端头与冠梁或腰梁的连接应符合以下规定：

支撑端头应设置厚度不小于 10mm 的钢板作封头端板，端板与支撑杆件应满焊，焊缝厚度及长度能承受支撑力或与支撑等强度，必要时，增设加劲板；肋板数量、尺寸应满足支撑端头局部稳定要求和传递支撑力的要求。

④钢支撑预加压力的施工应符合以下要求：

a. 支撑安装完毕，应及时检查各节点的连接状况，经确认符合要求后方可施加预压力，预压力的施加应在支撑的两端同步对称进行。

b. 预压力应分级施加，重复进行，加至设计值时，应再次检查各连接点的情况，必要时应对节点进行加固，待额定压力稳定后锁定。

8）拱墙水平方向施工的分段长度不应超过12m，通过软弱土层或砂层时分段长度不宜超过8m。

（2）在控制基坑支护工程施工质量时，在具体实施中，还应做好以下几方面工作：

1）土方开挖是基坑围护系统工程中一个重要的环节，必须重视以下几点：

①对基坑开挖的环境效应，应事先做出评估。开挖前对周围环境应做深入的了解，确定施工期间重点保护对象，制定周密监测计划，实行信息化施工。

②当采用挤土或半挤土桩时，应重视其挤土效应对环境的影响。

③重视围护结构的施工质量，包括挡土围护桩（墙），止水帷幕、支撑、拉锚及坑底加固处理等。当围护体系采用混凝土结构或水泥土时，基坑土方开挖应注意其养护龄期，以保证其达到设计强度。

④重视坑内及地面的排水措施，确保开挖后土体不受雨水冲刷，并减少雨水渗入。在开挖期间若发现基坑外围土体出现裂缝，应及时用水泥砂浆灌注。

⑤挖土的土方以及其他施工建筑材料和大型施工机械，均不宜堆放（停放）在坑边，应尽量减少坑边的地面堆载。

⑥严格按施工组织设计规定的挖土工程和速度施工，并做好应急措施，防患于未然。同时应加强现场施工各分包单位的协作，注意保护好监测点、测量基准点等。

2）基坑开挖必须重视时空效应问题。目前开挖的方法有分层开挖、分段开挖、中心岛开挖和盆式开挖等，要根据基坑面积大小、围护结构形式、开挖深度和工程环境条件等因素决定。最常用的方法为分层开挖。

分层开挖一般适用于基坑较深，且不允许分块分段施工混凝土垫层或土质较软弱的基坑。软土基坑分层开挖，其分层厚度一般控制在 2m 以内。

基坑围护结构形式较多，内撑式围护结构是其中的一种。这种围护结构适用于各种地质条件的基坑工程，尤其是软弱地基的基坑工程，基坑深度不受限制，但基坑平面尺寸不宜太大，且最好是周圈围护或对边围护，使支撑杆件形成对称的轴力。

内撑式围护结构包括竖向围护结构和内支撑体系。

竖向围护结构分为板桩式、排桩式、地下连续墙和组合式四类，材料多数采用钢、混凝土。

内支撑由支撑杆件、环梁和立柱、吊杆等构件组成，材料以型钢、钢管、组合空间桁架和混凝土为主。

3）基坑围护体系是临时结构，安全储备较小，因此在施工过程中应进行监测，应有应急措施，一旦出现险情，便于及时抢救。同时在土方开挖的整修过程中，还应注意对支撑构件进行保护，防止机械挖土直接碰撞所造成的"外伤"和超载所造成的"内伤"。

265. 基坑工程施工前，应如何编制专项施工方案？

基坑工程施工前应编制专项施工方案，主要内容应包括：

（1）支护结构具体施工方案和部署。

（2）基坑排水、降水方案与支护施工的交叉及实施，止水帷幕施工的布置。

（3）支护施工对土方开挖的具体要求及控制要素。

（4）支护施工过程中的安全及质量、进度保证措施。

（5）支护施工过程基坑安全监测、检测方案及预警措施。

（6）防止坑壁受水浸湿的具体措施。

（7）安全应急预案。

基坑工程专项施工方案应经单位技术负责人审批，项目总监理工程师认可后方可实施。

基坑工程施工应按照专项施工方案中所要求的安全技术和措施执行。对参与施工的作业人员应进行专项安全教育，未参加安全教育的人员不得从事现场作业生产。

266. 什么条件下应优先采用坡率法？

坡率法是指通过选择合理的边坡坡度进行放坡，依靠土体自身强度保持基坑侧壁稳定的无支护基坑开挖施工方法。

（1）当场地开阔、坑壁土质较好、地下水位较深及基坑开挖深度较浅时，可优先采用坡率法。同一工程可视场地具体条件采用局部放坡或全深度、全范围放坡开挖。

（2）对开挖深度不大于5m、完全采用自然放坡开挖、不需支护及降水的基坑工程，可不进行专门设计。应由基坑土方开挖单位对其施工的可行性进行评价，并应采取相应的措施。

（3）存在下列情况之一时，不应采用坡率法：

1）放坡开挖对拟建或相邻建（构）筑物及重要管线有不利影响。

2）不能有效降低地下水位和保持基坑内干作业。

3）填土较厚或土质松软、饱和，稳定性差。

4）场地不能满足放坡要求。

267. 排桩墙支护工程质量检验标准应符合哪些规定？

（1）排桩墙支护结构包括灌注桩、预制桩、板桩等类型桩构成的支护结构。

（2）灌注桩、预制桩的检验标准应符合规范规定的要求。钢板桩均为工厂成品，新桩可按出厂标准检验，重复使用的钢板桩应符合表 7-17 的规定，混凝土板桩应符合表 7-18 的规定。

表7-17　重复使用的钢板桩检验标准

序	检查项目	允许偏差或允许值	检查方法
1	桩垂直度	<1%	用钢尺量
2	桩身弯曲度	<2L%	用钢尺量，L为桩长
3	齿槽平直光滑度	无电焊渣或毛刺	用1m长的桩段做通过试验
4	桩长度	不小于设计长度	用钢尺量

表7-18　混凝土板桩制作标准

项	序	检查项目	允许偏差或允许值	检查方法
主控项目	1	桩长度	+10mm, 0mm	用钢尺量
	2	桩身弯曲度	<0.1L%	用钢尺量，L为桩长
一般项目	1	保护层厚度	±5mm	用钢尺量
	2	横截面相对两面之差	5mm	用钢尺量
	3	桩尖对桩轴线的位移	10mm	用钢尺量
	4	桩厚度	+10mm, 0mm	用钢尺量
	5	凹凸槽尺寸	±3mm	用钢尺量

（3）排桩墙支护的基坑，开挖后应及时支护，每一道支撑施工应确保基坑变形在设计要求的控制范围内。

（4）在含水层范围内的排桩墙支护基坑，应有确实可靠的止水措施，确保基坑施工及邻近建（构）筑物的安全。

268. 锚杆支护工程质量检验标准应符合哪些规定？

（1）施工中应对锚杆的位置、钻孔直径、插入长度、注浆配比、压力及注浆量锚杆应力等进行检查。

（2）锚杆施工完毕后方可进行下层土方开挖。

（3）主控项目中锚杆的锁定力检查数量为总锚杆数量的5%，且不少于3根。其他主控项目和一般项目的检查数量为20%抽查。

（4）锚杆支护工程质量检验应符合表 7-19 的规定。

表 7-19　锚杆支护工程质量检验标准

项	序	检查项目	允许偏差或允许值	检查方法
主控项目	1	锚杆长度	±30mm	用钢尺量
	2	锚杆的锁定力	设计要求	现场实测
一般项目	1	锚杆位置	±100mm	用钢尺量
	2	钻孔倾斜度	±1°	测钻机倾角
	3	浆体强度	设计要求	试样送检
	4	注浆量	大于理论计算量	检查计量数据

269. 土钉墙支护工程质量检验标准应符合哪些规定？

（1）土钉墙支护工程施工前应熟悉地质资料、设计图纸及周围环境，降水系统应确保正常工作，必需的施工设备如挖掘机、钻机、压浆泵、搅拌机等应能正常运转。

（2）一般情况下，应遵循分段开挖、分段支护的原则，不宜按一次挖就再行支护的方式施工。

（3）施工中应对土钉墙位置、钻孔直径、深度及角度、土钉插入长度、注浆配比、压力及注浆量、喷锚墙面厚度及强度、土钉应力等进行检查。

（4）每段支护墙体施工完后，应检查坡顶或坡面位移，坡顶沉降及周围环境变化，如有异常情况应采取措施，恢复正常后方可继续施工。

（5）主控项目中土钉拉力检查数量为总土钉数量的 1%，且不少于 3 根。一般项目中做墙面喷射混凝土厚度应采用钻孔监测，钻孔数宜为每 100m² 墙面积一组，每组不应少于 3 点。其他主控项目和一般项目的检查数量为 20% 抽检。

（6）注浆用的水泥浆或水泥砂浆应做试块进行抗压强度试验，试块数量宜每批注浆不少于一组，每组试块 6 个。

（7）喷射混凝土应进行抗压强度试验，试块数量宜每喷射 $500m^2$ 取一组；对于小于 $500m^2$ 的基坑工程，取样不应少于1组，每组试块3个。

（8）土钉墙支护工程质量应符合表7-20的规定。

表7-20　土钉墙支护工程质量检验标准

项	序	检查项目	允许偏差或允许值	检查方法
主控项目	1	土钉长度	±30mm	用钢尺量
	2	土钉拉力	设计要求	现场实测
一般项目	1	土钉位置	±100mm	用钢尺量
	2	钻孔倾斜度	±1°	测钻机倾角
	3	浆体强度	设计要求	试样送检
	4	注浆量	大于理论计算量	检查计量数据
	5	土钉墙面厚度	±10mm	用钢尺量
	6	墙体强度	设计要求	试样送检

270. 水泥土墙支护工程质量检验与监测应符合哪些规定？

（1）每一根工程桩应有详细的施工记录，并应有相应的责任人签名。记录的内容宜包括：打桩开始时间、完成时间、水泥用量、桩长、搅拌提升时间、复搅次数及冒浆情况等。

（2）水泥土桩应在施工后一周内进行桩头开挖检查或采取水泥土试块等手段检查成桩质量；当不符合设计要求时，应及时采取相应的补救措施。

（3）水泥土墙应在达到设计开挖龄期后，采用钻孔取芯法检测墙身完整性，钻芯数量不宜小于总桩数的0.5%，且不应少于5根；并应根据水泥土强度设计要求选取芯样进行单轴抗压强度试验。

（4）水泥土墙支护工程，在基坑开挖过程中应监测桩顶位移。观测点的布设、观测时间间隔及观测技术要求应符合本规程和设计的规定。

271. 排桩工程质量检测应符合哪些规定？

（1）排桩的检测应符合下列要求：

1）宜采用低应变动测法检测桩身完整性，检测数量不宜少于总桩数的 10%，且不宜少于 5 根。

2）当根据低应变动测法判定的桩身缺陷有可能影响桩的水平承载力时，应采用钻芯法补充检测。

（2）锚杆的检测应符合下列要求：

1）锚杆抗拔力检测数量不应少于总数的 5%，且不应少于 3 根，试验要求应符合现行国家标准《建筑地基基础设计规范》GB 50007 有关规定。

2）锚杆抗拔力检测应随机抽样，抽样应能代表不同地段土层的土性和不同抗拔力要求；对施工质量有疑义的锚杆应进行抽检。

272. 基坑支护工程施工质量验收必须具备哪些哪些资料？

基坑支护工程施工质量验收必需具备的资料：

（1）岩土工程勘察报告。

（2）邻近建筑物和地下设施类型、分布及结构质量情况记录。

（3）支护工程设计图纸、设计要求、设计交底、设计变更及洽商记录。

（4）基坑支护分项工程施工组织设计或施工方案、技术交底记录。

（5）工程定位测量记录。

（6）施工记录。

（7）见证取样记录；隐蔽工程检查记录。

（8）各种原材料出厂合格证和试验报告。

（9）检验批、分项工程质量验收记录。

（10）混凝土配合比报告（锚杆支护、土钉墙支护、水泥土桩墙支护和钢支撑不需要填写）。

（11）支护结构监测记录。

（12）工程竣工图。

273. 扩展基础质量控制监理要点是什么?

扩展基础是指柱下钢筋混凝土独立基础和墙下混凝土条形基础。

质量控制监理要点:

(1) 垫层混凝土在基坑验槽后立即浇筑,以免地基土被扰动。

(2) 垫层达到一定强度后,在其上画线、支模、铺放钢筋网片,上下部垂直钢筋应绑扎牢,并注意将钢筋弯钩朝上,柱的插筋下端要用90°弯钩与基础钢筋绑扎牢固,按轴线位置校核后,用方木架成井字形,将插筋固定在基础外模板上,底部钢筋网片应用与混凝土保护层同厚度的水泥砂浆垫层,以保证位置正确。

(3) 在浇筑混凝土前,应监督将模板和钢筋上的垃圾、泥土和钢筋上的油污等杂物清除干净,模板应浇水加以润湿。

(4) 浇筑现浇柱下基础时,应特别注意柱子插筋位置的正确,防止造成位移和倾斜。在浇筑开始时,可先满铺一层5~10cm厚的混凝土,并捣实,使柱子插筋下段和钢筋网片的位置基本固定,然后再对称浇筑。

(5) 基础混凝土宜分层连续浇筑完成。对于阶梯形基础,每一台阶高度内应整分浇捣层,每浇筑完一个台阶应稍停0.5~1.0h,待其初步获得沉实后,再浇筑上层,以防止下层台阶混凝土溢出,在上层台阶根部出现烂脖。每一台阶浇完,表面应随即原浆抹平。

(6) 对于锥形基础,应注意保持锥体斜面坡度的正确,斜面部分的模板应随混凝土浇捣分段支设并顶压紧,以防模板上浮变形,边角处的混凝土必须注意捣实。基础上部柱子施工时,可在上部水平面留设施工缝。施工缝的处理应按有关规定执行。

(7) 条形基础应根据高度分层连续浇筑,一般不留施工缝,各段各层之间相互衔接,每段长2~3m左右,做到逐段逐层呈阶梯形推进。浇筑时,应注意使混凝土充满模板内边角,然后浇筑中间部分,以保证混凝土密实。

(8) 基础上有插筋时,要加以固定,保证插筋位置的正确,防止浇筑混凝土时发生位移。

（9）混凝土浇筑完毕，外露表面应覆盖浇水养护。

274. 筏板基础质量控制监理要点是什么？

（1）地基开挖如遇有地下水，应采用人工降低地下水位至基坑底50cm以下部位，保持在无水的情况下进行土方开挖和基础施工。

（2）基坑土方开挖应注意保持基坑底土的原状结构。当采用机械开挖时，基坑底面以上20～40cm厚的土层，应采用人工清除，避免超挖或破坏基土。如局部有软弱土层或超挖，应进行换垫，采用与地基土压缩比相近的材料进行分层回填，并夯实。基坑开挖应连续进行，如基坑挖好后不能立即进行下一道工序，应在基底以上留置150～200mm一层不挖，待下道工序施工时，再挖至设计基坑底标高，以免基土被扰动。

（3）筏板基础施工时，根据结构情况和施工具体条件和要求采取以下两种方法之一施工：

1）采取底板和梁钢筋、模板一次同时支好，梁侧模板用混凝土支墩或钢支脚支承并固定牢固，混凝土一次连续浇筑完成。该方法质量易于保证，可缩短工期。

2）先在垫层上绑扎板梁的钢筋和上部柱插筋，先浇筑底板混凝土，待达到25%以上强度后，再在底板上支梁侧模板，浇筑完梁部分混凝土。该方法可降低施工强度，支梁模方便，但处理施工缝较复杂。

（4）当筏板基础长度很长（40m以上）时，应考虑在中部适当部位留设贯通后浇带，以避免出现温度收缩裂缝和便于进行施工分段流水作业；对于超厚的筏形基础，应考虑采取降低水泥水化热和浇筑入模温度措施，以避免出现过大温度收缩应力，导致基础底板裂缝。

（5）基础浇筑完毕，表面应覆盖和洒水养护，不少于7d，必要时应采取保温养护措施，并防止浸泡地基。

（6）在基础底板上应埋设好沉降观测点，定期进行观测、分析，做好记录。

275. 桩基础施工前监理工程师应考虑哪些问题？

（1）桩基础施工前应考虑取得以下资料

1）建筑场地的桩基岩土工程报告书。

2）桩基础施工图，包括桩的类型、尺寸、平面布置、桩与承台连接、桩的配筋和强度等级以及承台构造等。

3）桩的试打（打入桩）、试成孔（灌注桩）以及桩的荷载试验资料。

4）主要施工机械及其配套设备的技术性能。

（2）桩基础施工前应考虑做好以下施工准备工作

1）根据工程规模大小和复杂程度，编制桩基础施工方案，确定设桩方法和进度要求。其中，设桩方法中对于对入式桩要考虑桩的起吊方案、运输方式、堆放方式、沉桩方式、打桩顺序和接桩方法；对于灌注桩要考虑成孔、钢筋笼放置、混凝土灌注、泥浆制备、使用和排放、孔底清理等。

2）施工前应注意做好场地的三通一平、排水措施，对不利于施工机械运行的松软场地，应进行坚实处理。

3）施工前应做好对测量基线、水准基点及桩位的复核。桩基轴线的定位点及施工地区附近所设的水准点应设在设备不受施工干扰的地区。

4）对建筑物旧址或杂填土地区，应事先进行钎探，对影响桩基施工部位浅埋的旧基础、枯井、石块等障碍物，应及时清除。

5）对于打入桩施工周围（10m以内）的建筑物应全面检查，危房等必须事先加固，打桩前应做隔振措施。

276. 预制桩（钢桩）桩位偏差应符合什么规定？

打（压）入桩（预制混凝土方桩、先张法预应力管桩、钢桩）的桩位偏差，必须符合表 7-21 的规定。斜桩倾斜度的偏差不得大于倾斜角正切值的 15%（倾斜角系桩的纵向中心线与铅垂线间夹角）。见表 7-21。

表 7-21   预制桩（钢桩）桩位的允许偏差　　　　（mm）

序	项　目	允许偏差
1	盖有基础梁的桩：垂直基础梁的中心线 沿基础梁的中心线	$100 + 0.01H$ $150 + 0.01H$
2	桩数为 1~3 根桩基中的桩	100
3	桩数为 4~16 根桩基中的桩	1/2 桩径或边长
4	桩数大于 16 根桩基中的桩：最外边的桩 中间桩	1/3 桩径或边长 1/2 桩径或边长

注：H 为施工现场地面标高与桩顶设计标高的距离。

277. 钢筋混凝土预制桩质量控制监理要点是什么？

我国目前采用的钢筋混凝土预制桩多数为正方形实心桩，截面最小为 250mm×250mm，最大 600mm×600mm。

（1）钢筋混凝土预制桩一般由预制构件厂生产，生产的桩上应标明编号和制作日期。

制作验收时，应有下列资料：

桩的结构图、材料检验记录、钢筋隐蔽验收记录、混凝土试块强度报告、桩的检查记录及养护方法。桩的表面应平整、密实，掉角深度不超过 10mm，局部蜂窝和掉角的缺损面积不得超过该桩表面全面面积的 0.5%，并不得过分集中。混凝土收缩裂缝深度不得大于 20mm，宽度不得大于 0.25mm，横向裂缝不得超过边长的 1/2（管桩或多角形桩不得超过直径或对角线的1/2）。

（2）桩的起吊、运输和堆放。当混凝土预制桩达到设计强度标准值的 70% 时方可起吊，强度达到设计强度的 100% 时方可运输和打桩。桩堆放时，应按规格、桩号分层叠置在平整坚实的地面上，支撑点应设在吊点处或附近，上下层垫应在同一直线上，堆放层数不宜超过四层。一般情况下，宜根据打桩顺序和速度，随打随运。

（3）预制桩沉桩前必须做好以下几方面准备工作：

1）认真处理高空（如架空高压线）、地上和地下障碍物。

2）对现场周围 50m 以内建筑物做全面检查，如有危房必须加固或拆除。

3）对建筑物基线以外 4~6m 范围的打桩机行驶路线应平整、夯实。桩架移动地面坡度不得大于 1%，道路两旁应排水畅通。

4）打桩现场附近需设水准点，数量不宜少于 2 个，用以抄平和检查桩的入土深度，按照建筑物轴线写出每个桩位。每个预制桩位用 6 分管打入后灌白灰，或用直径 20~25mm 圆钢打入土中，拔出后灌白灰即可。

（4）打桩现场或附近需设水准点，数量不宜少于 2 个，用以抄平和检查桩的入土深度。按照建筑物轴线定出每个桩位，做出标记。

（5）施工中应对桩体垂直度、沉桩情况、桩顶完整情况、接桩质量等进行检查。

常用接桩方法有焊接、法兰接及硫磺胶泥锚接，前两种可用于各类土层，硫磺胶泥锚接适用于软土层，对一级建筑桩基或受拔力的桩宜慎用。采用焊接接桩时，钢板宜用低碳钢，焊条宜用 E43，同时对电焊接桩，重要工程应做 10% 的焊缝探伤检验。

（6）对长桩或总锤击数超过 500 击的锤击桩，应符合桩体强度及 28d 龄期的两项条件才能锤击。

（7）桩至接近设计深度，应进行观测，一般以设计要求最后三阵 10 锤的平均贯入度或入土标高来控制。

如桩尖土为坚硬的碎石土、中密状态以上的砂土或风化岩层时，以贯入度控制为主，桩尖设计标高作为参考。

如桩尖土为其他较软土层时，以桩类标高控制为主，贯入度控制作为参考。

（8）如发现地质条件与所提供的数据不符时，应停止打桩，并与设计等单位研究处理。

（9）施工结束后，应对预制桩的承载力及桩体质量做检验。检验方法有静载试验和动测试验，应根据具体情况由设计确定。

（10）预制桩桩顶嵌入承台梁的长度，对于中等直径桩不宜小于50cm，预制桩主筋应锚固在承台梁中的长度不宜小于30倍主筋直径，对于抗拔桩基不应小于40倍主筋直径。

278. 沉桩施工监测应包括哪些内容？

沉桩施工监测一般包括下列内容，应根据工程情况、有关规范和设计要求选择部分或全部进行。

（1）在挤土桩和部分挤土桩沉桩施工影响范围内地表土和深层土体的水平、竖向位移和孔隙水压力的变化情况。

（2）邻近建筑物的沉降及邻近地下管线水平、竖向位移。

（3）当为锤击法沉桩时，还应根据需要监测振动和噪声。

279. 预制桩常见的质量事故现象及原因有哪些？

（1）桩头被打坏。桩头混凝土强度低、桩头不平、混凝土保护层太厚。

（2）桩身位移倾斜。桩头不平、地下遇到障碍物。

（3）桩身打破。桩混凝土强度低导致断裂、地下遇到障碍物。

（4）桩突然下沉。桩断裂、遇有洞坑、松软土质。

（5）桩打不下去。断桩、遇到坚硬层。

当发现桩产生以上质量事故时，应立即进行处理，一般处理方法是马上拔掉，或者用升桩补打方法处理。

280. 灌注桩、钻孔压浆桩的平面位置和垂直度允许偏差应符合什么规定？

灌注桩、钻孔压浆桩的桩位偏差必须符合下表的规定，桩顶标高至少要比设计标高高出0.5m，桩底清孔质量按不同的成桩工艺有不同的要求，应按规范要求执行。每浇筑50m³必须有1组试件，小于50m³的桩，每根必须有1组试件。见表7-22。

表 7-22　灌注桩、钻孔压浆桩的平面位置和垂直度的允许偏差

序号	成孔方法	桩径允许偏差（mm）	垂直允许偏差（%）	桩位允许偏差（mm）	
				1~3 根、单排桩基垂直于中心线方向和群桩基础的边桩	条形桩基沿中心线方向和群桩基础的中间桩
1	泥浆护壁钻孔桩				
	$D \leq 1000\text{mm}$	±50	<1	$D/6$，且不大于 100	$D/4$，且不大于 150
	$D > 1000\text{mm}$	±50	<1	$100 + 0.01H$	$150 + 0.01H$
2	套管成孔灌注桩				
	$D \leq 500\text{mm}$	−20	<1	70	150
	$D > 500\text{mm}$	−20	<1	100	150
3	干成孔灌注桩	−20	<1	70	150
4	人工挖孔桩				
	混凝土护壁	+50	<0.5	50	150
	钢套管护壁	+50	<1	100	200

注：1. 桩径允许偏差的负值是指个别断面。
　　2. 采用复打、反插法施工的桩，其桩径允许偏差不受上表限制。
　　3. H 为施工现场地面标高与桩顶设计标高的距离，D 为设计桩径。

281. 锚杆静压桩质量检验标准应符合什么规定？

（1）静力压桩包括锚杆静力压桩及其他各种非冲击力沉桩。

（2）施工前应对成品桩做外观及强度检验，接桩用焊条或半成品硫磺胶泥应有产品合格证书，或送有关部门检验，压桩用压力表，锚杆规格及质量也应进行检查。硫磺胶泥半成品应每 100kg 做一组试件（3 件）。

（3）压桩过程中应检查压力、桩垂直度、接桩间歇时间、桩的连接质量及压入深度。重要工程应对电焊接桩的接头做 10% 的探伤检查。对承受反力的结构应加强观测。

（4）施工结束后，应做桩的承载力及桩体质量检验。

（5）锚杆静压桩质量检验标准应符合表 7-23 的规定。

表 7-23　锚杆静压桩质量检验标准

项	序	检查项目		允许偏差或允许值	检查方法
主控项目	1	桩体质量检验		按基桩检测技术规范	按基桩检测技术规范
	2	桩位偏差		按规范要求	用钢尺量
	3	承载力		按基桩检测技术规范	按基桩检测技术规范
一般项目	1	成品桩质量	外观	表面平整，颜色均匀，掉角深度 <10mm，蜂窝面积小于总面积0.5%	直观
			外形尺寸	按规范要求	按规范要求
			强度	满足设计要求	查产品合格证书或钻芯试压
	2	硫磺胶泥质量（半成品）		设计要求	查产品合格证书或抽样送检
	3	接桩			
		电焊接桩：焊缝质量		按规范要求	按规范要求
		电焊结束后停歇时间		>1.0min	秒表测定
		硫磺胶泥接桩：			
		胶泥浇筑时间		<2min	秒表测定
		浇筑后停歇时间		>7min	秒表测定
	4	电焊条质量		设计要求	查产品合格证书
	5	压桩压力（设计时有要求时）		±5%	查压力表读数
	6	接桩时上下节平面偏差		<10mm	用钢尺量
		接桩时节点弯曲矢高		<L/1000	用钢尺量，L 为两节长度
	7	桩顶标高		±50mm	水准仪

298

282. 钢筋混凝土预制桩的质量检验标准应符合什么规定？

（1）桩在现场预制时，应对原材料、钢筋骨架、混凝土强度进行检查；采用工厂生产的成品桩时，桩进场后应进行外观及尺寸检查。

（2）预制桩钢筋骨架质量检验标准应符合表7-24的规定。

表 7-24　预制桩钢筋骨架质量检验标准　　　（mm）

项	序	检查项目	允许偏差或允许值	检查方法
主控项目	1	主筋距桩顶距离	±5	用钢尺量
	2	多节桩锚固钢筋位置	5	用钢尺量
	3	多节桩预埋铁件	±3	用钢尺量
一般项目	1	主筋间距	±5	用钢尺量
	2	桩尖中心线	10	用钢尺量
	3	箍筋间距	±20	用钢尺量
		桩顶钢筋网片	±10	用钢尺量
		多节桩锚固钢筋长度	±10	用钢尺量

（3）施工中应对桩体垂直度、沉桩情况、桩顶完整状况、接桩质量等进行检查，对电焊接桩，重要工程应做10%的焊缝探伤检查。

（4）施工结束后，应对承载力及桩体质量做检验。

（5）对长桩或总锤击数超过500击的锤击桩，应符合强度及28d龄期的两项条件才能锤击。

（6）钢筋混凝土预制桩的质量检验标准应符合表7-25的规定。

表 7-25　钢筋混凝土预制桩的质量检验标准

项	序	检查项目	允许偏差或允许值	检查方法
主控项目	1	桩体质量检验	按基桩检测技术规范	按基桩检测技术规范
	2	桩位偏差	按规范要求	用钢尺量
	3	承载力	按基桩检测技术规范	按基桩检测技术规范

项	序	检查项目	允许偏差或允许值	检查方法
一般项目	1	砂、石、水泥、钢材等原材料（现场预制时）	符合设计要求	查出厂质保文件或抽样送检
	2	混凝土配合比及强度（现场预制时）	符合设计要求	检查称量及查试块记录
	3	成品桩外形	表面平整，颜色均匀，掉角深度<10mm，蜂窝面积小于总面积0.5%	直观
	4	成品桩裂缝（收缩裂缝或起吊、装运、堆放引起的裂缝）	深度20，宽度0.25，横向裂缝不超过边长的一半	裂缝测定仪，该项在地下水有侵蚀地区及锤击数超过500击的长桩不适用
	5	成品桩尺寸： 横截面边长	±5mm	用钢尺量
		桩顶对角线差	<10mm	用钢尺量
		桩尖中心线	<10mm	用钢尺量
		桩身弯曲矢高	L/1000	用钢尺量，L为桩长
		桩顶平整度	<2	用水平尺量
	6	电焊接桩： 焊缝质量	按规范规定	按规范规定
		电焊结束后停歇时间	>1.0min	秒表测定
		上下节点平面偏差	<10mm	用钢尺量
		节点弯曲矢高	<L/1000	用钢尺量，L为两节桩长
	7	硫磺胶泥接桩： 胶泥浇筑时间	<2min	秒表测定
		浇筑后停歇时间	>7min	秒表测定
	8	桩顶标高	±50mm	水准仪
	9	停锤标准	设计要求	现场实测或查沉桩记录

283. 混凝土灌注桩质量检验标准应符合什么规定？

（1）施工前应对水泥、砂、石子（如现场搅拌）、钢材等原材料进行检查，对施工组织设计中制定的施工顺序、监测手段（包括仪器、方法）也应检查。

（2）施工中对成孔、清渣、放置钢筋笼、灌注混凝土等进行全过程检查，人工挖孔桩尚应复验孔底持力层岩性。嵌岩桩必须有桩端持力层的岩性报告。

（3）施工结束后，应检查混凝土强度，并应做桩体质量及承载力的检验。

（4）混凝土灌注桩的质量检验标准应符合表7-26、表7-27的规定。

表7-26　混凝土灌注桩钢筋笼质量检验标准　（mm）

项	序	检查项目	允许偏差或允许值	检查方法
主控项目	1	主筋间距	±10	用钢尺量
	2	长度	±100	用钢尺量
一般项目	1	钢筋材质检验	设计要求	抽样送检
	2	箍筋间距	±20	用钢尺量
	3	直径	±10	用钢尺量

表7-27　混凝土灌注桩质量检验标准

项	序	检查项目	允许偏差或允许值	检查方法
主控项目	1	桩位	按规定要求	基坑开挖前量护筒，开挖后量桩中心
	2	孔深	+300mm	只深不浅，用重锤测，或测钻杆、套管长度、嵌岩桩应确保进入设计要求的嵌岩深度

项	序	检查项目	允许偏差或允许值	检查方法
主控项目	3	桩体质量检验	按基桩检测技术规范。如钻芯取样、大直径嵌岩桩应钻至桩尖下 50cm	按基桩检测技术规范
	4	混凝土强度	设计要求	试件报告或钻芯取样送检
	5	承载力	按基桩检测技术规范	按基桩检测技术规范
一般项目	1	垂直度	按规定要求	测套管或钻杆，或用超声波探测，干施工时吊垂球
	2	桩径	按规定要求	井径仪或超声波检测，干施工时用钢尺量，人工挖孔桩不包括内衬厚度
	3	泥浆比重（黏土或砂性土中）	1.15～1.20	用比重计测，清孔后在距孔底 50 处取样
	4	泥浆面标高（高于地下水位）	0.5～1.0	测绳
	5	沉渣厚度： 端承桩 摩擦桩	 ≤50mm ≤150mm	 用沉渣仪或重锤测量 用沉渣仪或重锤测量
	6	混凝土坍落度： 水下灌注 干施工	 160～220mm 70～100mm	 坍落度仪 坍落度仪
	7	钢筋笼安装深度	±100mm	用钢尺量
	8	混凝土充盈系数	>1	检查每根桩的实际灌注量
	9	桩顶标高	+30mm，-50mm	水准仪，需扣除桩顶浮浆层及劣质桩体

302

284. 桩基工程质量检查标准应符合什么规定？

（1）桩基工程应进行桩位、桩长、桩径、桩身质量和单桩承载力的检验。

（2）桩基工程的检验按时间顺序可分为三个阶段：施工前检验、施工检验和施工后检验。

（3）对砂、石子、水泥、钢材等桩体原材料质量的检验项目和方法应符合国家现行有关标准的规定。

（4）施工前检验：

1）预制桩（混凝土预制桩、钢桩）施工前应进行下列检验：

①成品桩应按选定的标准图或设计图制作，现场应对其外观质量及桩身混凝土强度进行检验。

②应对接桩用焊条、压桩用压力表等材料和设备进行检验。

2）灌注桩施工前应进行下列检验：

①混凝土拌制应对原材料质量与计量、混凝土配合比、坍落度、混凝土强度等级等进行检查。

②钢筋笼制作应对钢筋规格、焊条规格、品种、焊口规格、焊缝长度、焊缝外观和质量、主筋和箍筋的制作偏差等进行检查，钢筋笼制作允许偏差应符合《建筑桩基技术规范》表6.2.5的要求。

（5）施工检验：

1）预制桩（混凝土预制桩、钢桩）施工过程中应进行下列检验。

①打入（静压）深度、停锤标准、静压终止压力值及桩身（架）垂直度检查。

②接桩质量、接桩间歇时间及桩顶完整状况。

③每米进尺锤击数、最后1.0m锤击数、总锤击数、最后三阵贯入度及桩尖标高等。

2）灌注桩施工过程中应进行下列检验：

①灌注混凝土前，应按照《建筑桩基技术规范》第6章有关

施工质量要求，对已成孔的中心位置、孔深、孔径、垂直度、孔底沉渣厚度进行检验。

②应对钢筋笼安放的实际位置等进行检查，并填写相应质量检测、检查记录。

③干作业条件下成孔后应对大直径桩桩端持力层进行检验。

3）对于挤土预制桩和挤土灌注桩，施工过程均应对桩顶和地面土体的竖向和水平位移进行系统观测；若发现异常，应采取复打、复压、引孔、设置排水措施及调整沉桩速率等措施。

（6）施工后检验：

1）根据不同桩型应按规范规定的灌注桩成孔施工允许偏差或打入桩桩位的允许偏差要求检查成桩桩位偏差。

2）工程桩应进行承载力和桩身质量检验。

有下列情况之一的桩基工程，应采用静荷载试验对工程桩单桩竖向承载力进行检测，检测数量应根据桩基设计等级、本工程施工前取得试验数据的可靠性因素，按现行行业标准《建筑基桩检测技术规范》JGJ 106确定：

①工程施工前已进行单桩静载试验，但施工过程变更了工艺参数或施工质量出现异常时。

②施工前工程未按《建筑桩基技术规范》第5.3.1条规定进行单桩静载试验的工程。

③地质条件复杂、桩的施工质量可靠性低。

④采用新桩型或新工艺。

有下列情况之一的桩基工程，可采用高应变动测法对工程桩单桩竖向承载力进行检测：

①除上述应采用静荷载试验对工程桩单桩竖向承载力进行检测的规定条件外的桩基。

②设计等级为甲、乙级的建筑桩基静载试验检测的辅助检测。

（7）桩身质量除对预留混凝土试件进行强度等级检验外，尚应进行现场检测。检测方法可采用可靠的动测法，对于大直径桩还可采取钻芯法、声波透射法；检测数量可根据现行行业标准《建筑基桩检测技术规范》JGJ 106 确定。

（8）对专用抗拔桩和对水平承载力有特殊要求的桩基工程，应进行单桩抗拔静载试验和水平静载试验检测。

285. 基桩及承台工程验收应具备哪些资料？

当桩顶设计标高与施工场地标高相近时，基桩的验收应待基桩施工完毕后进行；当桩顶设计标高低于施工场地标高时，应待开挖到设计标高后进行验收。

（1）基桩验收应包括下列资料：

1）岩土工程勘察报告、桩基施工图、图纸会审纪要、设计变更单及材料代用通知单等。

2）经审定的施工组织设计、施工方案及执行中的变更单。

3）桩位测量放线图，包括工程桩位线复核签证单。

4）原材料的质量合格和质量鉴定书。

5）半成品如预制桩、钢桩等产品的合格证。

6）施工记录及隐蔽工程验收文件。

7）成桩质量检查报告。

8）单桩承载力检测报告。

9）基坑挖至设计标高的基桩竣工平面图及桩顶标高图。

10）其他必须提供的文件和记录。

（2）承台工程验收时应包括下列资料：

1）承台钢筋、混凝土的施工与检查记录。

2）桩头与承台的锚筋、边桩离承台边缘距离、承台钢筋保护层记录。

3）桩头与承台防水构造及施工质量。

4）承台厚度、长度和宽度的量测记录及外观情况描述等。

5）承台工程验收除符合本节规定外，尚应符合现行国家标准《混凝土结构工程施工质量验收规范》GB 50204 的规定。

286. 钻孔灌注桩质量控制监理要点是什么?

钻孔灌注桩是采用机械钻孔的一种成桩方法,是一项质量要求高、施工工序多、并须在一定时间内连续完成的地下隐蔽工程。

(1)施工前应对水泥、砂、石子(如现场搅拌)、钢筋等原材料进行检查,对施工组织设计中制定的施工顺序、监测手段(包括仪器、方法)也应检查。

(2)成孔设备就位后,必须平正、稳固,确保在施工中不发生倾斜、移动,容许垂直偏差为0.5%。为准确控制钻孔深度,应在桩架或桩管上做出控制深度的标尺,以便在施工中进行观测、记录。

(3)灌注桩的桩位偏差、成孔控制深度、钢筋笼的制作质量、压浆管的焊接质量、成孔质量等必须符合《建筑地基基础工程施工质量验收规范》ZJQ00-SG-014-2006的规定。

(4)检查导管。浇筑过程中导管应始终处在孔的中心,随时量测浇筑深度,确定埋置深度(一般控制在1.5~2.0m),防止导管提拔过快、过多,造成断桩。

(5)施工结束后,应检查混凝土强度,并应做桩体质量及承载力的检验。

1)对于地基基础设计等级为甲级或地质条件复杂、成桩质量可靠性低的灌注桩,应采用静载荷试验的方法进行检验,检验桩数不应少于总数的1%,且不应少于3根,当总桩数少于50根时,不应少于2根。

2)对于设计等级为甲级或地质条件复杂、成检质量可靠性低的灌注桩,抽检数量不应少于总数的30%,且不应少于20根;其他桩基工程的抽检数量不应少于总数的20%,且不应少于10根;对地下水位以上且终孔后经过检验的灌注桩,检验数量不应少于总桩数的10%,且不得少于10根。每个柱子承台下不得少于1根。

3）除以上 1）、2）条规定的主控项目外，其他主控项目应全部检查，对一般项目，除已明确规定外，其他可按 20% 抽查，但混凝土灌注桩应全部检查。

（6）灌注桩的成孔、下钢筋笼和灌注混凝土是成桩质量的关键工序，每一道工序完成时，均应进行质量检查，上一道工序质量不符合要求，严禁下一道工序施工。

287. 人工挖孔灌注桩质量控制监理要点是什么？

人工挖孔灌注桩是指在桩位用人工挖直孔、放钢筋笼、灌注混凝土的成桩方法。桩身直径一般为 800 ~ 2000mm，桩端采用不扩底和扩底（桩身直径的 1.3 ~ 2.5 倍）两种形式。

（1）挖孔前应复核测量基线、水准基点及桩位，并于桩位四周引出挖孔桩。

（2）每段挖土后必须吊线，检查中心位置是否正确，桩孔的质量要求如下：

1）孔位中心允许偏差：+50mm。

2）孔径个别断面允许偏差：+50mm。

3）垂直度允许偏差：0.5 桩长。

（3）挖孔完成后，应立即检查孔底质量，并对 20% ~ 30% 桩进行桩端持力层土均匀性的动探校核无误后，立即浇筑扩大端部分混凝土，安放钢筋笼，再进行桩身混凝土浇筑。

（4）钢筋笼的制作与吊放应符合的规定：

1）钢筋笼制作时，应在纵向钢筋内部每隔 2m 设一个 $\Phi16$ 封闭定位箍，环筋绑扎后，应于两端头两环筋上与纵盘根点焊，而中间环也应有一定数量的点焊点。

2）钢筋笼吊放时，可采用带有小卷扬机的三木搭吊放（重量 1000kg 以内的钢筋笼），重大钢筋笼应采用机械吊放。吊放时应防止扭转、弯曲，并要求对准孔位，吊直扶稳、缓缓下沉，避免碰撞孔壁，钢筋笼吊放完毕，应进行验收。

（5）挖孔前及挖孔期间，要时刻注意孔下是否含有毒气体，特别是超过 10m 的深孔，要采取通风措施，其风量不宜少于 25L/s。

（6）混凝土灌注可采用串桶、导管输送混凝土，不得从上往下直接倒入，混凝土应连续分层浇筑，每层浇筑高度不得超过 1.5m。

（7）每桩孔同时成孔，应采取间隔挖孔方法，以减少水的渗透和防止土体滑移。

288. 桩基础工程施工质量验收必须具备哪些统一资料？

（1）桩基础工程施工质量验收必须具备的统一资料。

（2）岩土工程勘察报告。

（3）桩基设计图纸、设计要求、设计交底、设计变更、洽商记录。

（4）地基处理分项工程施工组织设计或施工方案、技术交底记录。

（5）工程定位测量记录。

（6）施工记录。

（7）成桩施工记录及桩位编号图。

（8）桩体质量及基桩承载力检测报告。

（9）见证取样记录。

（10）隐蔽工程检查记录。

（11）检验批、分项工程质量验收记录。

（12）各种原材料出厂合格证和试验报告。

（13）邻近建筑物和地下设施类型、分布及结构质量情况记录。

（14）混凝土配合比报告。

（15）工程竣工图。

289. 砌筑工程质量监理控制的工作要点是什么？

（1）熟悉设计文件、掌握各部位砖的强度等级、砂浆的强度等级、砌体内的配筋、预留洞、预埋件、预埋木砖的位置、规格、尺寸。

（2）审核施工单位的施工组织设计及施工方案。

（3）审查施工单位提供的砖、水泥、外加剂的出厂合格证及复验报告单位，砂的试验报告及外观质量。

（4）审查施工单位提供的砂浆配合比报告单。

（5）审查施工单位的技术交底及落实情况。

（6）审查施工单位的施工机具的数量及性能。

（7）检查施工现场施工弹线、标高及皮数杆设立情况。

（8）严禁使用干砖砌筑，砖在砌筑前一天必须浇水湿润。

（9）检查基层清理、浇水、找平情况。

290. 砌体工程施工质量有哪些基本规定？

（1）砌筑顺序应符合下列规定：

1）基底标高不同时，应从低处砌起，并应由高处向低处搭砌。当设计无要求时，搭接长度不应小于基础扩大部分的高度。

2）砌体的转角处和交接处应同时砌筑。当不能同时砌筑时，应按规定留槎、接槎。

（2）在墙上留置临时施工洞口，其侧边离交接处墙面不应小于500mm，洞口净宽度不应超过1m。

抗震设防烈度为9度的地区建筑物的临时施工洞口位置，应会同设计单位确定。

临时施工洞口应做好补砌。

（3）不得在下列墙体或部位设置脚手眼：

1）120mm厚墙、料石清水墙和独立柱。

2）过梁上与过梁成60°角的三角形范围及过梁净跨度1/2的高度范围内。

3）宽度小于1m的窗间墙。

4）砌体门窗洞口两侧200mm（石砌体为300mm）和转角处450mm（石砌体为600mm）范围内。

5）梁或梁垫下及其左右500mm范围内。

6）设计不允许设置脚手眼的部位。

（4）设计要求的洞口、管道、沟槽应于砌筑时正确留出或预埋，未经设计同意，不得打凿墙体和在墙体上开凿水平沟槽。宽度超过300mm的洞口上部，应设置过梁。

（5）搁置预制梁、板的砌体顶面应找平，安装时应座浆。当设计无具体要求时，应采用1:2.5的水泥砂浆。

（6）设置在潮湿环境或有化学侵蚀性介质的环境中的砌体灰缝内的钢筋应采取防腐措施。

291. 砌筑砂浆的合格验收条件有哪些？

（1）水泥使用应符合的规定

1）水泥进场时应对其品种、等级、包装或散装仓号、出厂日期等进行检查，并应对其强度、安定性进行复验，其质量必须符合现行国家标准《通用硅酸盐水泥》GB 175 的有关规定。

2）当在使用中对水泥质量有怀疑或水泥出厂超过 3 个月（快硬硅酸盐水泥超过 1 个月）时，应复查试验，并按复验结果使用。

不同品种的水泥，不得混合使用。

抽查数量：按同一生产厂家、同品种、同等级、同批号连续进场的水泥，袋装水泥不超过200t 为一批，散装水泥不超过500t 为一批，每批抽样不少于一次。

检验方法：检查产品合格证、出厂检验报告和进场复验报告。

（2）砌筑砂浆应进行配合比设计。当砌筑砂浆的组成材料有变更时，其配合比应重新确定。砌筑砂浆的稠度宜按表7-28 的规定采用。

表 7-28　砌筑砂浆的稠度

砌体种类	砂浆稠度（mm）
烧结普通砖砌体 蒸压粉煤灰砖砌体	70～90
混凝土实心砖、混凝土多孔砖砌体 普通混凝土小型空心砌块砌体 蒸压灰砂砖砌体	50～70
烧结多孔砖、空心砖砌体 轻骨料小型空心砌块砌体 蒸压加气混凝土砌块砌体	60～80
石砌体	30～50

注：1. 采用薄灰砌筑法砌筑蒸压加气混凝土砌块砌体时，加气混凝土粘结砂浆的加水量按照其产品说明书控制；

　　2. 当砌筑其他块体时，其砌筑砂浆的稠度可根据块体吸水特性及气候条件确定。

（3）施工中不应采用强度等级小于 M5 水泥砂浆替代同强度等级水泥混合砂浆，如需替代，应将水泥砂浆提高一个强度等级。

（4）在砂浆中掺入的砌筑砂浆增塑剂、早强剂、缓凝剂、防冻剂、防水剂等砂浆外加剂，其品种和用量应经有资质的检测单位检验和试配确定。

（5）配制砌筑砂浆时，各组分材料应采用质量计量，水泥及各种外加剂配料的允许偏差为 ±2%；砂、粉煤灰、石灰膏等配料的允许偏差为 ±5%。

（6）砌筑砂浆应采用机械搅拌，搅拌时间自投料完起算应符合下列规定：

1）水泥砂浆和水泥混合砂浆不得少于 120s。

2）水泥粉煤灰砂浆和掺用外加剂的砂浆不得少于 180s。

3）掺增塑剂的砂浆，其搅拌方式、搅拌时间应符合现行行业标准《砌筑砂浆增塑剂》JG/T164 的有关规定。

（7）干混砂浆及加气混凝土砌块专用砂浆宜按掺用外加剂的砂浆确定搅拌时间或按产品说明书采用。

（8）现场拌制的砂浆应随拌随用，拌制的砂浆应在3h内使用完毕；当施工期间最高气温超过30℃时，应在2h内使用完毕。预拌砂浆及蒸压加气混凝土砌块专用砂浆的使用时间应按照厂方提供的说明书确定。

（9）砌筑砂浆试块强度验收时其强度合格标准应符合下列规定：

1）同一验收批砂浆试块强度平均值应大于等于设计强度等级值的1.10倍。

2）同一验收批砂浆试块抗压强度的最小一组平均值应大于等于设计强度等级值的85%。

抽检数量：每一检验批且不超过250m³砌体的各类、各强度等级的普通砌筑砂浆，每台搅拌机应至少抽检一次。验收批的预拌砂浆、蒸压加气混凝土砌块专用砂浆，抽检可为3组。

检验方法：在砂浆搅拌机出料口或湿拌砂浆的储存容器出料口随机取样制作砂浆试块（现场拌制的砂浆，同盘砂浆只应做1组试块），试块标养28d后做强度试验。预拌砂浆中的湿拌砂浆稠度应在进场时取样检验。

（10）当施工中或验收时出现下列情况，可采用现场检验方法对砂浆或砌体强度进行实体检测，并判定其强度。

1）砂浆试块缺乏代表性或试块数量不足。

2）对砂浆试块的试验结果有怀疑或有争议。

3）砂浆试块的试验结果，不能满足设计要求。

4）发生工程事故，需进一步分析事故原因。

292. 砖砌体工程施工质量控制要求包括哪些？

砖砌体工程施工质量控制要求包括：

（1）主控项目

1）砖和砂浆的强度等级必须符合设计要求。

抽检数量：每一生产厂家，烧结普通砖、混凝土实心砖每15

万块，烧结多孔砖、混凝土多孔砖、蒸压灰砂砖及蒸压粉煤灰砖每 10 万块各为 1 验收批，不足上述数量时按 1 批计，抽检数量为 1 组。砂浆试块的抽检数量按规范要求执行。

检验方法：查砖和砂浆试块试验报告。

2）砌体灰缝砂浆应密实饱满，砖墙水平灰缝的砂浆饱满度不得低于 80%；砖柱水平灰缝和竖向灰缝饱满度不得低于 90%。

抽查数量：每检验批抽查不应少于 5 处。

检验方法：用百格网检查砖底面与砂浆的粘结痕迹面积，每处检测 3 块砖，取其平均值。

3）砖砌体的转角处和交接处应同时砌筑，严禁无可靠措施的内外墙分砌施工。在抗震设防烈度为 8 度及 8 度以上地区，对不能同时砌筑而又必须留置的临时间断处应砌成斜槎，普通砖砌体斜槎水平投影长度不应小于高度的 2/3，多孔砖砌体的斜槎长高比不应小于 1/2。斜槎高度不得超过一步脚手架的高度。

抽检数量：每检验批抽查不应少于 5 处。

检查方法：观察检查。

4）非抗震设防及抗震设防烈度为 6 度、7 度地区的临时间断处，当不能留斜槎时，除转角处外，可留直槎，但直槎必须做成凸槎，且应加设拉结钢筋，拉结钢筋应符合下列规定：

①每 120mm 墙厚放置 1 ϕ6 拉结钢筋（120mm 厚墙应放置 2 ϕ6 拉结钢筋）。

②间距沿墙高不应超过 500mm，且竖向间距不应超过 100mm。

③埋入长度从留槎处算起每边均不应小于 500mm，对抗震设防烈度 6 度、7 度的地区，不应小于 1000mm。

④末端应有 90°弯钩。

抽检数量：每检验批抽查不应少于 5 处。

检查方法：观察和尺量检查。

（2）一般项目

1）砖砌体组砌方法应正确，内外搭砌，上、下错缝。清水墙、窗间墙无通缝；混水墙中不得有长度大于300mm的通缝，长度200～300mm的通缝每间不超过3处，且不得位于同一面墙体上。砖柱不得采用包心砌法。

抽检数量：每检验批抽查不应少于5处。

检查方法：观察检查。砌体组砌方法抽检每处应为3～5m。

2）砖砌体的灰缝应横平竖直，厚薄均匀，水平灰缝厚度及竖向灰缝宽度宜为10mm，但不应小于8mm，也不应大于12mm。

抽检数量：每检验批抽查不应少于5处。

检查方法：水平灰缝厚度用尺量10皮砖砌体高度折算；竖向灰缝宽度用尺量2m砌体长度折算。

3）砖砌体尺寸、位置的允许偏差及检验应符合表7-29的规定。

表7-29　砖砌体尺寸、位置的允许偏差及检验

项次	项目			允许偏差（mm）	检验方法	抽检数量
1	轴线位移			10	用经纬仪和尺或用其他测量仪器检查	承重墙、柱全数检查
2	基础、墙、柱顶面标高			±15	用水准仪和尺检查	不应少于5处
3	墙面垂直度	每层		5	用2m托线板检查	不应少于5处
		全高	≤10m	10	用经纬仪和尺检查，或用其他测量仪器检查	外墙全部阳角
			>10m	20		外墙全部阳角
4	表面平整度	清水墙、柱		5	用经纬仪、吊线和尺或用其他测量仪器检查	不应少于5处
		混水墙、柱		8		
5	水平灰缝平直度	清水墙		7	拉5m线和尺检查	不应少于5处
		混水墙		10		

314

项次	项目	允许偏差（mm）	检验方法	抽检数量
6	门窗洞口高、宽（后塞口）	±10	用尺检查	不应少于5处
7	外墙上下窗口偏移	20	以底层窗口为准，用经纬仪或吊线检查	不应少于5处
8	清水墙游丁走缝	20	以每层第一皮砖为准，用吊线和尺检查	不应少于5处

293. 砌体结构工程冬期施工质量控制要求包括哪些？

（1）当室外平均气温连续5d稳定低于5℃时，砌体工程应采取冬期施工措施。

①气温根据当地气象资料确定。

②冬期施工期限以外，当日最低温度低于0℃时，也应按冬期施工的规定执行。

（2）冬期施工的砌体工程质量验收除应符合该标准要求外，尚应符合现行行业标准《建筑工程冬期施工规程》JGJ/T 104的有关规定。

（3）砌体工程冬期施工应有完整的冬期施工方案。

（4）冬期施工所用材料应符合下列规定：

1）石灰膏、电石膏等应防止受冻，如遭冻结，应经融化后使用。

2）拌制砂浆用砂，不得含有冰块和大于10mm的冻结块。

3）砌体用块体不得遭水浸冻。

（5）冬期施工砂浆砌块的留置，除应按常温规定要求外，尚应增加1组与砌体同条件养护的试块，用于检验转入常温28d的强度。

（6）冬期施工中砖、小砌块浇（喷）水湿润应符合下列规定：

1）烧结普通砖、烧结多孔砖、蒸压灰砂砖、蒸压粉煤灰砖、烧结空心砖、吸水率较大的轻骨料混凝土小型空心砖砌块在气温高于0℃条件下砌筑时，应浇水湿润；在气温低于、等于0℃条件下砌筑时，可不浇水，但必须增大砂浆稠度。

2）普通混凝土小型空心砌块、混凝土多孔砖、混凝土实心砖及采用薄灰砌筑法的蒸压加气混凝土砌块施工时，不应对其浇（喷）水湿润。

3）抗震设防烈度为9度的建筑物，当烧结普通砖、烧结多孔砖、蒸压粉煤灰砖、烧结空心砖无法浇水湿润时，如无特殊措施，不得砌筑。

（7）拌合砂浆时水的温度不得超过80℃，砂的温度不得超过40℃。

（8）采用砂浆掺外加剂法、暖棚法施工时，砂浆使用温度不应低于5℃。

采用暖棚法施工，块体在砌筑时的温度不应低于5℃，距离所砌的结构底面0.5m处的棚内温度也不应低于5℃。

（9）在暖棚的砌体养护时间，应根据暖棚内温度按表7-30确定。

表7-30　暖棚法砌体的养护时间

暖棚的温度（℃）	5	10	15	20
养护的时间（d）	≥6	≥5	≥4	≥3

（10）采用外加剂法配制的砌筑砂浆，当设计无要求时，且最低温度等于或低于-15℃时，砂浆强度等级应较常温施工提高一级。

（11）配筋砌体不得采用掺氯盐的砂浆施工。

294. 混凝土小型空心砌块砌体工程的质量控制要求应包括哪些方面？

混凝土小型空心砌块砌体工程施工质量控制要求包括：

（1）主控项目

1）小砌块和芯柱混凝土、砌筑砂浆的强度等级必须符合设计要求。

抽检数量：每一生产厂家，每1万块小砌块为一验收批，不足1万块按一批计，抽检数量为1组；用于多层以上建筑的基础和底层的小砌块抽检数量不应少于2组。砂浆试块的抽检数量应执行规范有关规定。

检查方法：检查小砌块和芯柱混凝土、砌筑砂浆试块试验报告。

2）砌体水平灰缝和竖向灰缝的砂浆饱满度，按净面积计算不得低于90%。

抽检数量：每检验批抽查不应少于5处。

检查方法：用专用百格网检测小砌块与砂浆粘结痕迹，每处检测3块小砌块，取其平均值。

3）墙体转角处和纵横交接处应同时砌筑。临时间断处应砌成斜槎，斜槎水平投影长度不应小于斜槎高度。施工洞口可预留直槎，但在洞口砌筑和补砌时，应在直槎上下搭砌的小砌块孔洞内用强度等级不低于C20（或Cb20）的混凝土灌实。

抽检数量：每检验批抽查不应少于5处。

检查方法：观察检查

4）小砌块砌体的芯柱在楼盖处应贯通，不得削弱芯柱截面尺寸；芯柱混凝土不得漏灌。

抽检数量：每检验批抽查不应少于5处。

检查方法：观察检查

（2）一般项目

1）砌体的水平灰缝厚度和竖向灰缝宽度宜为10mm，但不应小于 8mm，也不应大于 12mm。

抽检数量：每检验批抽查不应少于 5 处。

检查方法：水平灰缝厚度用尺量 5 皮小砌块的高度折算；竖向灰缝宽度用尺量 2m 砌体长度折算。

2）小砌块砌体尺寸、位置的允许偏差按规范规定的要求执行。

295. 配筋砌体工程施工质量控制要求包括哪些方面？

配筋砌体是由配置钢筋的砌体作为建筑物主要受力构件的结构。是网状配筋砌体柱、水平配筋砌体墙、砖砌体和钢筋混凝土面层或钢筋砂浆面层组合砌体柱（墙）、砖砌体和钢筋混凝土构造柱组合墙以及配筋砌块砌体剪力墙的统称。

配筋砌体工程施工质量控制要求包括：

（1）主控项目

1）钢筋的品种、规格和数量应符合设计要求。

检查方法：检查钢筋的合格证书、钢筋性能复试试验报告、隐蔽工程记录。

2）构造柱、芯柱、组合砌体构件、配筋砌体剪力墙构件的混凝土或砂浆的强度等级应符合设计要求。

抽检数量：每检验批砌体，试块不应少于 1 组，验收批砌体试块不得少于 3 组。

检查方法：检查混凝土和砂浆试块试验报告。

3）构造柱与墙体的连接应符合下列规定：

墙体应砌成马牙槎，马牙槎凹凸尺寸不宜小于 60mm，高度不应超过 300mm，马牙槎应先退后进，对称砌筑；马牙槎尺寸偏差每一构造柱不应超过 2 处。

预留拉结钢筋的规格、尺寸、数量及位置应正确，拉结钢筋应沿墙高每隔 500mm 设 2Φ6，伸入墙内不宜小于 600mm，钢筋的竖向位移不应超过 100mm，且竖向位移每一构造柱不得超过 2 处。

4）施工中不得任意弯折拉结钢筋。

抽检数量：每检验批不应少于5处。

检查方法：观察检查和尺量检查。

5）配筋砌体中受力钢筋的连接方式及锚固长度、搭接长度应符合设计要求。

检查数量：每检验批抽查不应少于5处。

检验方法：观察检查。

（2）一般项目

1）构造柱一般尺寸允许偏差及检验方法应符合表7-31的规定。

表7-31　构造柱一般尺寸允许偏差及检验方法

项次	项目		允许偏差（mm）	检验方法
1	中心线位置		10	用经纬仪和尺检查或用其他测量仪器检查
2	层间错位		8	用经纬仪和尺检查或用其他测量仪器检查
3	垂直度	每层	10	托线板检查
		全高≤10m	15	用经纬仪和尺检查或用其他测量仪器检查
		>10m	20	用经纬仪和尺检查或用其他测量仪器检查

抽查数量：每检验批抽查不应少于5处。

2）设置在砌体灰缝中钢筋的防腐保护应符合设计规定，且钢筋防护层完好，不应有肉眼可见裂纹、剥落和擦痕等缺陷。

抽检数量：每检验批抽查数量应不少于5处。

检验方法：观察检查。

3）网状配筋砖砌体中，钢筋网规格及放置间距应符合设计规定。每一构件钢筋网沿砌体高度位置超过设计规定一皮砖厚不得多于一处。

抽查数量：每检验批抽查不应少于5处。

检查方法：通过钢筋网成品检查钢筋规格，钢筋网放置间距采用局部剔缝观察，或用探针刺入灰缝内检查，或用钢筋位置测定仪测定。

4）钢筋安装位置的允许偏差及检验方法应符合表 7-32 的规定。

表 7-32　钢筋安装位置的允许偏差及检验方法

项目		允许偏差（mm）	检验方法
受力钢筋保护层厚度	网状配筋体	±10	检查钢筋网成品规格，钢筋网放置间距采用局部剔缝观察，或用探针刺入灰缝内检查，或用钢筋位置测定仪测定
	组合砖砌体	±5	支模前观察与尺量检查
	配筋小砌块砌体	±10	浇筑灌孔混凝土前观察与尺量检查
配筋小砌块砌体墙凹槽中水平钢筋间距		±10	钢尺量连续三档，取最大值

抽检数量：每检验批抽查数量不应少于 5 处。

296. 填充墙砌体工程施工质量控制要求包括哪些方面？

填充墙砌体施工质量控制要求：

（1）主控项目

1）烧结空心砖、小砌块和砌筑砂浆的强度等级应符合设计要求。

抽检数量：烧结空心砖每 10 万块为一验收批，小砌块每 1 万块为一验收批，不足上述数量时按一批计，抽检数量为 1 组。砂浆试块的抽检数量按规范规定执行。

检查方法：查砖、小砌块进场复验报告和砂浆试块试验报告。

2）填充墙与承重墙、柱、梁的连接钢筋，当采用化学植筋的连接方式时，应进行实体检测。锚固钢筋拉拔试验的轴向受拉非破坏承载力检验值应为 6.0kN。抽检钢筋在检验值作用下应基材无裂缝、钢筋无滑移宏观裂损现象；持荷 2min 期间荷载值降低不大于5%。检验批验收按规范要求通过正常检验一次、二次抽样判定。填充墙砌体植筋锚固力检测记录可按规范规定的表格填写。

抽检数量：按表7-33要求确定。

检验方法：原位试验检查。

表7-33　检验批抽检锚固钢筋样本最小容量

检验批的容量	样品最小容量	检验批的容量	样品最小容量
≤90	5	281˝~500	20
91~150	8	501~1200	32
151~280	13	1201~3200	50

（2）一般项目

1）填充墙砌体尺寸、位置的允许偏差及检验方法应符合表7-34的规定。

表7-34　填充墙砌体尺寸、位置的允许偏差及检验方法

项次	项目		允许偏差（mm）	检验方法
1	轴线位移		10	用尺检查
2	垂直度（每层）	≤3m	5	用2m托线板或吊线、尺检查
		>3	10	
3	表面平整度		8	用2m靠尺和楔形尺检查
4	门窗洞口高、宽（后塞口）		±10	用尺检查
5	外墙上、下窗口偏移		20	用经纬仪或吊线检查

抽查数量：每检验批抽查不应少于5处。

2）填充墙砌体的砂浆饱满度及检验方法应符合表7-35的规定。

表 7-35　填充墙砌体的砂浆饱满度及检验方法

砌体分类	灰缝	饱满度及要求	检验方法
空心砖砌体	水平	≥80%	采用百格网检查块体底面或侧面砂浆的粘结痕迹面积
	垂直	填满砂浆，不得有透明缝、瞎缝、假缝	
蒸压加气混凝土砌块、轻骨料混凝土小型空心砌块砌体	水平	≥80%	同上
	垂直	≥80%	

3）填充墙留置的拉结钢筋或网片的位置应与块体皮数相符合。拉结钢筋或网片应置于灰缝中，埋置长度应符合设计要求，竖向位置偏差不应超过一皮高度。

抽检数量：每检验批抽查不应少于 5 处。

检查方法：观察和用尺量检查。

4）砌筑填充墙时应错缝搭砌，蒸压加气混凝土砌块搭砌长度不应小于砌块长度的 1/3；轻骨料混凝土小型空心砌块搭砌长度不应小于 90mm；竖向通缝不应大于 2 皮。

抽检数量：每检验批抽查不应少于 5 处。

检验方法：观察检查。

5）填充墙的水平灰缝厚度和竖向灰缝宽度应正确，烧结空心砖、轻骨料混凝土小型空心砌块砌体的灰缝应为 8 ~ 12mm；蒸压加气混凝土砌块砌体当采用水泥砂浆、水泥混合砂浆或蒸压加气混凝土砌块砌筑砂浆时，水平灰缝厚度和竖向灰缝宽度不应超过 15mm；当蒸压加气混凝土砌块砌体采用蒸压加气混凝土砌块粘结砂浆时，水平灰缝厚度和竖向灰缝宽度宜为 3 ~ 4mm。

抽检数量：每检验批抽查不应少于 5 处。

检验方法：水平灰缝厚度用尺量 5 皮小砌块的高度折算；竖向灰缝宽度用尺量 2m 砌体长度折算。

297. 砌体子分部工程验收要求和处理标准是什么？

（1）砌体工程验收前，应提供下列文件和记录：

1）设计变更文件。

2）施工执行的技术标准。

3）原材料的合格证书、产品性能检测报告和进场复验报告。

4）混凝土及砂浆配合比通知单。

5）混凝土及砂浆试件抗压强度试验报告单。

6）砌体工程施工记录。

7）隐蔽工程验收记录。

8）分项工程检验批的主控项目、一般项目验收记录。

9）填充墙砌体植筋锚固力检测记录。

10）重大技术问题的处理方案和验收记录。

11）其他必要的文件和记录。

（2）砌体子分部工程验收时，应对砌体工程的观感质量作出总体评价。

（3）当砌体工程质量不符合要求时，应按现行国家标准《建筑工程施工质量统一验收标准》GB 50300 有关规定执行。

（4）有裂缝的砌体应按下列情况进行验收。

1）对不影响结构安全性的砌体裂缝，应予以验收，对明显影响使用功能和观感质量的裂缝，应进行处理。

2）对有可能影响安全性的砌体裂缝，应由有资质的检测单位检测鉴定，需返修或加固处理的，待返修或加固满足使用要求后进行二次验收。

298. 混凝土结构工程施工质量有哪些基本规定？

（1）混凝土结构施工项目应有施工组织设计和施工技术方案，并经审查批准。

（2）混凝土结构子分部工程可根据结构的施工方法分为两类：现浇混凝土结构子分部工程和装配式混凝土结构子分部工

程；根据结构的分类，还可分为钢筋混凝土结构子分部工程和预应力混凝土结构子分部工程等。

（3）混凝土结构子分部工程可划分为模板、钢筋、预应力、混凝土、现浇结构和装配式结构等分项工程。

（4）各分项工程可根据与施工方式相一致且便于控制施工质量的原则，按工作班、楼层、结构缝或施工段划分为若干检验批。

299. 模板分项工程施工质量控制包括哪些基本要求？

（1）模板分项工程是为混凝土浇筑成型用的模板及其支架的设计、安装、拆除等一系列技术工作和完成实体的总称。由于模板可以连续周转使用，模板分项工程所含检验批通常根据模板安装和拆除的数量确定。

（2）模板及其支架应根据工程结构形式、荷载大小、地基土类别、施工设备和材料供应等条件进行设计。模板及其支架应具有足够的承载能力、刚度和稳定性，能可靠地承受浇筑混凝土的重量、侧压力以及施工荷载。

因此，监理人员对模板分项工程施工质量实施监理时，应从审核组织设计中的模板工程开始，根据主体工程结构体系、荷载大小、合同工期及模板周转等情况综合考虑承包人所选择的模板及支架系统是否合理，提出审核意见。

（3）对模板及支架系统应掌握的基本要求：

1）保证工程结构和构件各部分外形尺寸和相互位置的正确，在其允许偏差内。

2）要求具有足够的承载能力、刚度和稳定性，不出现凹凸和倾覆、失稳现象。

3）构造简单、拆装方便、提高工效，尽量实现模板定型化、标准化、工具化和装配化，减少现场高空作业量。

4）确保模板拼缝不漏浆，模板棱角顺直、平整。

5）模板与混凝土的接触应涂隔离剂，但不要采用油质类，要用水溶性的隔离剂。

6）模板应定期修理，不合格的模板严禁使用。

（4）特殊部位支模的要求：

1）模板、支撑安装在地基土上时，地基土必须坚实。可以在地基土上铺设厚板后，在厚板上安装支架，也可以地基土的支架落地位置上打木桩，在木桩上铺木板。

2）模板、支撑安装在冻胀性土上时，必须要有防冻措施，防止隆起破坏混凝土结构，造成工程质量事故。

（5）在浇筑混凝土之前，应对模板工程进行验收。

模板安装和浇筑混凝土时，应对模板及其支架进行观察和维护。发生异常情况时，应按施工技术方案及时进行处理。

（6）《工程建设标准强制性条文》对模板分项工程施工质量提出以下要求：

1）模板及其支架应根据工程结构形式、荷载大小、地基土类别、施工设备和材料供应条件进行设计。模板及其支架应具有足够的承载能力、刚度和稳定性，能可靠地承受浇筑混凝土的重量、侧压力以及施工荷载。

2）模板及其支架拆除的顺序及安全措施应按施工技术方案执行。

①模板及其支架拆除的顺序及相应的施工安全措施对避免重大工程事故非常重要，在制定施工技术方案时应考虑周全。

②模板及其支架拆除时，混凝土结构可能尚未形成设计要求的受力体系，必要时应加设临时支撑。

③后浇带模板的拆除及支顶易被忽视而造成结构缺陷，应特别注意。

300. 监理工程师对模板分项工程施工质量控制应采用哪些预控措施？

（1）审核施工单位的模板工程施工方案

1）模板的数量及周转情况能否满足施工进度的要求。

2）能否保证工程结构各部位的外形、尺寸及相互位置的正确，对结构结点及异形部位的模板设计是否合理。

3）是否有足够的承载能力、刚度和稳定性，保证在混凝土浇筑时，能承受混凝土的自重和侧压力及施工荷载，且产生的变形在允许范围内。

4）模板的接缝处理方案能否保证混凝土浇筑时不漏浆，且不影响拆模后混凝土表面的质量。

（2）在浇筑混凝土之前，对模板工程进行验收。

1）检查进场模板的外形尺寸、平整度、表面洁净度及角模、连接件、支撑系统是否满足施工要求。

2）检查施工单位选用的隔离剂是否合适。隔离剂不能对混凝土表面造成污染或影响混凝土与其饰面的粘结。如果未达到合格标准应要求施工单位进行返修。

3）检查支架的支承部分是否有足够支承面积，基底是否坚实。否则要采取相应的技术措施。支架如安装在基土上，基土必须坚实并铺设垫板。冬雨期要注意地基土的冻胀及排水要求。

4）检查模板接缝的最大宽度不应超过规范的规定。否则应采取相应措施。

5）抽查的控制部位应是：墙、桩、梁轴线位置和截面尺寸、标高、竖向模板的垂直度、表面平整度、预留洞位置。对于墙模板，应控制墙模板上的平整度。

301. 模板安装工程施工质量控制包括哪些基本要求？

（1）主控项目

1）安装现浇结构的上层模板及其支架时，下层楼板应具有承受上层荷载的承载能力，或加设支架；上、下层支架的立柱应对准，并铺设垫板。

检查数量：全数检查。

检验方法：对照模板设计文件和施工技术方案观察。

2）在涂刷模板隔离剂时，不得沾污钢筋和混凝土接槎处。

检查数量：全数检查。

检验方法：观察。

（2）一般项目

1）模板安装应满足下列要求：

①模板的接缝不应漏浆；在浇筑混凝土前，木模板应浇水湿润，但模板内不应有积水。

②模板与混凝土的接触面应清理干净并涂刷隔离剂，但不得采用影响结构性能或妨碍工程施工的隔离剂。

③浇筑混凝土前，模板内的杂物应清理干净。

④对清水混凝土工程及装饰混凝土工程，应使用能达到设计效果的模板。

检查数量：全数检查。

检验方法：观察。

2）用作模板的地坪、胎模等应平整光洁，不得产生影响构件质量的下沉、裂缝、起砂或起鼓。

检查数量：全数检查。

检验方法：观察。

3）对跨度不小于4m的现浇钢筋混凝土梁、板，其模板应按设计要求起拱；当设计无具体要求时，起拱高度宜为跨度的1/1000～3/1000（注：起拱高度未包括设计起拱值，而只考虑模板本身在荷载下的下垂，因此对钢模板可取偏小值，对木模板可取偏大值）。

检查数量：在同一检验批内，对梁，应抽查构件数量的10%，且不少于3件；对板，应按有代表性的自然间抽查10%，且不少于3间；对大空间结构，板可按纵、横轴线划分检查面，抽查10%，且不少于3面。

检验方法：水准仪或拉线、钢尺检查。

4）固定在模板上的预埋件、预留孔和预留洞均不得遗漏，且应安装牢固，其偏差应符合表7-36的规定。

表 7-36　预埋件和预留孔洞的允许偏差

项　目		允许偏差（mm）
预埋钢板中心线位置		3
预埋管、预留孔中心线位置		3
插筋	中心线位置	5
	外露长度	+10，0
预埋螺栓	中心线位置	2
	外露长度	+10，0
预留洞	中心线位置	10
	尺寸	+10，0

注：检查中心线位置时，应沿纵、横两个方向量测，并取其中的较大值。

　　检查数量：在同一检验批内，对梁、柱和独立基础，应抽查构件数量的 10%，且不少于 3 件；对墙和板，应按有代表性的自然间抽查 10%，且不少于 3 间；对大空间结构，墙可按相邻轴线间高度 5m 左右划分检查面，板可按纵横轴线划分检查面，抽查 10%，且均不少于 3 面。

　　检验方法：钢尺检查。

　　5）现浇结构模板安装的偏差应符合表 7-37 的规定。

表 7-37　现浇结构模板安装的允许偏差及检验方法

项　目		允许偏差（mm）	检验方法
轴线位置		5	钢尺检查
底模上表面标高		±5	水准仪或拉线、钢尺检查
截面内部尺寸	基础	±10	钢尺检查
	柱、墙、梁	+4，−5	钢尺检查
层高垂直度	不大于 5m	6	经纬仪或吊线、钢尺检查
	大于 5m	8	经纬仪或吊线、钢尺检查
相邻两板表面高低差		2	钢尺检查
表面平整度		5	2m 靠尺和塞尺检查

注：检查轴线位置时，应沿纵、横两个方向量测，并取其中的较大值。

检查数量：在同一检验批内，对梁、柱和独立基础，应抽查构件数量的 10%，且不少于 3 件；对墙和板，应按有代表性的自然间抽查 10%，且不少于 3 间；对大空间结构，墙可按相邻轴线间高度 5m 左右划分检查面，板可按纵、横轴线划分检查面，抽查 10%，且均不少于 3 面。

6）预制构件模板安装的偏差应符合表 7-38 的规定。

表 7-38　预制构件模板安装的允许偏差及检验方法

项　目		允许偏差（mm）	检验方法
长度	板、梁	±5	钢尺量两角边，取其中较大值
	薄腹梁、桁架	±10	
	柱	0，−10	
	墙板	0，−5	
宽度	板、墙板梁、	0，−5	钢尺量一端及中部，取其中较大值
	薄腹梁、桁架、柱	+2，−5	
高（厚）度	板	+2，−3	钢尺量一端及中部，取其中较大值
	墙板	0，−5	
	薄腹梁、桁架、柱	+2，−5	
侧向弯曲	梁、板、柱	$L/1000$ 且 $\leqslant 15$	拉线、钢尺量最大弯曲处
	墙板、薄腹梁、桁架	$L/1000$ 且 $\leqslant 15$	
板的表面平整度		3	2m 靠尺和塞尺检查
相邻两板表面高低差		1	钢尺检查
对角线差	板	7	钢尺量两个对角线
	墙板	5	
翘曲	板、墙板	$L/1500$	调平尺在两端量测
设计起拱	薄腹板、桁架、梁	±8	拉线、钢尺量跨中

注：L 为构件长度（mm）。

检查数量；首次使用及大修后的模板应全数检查；使用中的模板应定期检查，并根据使用情况不定期抽查。

302. 模板拆除工程施工质量控制包括哪些基本要求?

（1）主控项目

1）底模及其支架拆除时的混凝土强度应符合设计要求；当设计无具体要求时，混凝土强度应符合表 7-39 的规定。

①侧模拆除时的混凝土强度应能保证其表面及棱角不受损伤。

②底模及其支架在混凝土强度符合表 7-39 的规定后，方可拆除。

表 7-39　底模拆除时的混凝土强度要求

构件类型	构件跨度	达到设计的混凝土立方体抗压强度标准值的百分率（%）
板	≤2	≥50
	>2，≤8	≥75
	>8	≥100
梁、拱、壳	≤8	≥75
	>	≥100
悬臂构件	—	≥100

检查数量：全数检查。

检验方法：检查同条件养护试件强度试验报告。

2）对后张法预应力混凝土结构构件，侧模宜在预应力张拉前拆除；底模支架的拆除应按施工技术方案执行，当无具体要求时，不应在结构构件建立预应力前拆除。

检查数量：全数检查。

检验方法：观察。

3）后浇带模板的拆除和支顶应按施工技术方案执行。

检查数量：全数检查。

检验方法：观察。

（2）一般项目

1）侧模拆除时的混凝土强度应能保证其表面及棱角不受

损伤。

检查数量：全数检查。

检验方法：观察。

2）模板拆除时，不应对楼层形成冲击荷载。拆除的模板和支架宜分散堆放并及时清运。

检查数量：全数检查。

检验方法：观察。

303. 钢筋分项工程施工前监理工程师的监理要点是什么？

（1）熟悉结构施工图

1）明确设计钢筋的品种、规格、绑扎要求以及结构中某些部位配筋的特殊处理。

2）掌握《混凝土结构工程施工质量验收规范》中有关钢筋构造措施的规定。

3）掌握有关图纸会审记录及设计变更通知单，并应及时在相应的结构图上标明，避免因遗忘而造成失误。

（2）把好原材料进场检验关

1）检查承包商提供的钢筋产品合格证、出厂检验报告。

2）检查钢筋表面或每捆（盘）钢筋是否有标志。

3）检查钢筋是否平直、无损伤、表面裂纹、油污、颗粒状或片状老锈。

4）钢筋进场时，应按现行国家标准《钢筋混凝土用热轧带肋钢筋》GB 1499 等的规定抽取试件做力学性能检验，其质量必须符合有关标准的规定。

5）对有抗震设防要求的框架结构，其纵向受力钢筋的强度应满足设计要求；当设计无具体要求时，对一、二级抗震等级，检验所得的强度实测值应符合下列规定。

①钢筋的抗拉强度实测值与屈服强度实测值的比值不应小于 1.25。

②钢筋的屈服强度实测值与强度标准值的比值不应大于 1.3。

6）当发现钢筋脆断、焊接性能不良或力学性能显著不正常等现象时，应对该批钢材进行化学成分检验或其他专项检验。

7）督促承包商及时将验收合格的钢材运进堆场，堆放整齐，挂上标签，并采取有效措施，避免钢筋锈蚀或油污。

（3）检查焊条、焊剂的合格证及选用的焊条、焊剂是否符合焊接形式、母材种类或设计要求。

（4）检查焊工的上岗证及试焊试件的试验报告单。

（5）检查承包商施工方案及施工机具情况。

（6）检查承包商的施工技术交底的落实情况。

304. 钢筋分项工程施工过程监理工程师的监理要点是什么？

（1）钢筋分项工程是普通钢筋进场检验、钢筋加工、钢筋连接、钢筋安装等一系列技术工作和完成实体的总称。钢筋分项工程所含的检验批可根据施工工序和验收的需要确定。

（2）在浇筑混凝土之前，应进行钢筋隐蔽工程验收，其内容包括：

1）纵向受力钢筋的品种、规格、数量、位置等。

2）钢筋的连接方式、接头位置、接头数量、接头面积百分率等。

3）箍筋、横向钢筋的品种、规格、数量、间距等。

4）预埋件的规格、数量、位置等。

（3）当钢筋的品种、级别或规格需变更时，应办理设计变更文件。

1）在施工过程中，当施工单位缺乏设计所要求的钢筋品种、级别或规格时，可进行钢筋代换。

2）为了保证对设计意图的理解不产生偏差，规定当需要作钢筋代换时应办理设计变更文件，以确保满足原结构设计的要求，并明确钢筋代换由设计单位负责。本条为强制性条文，应严格执行。

305. 钢筋材料质量检验标准应符合哪些规定？

（1）主控项目

1）钢筋进场时，应按现行国家标准《钢筋混凝土用钢 第2部分：热轧带肋钢筋》（GB 1499.2）等的规定抽取试件做力学性能检验，其质量必须符合有关标准的规定。

检查数量：按进场的批次和产品的抽样检验方案确定。

检验方法：检查产品合格证、出厂检验报告和进场复验报告。

2）对有抗震设防要求的框架结构，其纵向受力钢筋的强度应满足设计要求；当设计无具体要求时，对一、二级抗震等级，检验所得的强度实测值应符合下列规定：

①钢筋的抗拉强度实测值与屈服强度实测值的比值不应小于1.25。

②钢筋的屈服强度实测值与强度标准值的比值不应大于1.3。

检查方法：按进场的批次和产品的抽样检验方案确定。

检验方法：检查进场复验报告。

3）当发现钢筋脆断、焊接性能不良或力学性能显著不正常等现象时，应对该批钢筋进行化学成分检验或其他专项检验。

检验方法：检查化学成分等专项检验报告。

（2）一般项目

钢筋应平直、无损伤，表面不得有裂纹、油污、颗粒状或片状老锈。

306. 钢筋加工质量检验标准应符合哪些规定？

（1）主控项目

1）受力钢筋的弯钩和弯折应符合下列规定：

①HPB235级钢筋末端应做180°弯钩，其弯弧内直径不应小于钢筋直径的2.5倍，弯钩的弯后平直部分长度不应小于钢筋直径的3倍。

②当设计要求钢筋末端需做 135° 弯钩时，HRB335 级、HRB400 级钢筋的弯弧内直径不应小于钢筋直径的 4 倍，弯钩的弯后平直部分长度应符合设计要求。

③钢筋做不大于 90° 的弯折时，弯折处的弯弧内直径不应小于钢筋直径的 5 倍。

检查数量：按每工作班同一类型钢筋、同一加工设备抽查不应少于 3 件。

检验方法：钢尺检查。

2）除焊接封闭环式箍筋外，箍筋的末端应做弯钩，弯钩形式应符合设计要求；当设计无具体要求时，应符合下列规定：

①箍筋弯钩的弯弧内直径除应满足第（1）项的规定外，尚应不小于受力钢筋直径。

②箍筋弯钩的弯折角度：对一般结构，不应小于 90°；对有抗震等要求的结构，应为 135°。

③箍筋弯后平直部分长度：对一般结构，不宜小于箍筋直径的 5 倍；对有抗震等要求的结构，不应小于箍筋直径的 10 倍。

检查数量：按每工作班同一类型钢筋、同一加工设备抽查不应少于 3 件。

检验方法：钢尺检查。

(2) 一般项目

1）钢筋调直宜采用机械方法，也可采用冷拉方法。当采用冷拉方法调直钢筋时，HPB235 级钢筋的冷拉率不宜大于 4%，HRB335 级、HRB400 级和 RRB400 级钢筋的冷拉率不宜大于 1%。

2）钢筋加工的形状、尺寸应符合设计要求。

钢筋加工的允许偏差：

①受力钢筋顺长度方向全长的净尺寸：±10mm。

②弯起钢筋的弯折位置：±20mm。

③箍筋内净尺寸：±5mm。

检查数量：按每工作班同一类型钢筋、同一加工设备抽查不应少于 3 件。

检验方法：钢尺检查。

307. 钢筋连接施工质量检验标准应符合哪些规定？

（1）主控项目

1）纵向受力钢筋的连接方式应符合设计要求，其质量应符合有关规程的规定。

检查数量：全数检查。

检验方法：观察。

2）在施工现场，应按国家现行标准《钢筋机械连接技术规程》（JGJ 107）、《钢筋焊接及验收规程》（JGJ 18）的规定抽取钢筋机械连接接头、焊接接头试件做力学性能检验，其质量应符合有关规程的规定。

检查数量：按有关规程确定。

检验方法：检查产品合格证、接头力学性能试验报告。

（2）一般项目

1）钢筋的接头宜设置在受力较小处。同一纵向受力钢筋不宜设置两个或两个以上接头。接头末端至钢筋弯起点的距离不应小于钢筋直径的 10 倍。

检查数量：全数检查。

检验方法：观察，钢尺检查。

2）在施工现场，应按国家现行标准《钢筋机械连接通用技术规程》JGJ 107、《钢筋焊接及验收规程》JGJ 18 的规定对钢筋机械连接接头、焊接接头的外观进行检查，其质量应符合有关规程的规定。

检查数量：全数检查。

检验方法：观察。

3）当受力钢筋采用机械连接接头或焊接接头时，设置在同一构件内的接头宜相互错开。纵向受力钢筋机械连接接头及焊接接头连接区段的长度为 $35d$（d 为纵向受力钢筋的较大直径）且不小于 500mm，凡接头中点位于该连接区段长度内的接头均属于同一连接区段。同一连接区段内，纵向受力钢筋机械连接及焊接的接头面积百分率为该区段内有接头的纵向受力钢筋截面面积与全部纵向受力钢筋截面面积的比值。

同一连接区段内，纵向受力钢筋的接头面积百分率应符合设计要求；当设计无具体要求时，应符合下列规定：

①在受拉区不宜大于 50%。

②接头不宜设置在有抗震设防要求的框架梁端、柱端的箍筋加密区；当无法避开时，对高质量机械连接接头，不应大于 50%。

③直接承受动力荷载的结构构件中，不宜采用焊接接头；当采用机械连接接头时，不应大于 50%。

检查数量：在同一检验批内，对梁、柱和独立基础，应抽查构件数量的 10%，且不少于 3 件；对墙和板，应按有代表性的自然间抽查 10% 且不少于 3 间；对大空间结构，墙可按相邻轴线间高度 5m 左右划分检查面，板可按纵横轴线划分检查面，抽查10%，且均不少于 3 面。

检验方法：观察，钢尺检查。

4）同一构件中相邻纵向受力钢筋的绑扎搭接接头宜相互错开。绑扎搭接接头中钢筋的横向净距不应小于钢筋直径，且不应小于 25mm。

钢筋绑扎搭接接头连接区段的长度为 $1.3L$（L 为搭接长度），凡搭接接头中点位于该连接区段长度内的搭接接头均属于同一连接区段。同一连接区段内，纵向钢筋搭接接头面积百分率为该区段内有搭接接头的纵向受力钢筋截面面积与全部纵向受力钢筋截面面积的比值。

同一连接区段内，纵向受拉钢筋搭接接头面积百分率应符合设计要求；当设计无具体要求时，应符合下列规定：

①对梁类、板类及墙类构件，不宜大于 25%。

②对柱类构件，不宜大于 50%。

③当工程中确有必要增大接头面积百分率时，对梁类构件，不应大于50%；对其他构件，可根据实际情况放宽。

检查数量：在同一检验批内，对梁、柱和独立基础，应抽查构件数量的10%，且不少于3件；对墙和板，应按有代表性的自然间抽查10%，且不少于3间；对大空间结构，墙可按相邻轴线间高度5m左右划分检查面，板可按纵、横轴线划分检查面，抽查10%，且均不少于3面。

检验方法：观察，钢尺检查。

5）在梁、桩类构件的纵向受力钢筋搭接长度范围内，应按设计要求配置箍筋。当设计无具体要求时，应符合以下规定：

①箍筋直径不应小于搭接钢筋较大直径的0.25倍。

②受拉搭接区段的箍筋间距不应大于搭接钢筋较小直径的5倍，且不应大于10mm。

③受压搭接区段的箍筋间距不应大于搭接钢筋较小直径的10倍，且不应大于200mm。

④当柱中纵向受力钢筋直径大于25mm时，应在搭接接头两个端面外100mm范围内各设置两个箍筋，其间距宜为50mm。

检查数量：在同一检验批内，对梁、柱和独立基础，就抽查构件数量的10%，且不少于3件；对墙和板，应按有代表性的自然间抽查10%，且不少于3间；对大空间结构，墙可按相邻轴线间高度5m左右划分检查面，板可按纵、横轴线划分检查面，抽查10%，且均不少于3面。

检验方法：钢尺检查。

308. 钢筋安装施工质量检验标准应符合哪些规定？

（1）主控项目

钢筋安装时，受力钢筋的品种、级别、规格和数量必须符合设计要求。

检查数量：全数检查。

检验方法：观察，钢尺检查。

注：受力钢筋的品种、级别、规格和数量对结构构件的受力性能有重要影响，必须符合设计要求。本条为强制性条文，应严格执行。

（2）一般项目

1）钢筋安装位置的偏差应符合表7-40的规定。

表7-40   钢筋安装位置的允许偏差和检验方法

项目		允许偏差（mm）	检验方法
绑扎钢筋网	长、宽	±10	钢尺检查
	网眼尺寸	±20	钢尺量连续三档，取最大值
绑扎钢筋骨架	长	±10	钢尺检查
	宽、高	±5	钢尺检查

注：1. 检查预埋件中心线位置时，应沿纵、横两个方向量测，并取其中的较大值。

  2. 表中梁类、板类构件上部纵向受力钢筋保护层厚度的合格点率应达到90%及以上，且不得有超过表中数值1.5倍的尺寸偏差。

检查数量：在同一检验批内，对梁、柱和独立基础，应抽查构件数量的10%，且不少于3件；对墙和板，应按有代表性的自然间抽查10%，且不少于3间；对大空间结构，墙可按相邻轴线间高度5m左右划分检查面，板可按纵、横轴线划分检查面，抽查10%，且均不少于3面。

2）钢筋安装时监理工程师旁站监理应注意的问题：

①柱竖向钢筋位移。

②梁主筋伸入到支座内的锚固长度不够，弯起钢筋的起弯点位置不正确。

③板的扣筋、弯起钢筋、悬挑结构中的负弯矩钢筋被踩倒。

④主梁、次梁、板交接处受力钢筋放置不当，未能优先保证主要结构构件的主筋位置。

309. 预应力分项工程施工前监理工程师的监理要点是什么？

（1）预应力分项工程是预应力筋、锚具、夹具、连接器等材料的进场检验，后张法预留管道设置或预应力筋布置，预应力筋张拉、放张，灌浆直至封锚保护等一系列技术工作和完成实体的总称。

（2）由于预应力施工工艺复杂，专业性较强，质量要求较高，故预应力分项工程所含检验项目较多，且规定较为具体。根据具体情况，预应力分项工程可与混凝土结构一同验收，也可单独验收。

（3）后张法预应力工程的施工应由具有相应资质等级的预应力专业施工单位承担。

1）预应力混凝土结构施工前，专业施工单位应根据设计图纸，编制预应力施工方案。

2）当设计图纸深度不具备施工条件时，预应力施工单位应予以完善，并经设计单位审核后实施。

（4）预应力筋张拉机具设备及仪表，应定期维护和校验。张拉设备应配套标定，并配套使用。张拉设备的标定期限不应超过半年。当在使用过程中出现反常现象时或在千斤顶检修后，应重新标定。

（5）在浇筑混凝土之前，应进行预应力隐蔽工程验收，其内容包括：

1）预应力筋的品种、规格、数量、位置等。

2）预应力筋锚具和连接器的品种、规格、数量、位置等。

3）预留孔道的规格、数量、位置、形状及灌浆孔、排气兼泌水管等。

4）锚固区局部加强构造等。

310. 预应力钢筋材料质量检验标准应符合哪些规定？

（1）主控项目

1）预应力筋进场时，就按现行国家标准《预应力混凝土用钢绞线》GB/T 5224 等的规定抽取试件做力学性能检验，其质量必须符合有关标准的规定。

检查数量：按进场的批次和产品的抽样检验方案确定。

检验方法：检查产品合格证、出厂检验报告和进场复验报告。

注：本条为强制性条文，应严格执行。

2）无粘结预应力筋的涂包质量应符合无粘结预应力钢绞线标准的规定。

检查数量：每60t为一批，每一批抽取一组试件。

检验方法：观察，检查产品合格证、出厂检验报告和进场复验报告。

注：当有工程经验，并经观察认为质量有保证时，可不做油脂用量和护套厚度的进场复验。

3）预应力筋用锚具、夹具和连接器应按设计要求采用，其性能应符合现行国家标准《预应力筋用锚具、夹具和连接器》GB/T 14370 等的规定。

检查数量：按进场批次和产品的抽样检验方案确定。

检验方法：检查产品合格证、出厂检验报告和进场复验报告。

注：对锚具用量较少的一般工程，如供货方提供有效的试验报告，可不做静载锚固性能试验。

4）孔道灌浆用水泥应采用普通硅酸盐水泥，其质量必须符合现行国家标准《通用硅酸盐水泥》GB 175 等的规定。孔道灌浆用外加剂的质量应符合现行国家标准《混凝土外加剂》GB 8076 等和有关环境保护的规定。

检查数量：按过场批次和产品的抽样检验方案确定。

检验方法：检查产品合格证、出厂检验报告和进场复验报告。

注：对孔道灌浆用水泥和外加剂用量较少的一般工程，当有可靠依据时，可不做材料性能的进场复验。

（2）一般项目

1）预应力筋使用前应进行外观检查，其质量应符合下列要求：

①有粘结预应力筋展开后应平顺，不得有弯折，表面不应有

340

裂纹、小刺、机械损伤、氧化铁皮和油污等。

②无粘结预应力筋护套应光滑、无裂缝，无明显褶皱。

检查数量：全数检查。

检验方法：观察。

注：无粘结预应力筋护套轻微破损者应外包防水塑料胶带修补，严重破损者不得使用。

2）预应力筋用锚具、夹具和连接器使用前应进行外观检查，其表面应无污物、锈蚀、机械损伤和裂纹。

检查数量：全数检查。

检验方法：观察。

3）预应力混凝土用金属螺旋管的尺寸和性能应符合国家现行标准《预应力混凝土用金属螺旋管》JG/T3013 的规定。

检查数量：按进场批次和产品的抽样检验方案确定。

检验方法：检查产品合格证、出厂检验报告和进场复验报告。

注：对金属螺旋管用量较少的一般工程，当有可靠依据时，可不做径向刚度、抗渗漏性能的进场复验。

4）预应力混凝土用金属螺旋管在使用前应进行外观检查，其内外表面应清洁、无锈蚀，不应有油污、孔洞和不规则的褶皱、咬口，不应有开裂或脱扣现象。

检查数量：全数检查。

检验方法：观察。

311. 预应力筋制作与安装施工质量检验标准应符合哪些规定？

（1）主控项目

1）预应力筋安装时，其品种、级别、规格、数量必须符合设计要求。

检查数量：全数检查。

检验方法：观察，钢尺检查。

注：本条为强制性条文，应严格执行。

2）先张法预应力施工时应选用非油质类模板隔离剂，并应避免玷污预应力筋。

检查数量：全数检查。

检验方法：观察。

3）施工过程中应避免电火花损伤预应力筋；受损伤的预应力筋应予以更换。

检查数量：全数检查。

检验方法：观察。

（2）一般项目

1）预应力筋下料应符合下列要求：

①预应力筋应采用砂轮锯或切断机切断，不得采用电弧切割。

②当钢丝束两端采用镦头锚具时，同一束中各根钢丝长度的极差不应大于钢丝长度的1/5000，且不应大于5mm。当成组张拉长度不大于10m的钢丝时，同组钢丝长度的极差不得大于2mm。

检查数量：每工作班抽查预应力筋总数的3%，且不少于3束。

检验方法：观察，钢尺检查。

2）预应力筋端部锚具的制作质量应符合下列要求：

①挤压锚具制作时压力表油压应符合操作说明书的规定，挤压后预应力筋外端应露出挤压套筒1~5mm。

②钢绞线压花锚成型时，表面应清洁、无油污，梨形头尺寸和直线段长度应符合设计要求。

③钢丝镦头的强度不得低于钢丝强度标准值的98%。

检查数量：对挤压锚，每工作班抽查5%，且不应少于5件；对压花锚，每工作班抽查3件；对钢丝镦头强度，每批钢丝检查6个镦头试件。

检验方法：观察，钢尺检查，检查镦头强度试验报告。

3）后张法有粘结预应力筋预留孔道的规格、数量、位置和开头除应符合设计要求外，尚应符合下列规定：

①预留孔道的定位应牢固，浇筑混凝土时不应出现移位和变形。

②孔道应平顺，端部的预埋锚垫板应垂直于孔道中心线。

③成孔用管道应密封良好，接头应严密且不得漏浆。

④灌浆孔的间距：对预埋金属螺旋管不宜大于 30m；对抽芯成型孔道不宜大于 12m。

⑤在曲线孔道的曲线波峰部位应设置排气兼泌水管，必要时可在最低点设置排水孔。

⑥灌浆孔及泌水管的孔径应能保证浆液畅通。

检查数量：全数检查。

检验方法：观察，钢尺检查。

4）预应力筋束形控制点的竖向位置偏差应符合表 7-41 的规定。

表 7-41　束形控制点的竖向位置允许偏差

截面高（厚）度（mm）	$h \leqslant 300$	$300 < h \leqslant 1500$	$h > 1500$
允许偏差（mm）	±5	±10	±15

检查数量：在同一检验批内，抽查各类型构件中预应力筋总数的 5%，且对各类型构件均不少于 5 束，每束不应少于 5 处。

检验方法：钢尺检查。

注：束形控制点的竖向位置偏差合格点率应达到 90% 及以上，且不得有超过表 7-41 中数值 1.5 倍的尺寸偏差。

5）无粘结预应力筋的铺设除应符合规范的具体规定外，尚应符合下列要求：

①无粘结预应力筋的定位应牢固，浇筑混凝土时不应出现移位和变形。

②端部的预埋锚垫板应垂直于预应力筋。

③内埋式固定端垫板不应重叠，锚具与垫板应贴紧。

④无粘结预应力筋成束布置时应能保证混凝土密实并能裹住预应力筋。

⑤无粘结预应力筋的护套应完整，局部破损处应采用防水胶带缠绕紧密。

检查数量：全数检查。

检验方法：观察。

6）浇筑混凝土前穿入孔道的后张法有粘结预应力筋，宜采取防止锈蚀的措施。

检查数量：全数检查。

检验方法：观察。

312. 预应力筋张拉和放张施工质量检验标准应符合哪些规定？

（1）主控项目

1）预应力筋张拉或放张时，混凝土强度应符合设计要求；当设计无具体要求时，不应低于设计的混凝土立方体抗压强度标准值的75%。

检查数量：全数检查。

检验方法：检查同条件养护试件试验报告。

2）预应力筋的张拉力、张拉或放张顺序及张拉工艺应符合设计及施工技术方案的要求，并应符合下列规定：

①当施工需要超张拉时，最大张拉应力不应大于国家现行标准《混凝土结构设计规范》GB 50010 的规定。

②张拉工艺应能保证同一束中各根预应力筋的应力均匀一致。

③后张法施工中，当预应力筋是逐根或逐束张拉时，应保证各阶段不出现对结构不利的应力状态；同时宜考虑后批张拉预应力筋所产生的结构构件的弹性压缩对先批张拉预应力筋的影响，确定张拉力。

④先张法预应力筋放张时，宜缓慢放松锚固装置，使各根预应力筋同时缓慢放松。

⑤当采用应力控制方法张拉时，应校核预应力筋的伸长值。实际伸长值与设计计算理论伸长值的相对允许偏差为±6%。

344

检查数量：全数检查。

检验方法：检查张拉记录。

3）预应力筋张拉锚固后实际建立的预应力值与工程设计规定检验值的相对允许偏差为±5%。

检查数量：对先张法施工，每工作班抽查预应力筋总数的1%，且不少于3根；对后张法施工，在同一检验批内，抽查预应力筋总数的3%，且不少于5束。

检验方法：对先张法施工，检查预应力筋应力检测记录；对后张法施工，检查见证张拉记录。

4）张拉过程中应避免预应力筋断裂或滑脱；当发生断裂或滑脱时，必须符合下列规定：

①对后张法预应力结构构件，断裂或滑脱的数量严禁超过同一截面预应力筋总根数的3%，且每束钢丝不得超过一根；对多跨双向连续板，其同一截面应按每跨计算。

②对先张法预应力构件，在浇筑混凝土前发生断裂或滑脱的预应力筋必须予以更换。

检查数量：全数检查。

检验方法：观察，检查张拉记录。

注：本条为强制性条文，应严格执行。

（2）一般项目

1）锚固阶段张拉端预应力筋的内缩量应符合设计要求；当设计无具体要求时，应符合表7-42的规定。

表7-42　张拉端预应力筋的内缩量限值

锚具类别		内缩量限值（mm）
支承式锚具（镦头锚具等）	螺帽缝隙	1
	每块后加垫板的缝隙	1
锥塞式锚具		5
夹片式锚具	有顶压	5
	无顶压	6~8

检查数量：每工作班抽查预应力筋总数的 3% ，且不少于 3 束。

检验方法：钢尺检查。

2）先张法预应力筋张拉后与设计位置的偏差不得大于 5mm ，且不得大于构件截面短边边长的 4% 。

检查数量：每工作班抽查预应力筋总数的 3% ，且不少于 3 束。

检验方法：钢尺检查。

313. 预应力筋灌浆及封锚施工质量检验标准应符合哪些规定？

（1）主控项目

1）后张法有粘结预应力筋张拉后应尽早进行孔道灌浆，孔道内水泥浆应饱满、密实。

检查数量：全数检查。

检验方法：观察，检查灌浆记录。

2）锚具的封闭保护应符合设计要求；当设计无具体要求时，应符合下列规定：

①应采取防止锚具腐蚀和遭受机械损伤的有效措施。

②凸出式锚固端锚具的保护层厚度不应小于 50mm 。

③外露预应力筋的保护层厚度：处于正常环境时，不应小于 20mm ；处于易受腐蚀的环境时，不应小于 50mm 。

检查数量：在同一检验批内，抽查预应力筋总数的 5% ，且不少于 5 处。

检验方法：观察，钢尺检查。

（2）一般项目

1）后张法预应力筋锚固后的外露部分宜采用机械方法切割，其外露长度不宜小于预应力筋直径的 1.5 倍，且不宜小于 30mm 。

检查数量：在同一检验批内，抽查预应力筋总数的 3% ，且不少于 5 束。

检验方法：观察，钢尺检查。

2）灌浆用水泥浆的水灰比不应大于0.45，搅拌后3h泌水率不宜大于2%，且不应大于3%。泌水应能在24h内全部重新被水泥吸收。

检查数量：同一配合比检查一次。

检验方法：检查水泥浆性能试验报告。

3）灌浆用水泥浆的抗压强度不应小于$30N/mm^2$。

检查数量：每工作班留置一组边长为70.7mm的立方体试件。

检验方法：检查水泥浆试件强度试验报告。

注：①一组试件由6个试件组成，试件应标准养护28d。

②抗压强度为一组试件的平均值，当一组试件中抗压强度最大值或最小值与平均值相差超过20%时，应取中间4个试件强度的平均值。

314. 混凝土分项工程施工质量控制包括哪些基本要求？

（1）混凝土分项工程是从水泥、砂、石、水、外加剂、矿物掺合料等原材料进场检验、混凝土配合比设计及称量、拌制、运输、浇筑、养护、试件制作直至混凝土达到预定强度等一系列技术工作和完成实体的总称。混凝土分项工程所含的检验批可根据施工工序和验收的需要确定。

（2）结构构件的混凝土强度应按现行国家标准《混凝土强度检验评定标准》BGJ107的规定分批检验评定。

对采用蒸汽法养护的混凝土结构构件，其混凝土试件应先随同结构构件同条件蒸汽养护，再转入标准条件养护共28d。

当混凝土中掺用矿物掺合料时，确定混凝土强度时的龄期可按现行国家标准《粉煤灰混凝土应用技术规范》GBJ 146等的规定取值。

（3）检验评定混凝土强度用的混凝土试件的尺寸及强度的尺寸换算系数应按表7-43取用；其标准成型方法、标准养护条件及强度试验方法应符合普通混凝土力学性能试验方法标准的规定。

表 7-43　混凝土试件尺寸及强度的尺寸换算系数

骨料最大粒径（mm）	试件尺寸（mm）	强度的尺寸换算系数
≤31.5	100×100×100	0.95
≤40	150×150×150	1.00
≤63	200×200×200	1.05

注：对强度等级为 C60 及以上的混凝土试件，其强度的尺寸换算系数可通过试验确定。

（4）结构构件拆模、出池、出厂、吊装、张拉、放张及施工期间临时负荷时的混凝土强度，应根据同条件养护的标准尺寸试件的混凝土强度确定。

（5）当混凝土试件强度评定不合格时，可采用非破损或局部破损的检测方法，按国家现行有关标准的规定对结构构件中的混凝土强度进行推定，并作为处理的依据。

（6）混凝土的冬期施工应符合国家现行标准《建筑工程冬期施工规程》JGJ 104 和施工技术方案的规定。

315. 混凝土分项工程施工质量事前控制监理要点是什么？

（1）熟悉设计文件，审核施工组织设计

1）根据工程的结构特点以及施工现场的具体条件，审查施工组织设计中有关混凝土工程所采取的组织措施和技术措施。特别应注意审核混凝土的生产、运输、浇筑顺序以及施工缝的留设是否合理；审核大体积混凝土浇筑；冬、雨期混凝土施工等；审核劳动力组织及混凝土原材料的供应；停电应急措施。

2）选择在施工现场拌制混凝土，应着重对混凝土搅拌站、水泥库、砂石堆料场等布置进行综合通盘考虑。

3）选择使用商品混凝土，应选择运距不太远、有生产许可证的商品混凝土站；并根据施工要求，提出在卸车地点的混凝土质量指标。

4）熟悉结构各部位混凝土的强度等级、抗渗等级等指标要求。

（2）对浇筑混凝土原材料进行检查

1）检查承包商提供的水泥产品合格证、出厂检验报告；砂、石的检验报告单。

2）水泥进场时应对其品种、级别、包装或散装仓号、出厂日期等进行检查，并对其强度、安定性及其他必要的性能指标进行复验，其质量必须符合现行国家标准《通用硅酸盐水泥》GB 175 等的规定。

3）当在使用中对水泥质量有怀疑或水泥出厂超过三个月（快硬硅酸盐水泥超过一个月）时，应进行复验，并按复验结果使用。

4）混凝土中掺用外加剂的质量及其应用技术应符合现行国家标准《混凝土外加剂》GB 8076、《混凝土外加剂应用技术规范》GB 50119 等和有关环境保护的规定。

5）普通混凝土所用的粗、细骨料的质量应符合现行国家标准《普通混凝土用碎石或卵石质量标准及检验方法》JGJ 53、《普通混凝土用砂质量标准及检验方法》JGJ 52 的规定。

6）拌制混凝土宜采用饮用水，当采用其他水源时，水质应符合国家现行标准《混凝土拌合用水标准》JGJ 63 的规定。

7）督促承包商及时将验收合格的水泥、砂、石料运进施工现场。散装水泥要按品种分仓贮存；袋装水泥要存在水泥库中离地面 300mm 以上的木隔板上，按品种分批存放，并对其入库、出库、水泥品种和时间要做好详细记录。砂、石要按品种、规格分别存放在不积水的平地上。外加剂要按不同品种分开贮存，防止掺混，并应注意过期外加剂的失效问题。

（3）审查混凝土配合比

1）检查承包商提供的混凝土配合比。混凝土应按国家现行标准《普通混凝土配合比设计规程》JGJ 55 的有关规定，根据混凝土强度等级、耐久性和工作性等要求进行配合比设计。

2）混凝土拌制前，应测定砂、石含水率并根据测试结果调整材料用量，提出施工配合比。

（4）对混凝土生产设备及施工机具进行检查

1）搅拌机的配备应能满足混凝土浇筑的需要，搅拌机加水系统应准确可靠。

2）原材料必须过磅，计量装置应校验准确。

3）混凝土水平运输工具和垂直运输机械应满足混凝土浇筑数量的要求，并运行可靠。

4）振捣棒（器）性能可靠。

5）水、电、照明等现场施工条件应能满足混凝土浇筑的需要。

6）对易损机具或配件的备用情况。

（5）签署混凝土浇筑令

在钢筋工程、模板工程、水电暖工程以及混凝土浇筑前准备工作等方面验收合格后，由项目总监理工程师签署混凝土浇筑令，同意承包商开盘搅拌，并安排旁站监理人员实施旁站监理，并做好旁站监理记录。

316. 混凝土材料质量检验标准应符合哪些规定？

（1）主控项目

1）水泥进场时应对其品种、级别、包装或散装仓号、出厂日期等进行检查，并应对其强度、安定性及其他必要的性能指标进行复验，其质量必须符合现行国家标准《通用硅酸盐水泥》（GB 175）等的规定。

当在使用中对水泥质量有怀疑或水泥出厂超过三个月（快硬硅酸盐水泥超过一个月）时，应进行复验，并按复验结果使用。

钢筋混凝土结构、预应力混凝土结构中，严禁使用含氯化物的水泥。

检查数量：按同一生产厂家、同一等级、同一品种、同一批号且连续进场的水泥，袋装不超过200t 为一批，散装不超过500t 为一批，每批抽样不少于一次。

检验方法：检查产品合格证、出厂检验报告和进场复验报告。

2）混凝土中掺用外加剂的质量及应用技术应符合现行国家标准《混凝土外加剂》（GB 8076）、《混凝土外加剂应用技术规范》（GB 50119）等和有关环境保护的规定。

预应力混凝土结构中，严禁使用含氯化物的外加剂。钢筋混凝土结构中，当使用含氯化物的外加剂时，混凝土中氯化物的总含量应符合现行国家标准《混凝土质量控制标准》（GB 50164）的规定。

3）混凝土中氯化物和碱的总含量应符合现行国家标准《混凝土结构设计规范》（GB 50010）和设计的要求。

检验方法：检查原材料试验报告和氯化物、碱的总含量计算书。

（2）一般项目

1）混凝土中掺用矿物掺合料的质量应符合现行国家标准《用于水泥和混凝土中的粉煤灰》GB 1596 等的规定。矿物掺合料的掺量应通过试验确定。

检查数量：按进场的批次和产品的抽样检验方案确定。

检验方法：检查出厂合格证和进场复验报告。

2）普通混凝土所用的粗、细骨料的质量应符合国家现行标准《普通混凝土用碎石或卵石质量标准及检验方法》JGJ 53、《普通混凝土用砂质量标准及检验方法》JGJ 52 规定。

检查数量：按进场的批次和产品的抽样检验方案确定。

检验方法：检查进场复验报告。

注：①混凝土用的粗骨料，其最大颗粒粒径不得超过构件截面最小尺寸的 1/4，且不得超过钢筋最小净间距的 3/4。

②对混凝土实心板，骨料的最大粒径不宜超过板厚的 1/3，且不得超过 40mm。

3）拌制混凝土宜采用饮用水；当采用其他水源时，水质应符合国家现行标准《混凝土拌合用水标准》JGJ 63 的规定。

检查数量：同一水源检查不应少于一次。

检验方法：检查水质试验报告。

317. 混凝土配合比设计质量检验标准应符合哪些规定？

（1）主控项目

混凝土应按国家现行标准《普通混凝土配合比设计规程》JGJ 55 的有关规定，根据混凝土强度等级、耐久性和工作性等要求进行配合比设计。

对有特殊要求的混凝土，其配合比设计尚应符合国家现行有关标准的专门规定。

检验方法：检查配合比设计资料。

（2）一般项目

1）首次使用的混凝土配合比应进行开盘鉴定，其工作性应满足设计配合比的要求。开始生产时应至少留置一组标准养护试件，作为验证配合比的依据。

检验方法：检查开盘鉴定资料和试件强度试验报告。

2）混凝土拌制前，应测定砂、石含水率并根据测试结果调整材料用量，提出施工配合比。

检查数量：每工作班检查一次。

检验方法：检查含水率测试结果和施工配合比通知单。

318. 混凝土施工质量检验标准应符合哪些规定？

（1）主控项目

1）结构混凝土的强度等级必须符合设计要求。用于检查结构构件混凝土强度的试件，应在混凝土的浇筑地点随机抽取。取样与试件留置应符合下列规定：

①每拌制 100 盘且不超过 $100m^3$ 的同配合比的混凝土，取样不得少于一次。

②每工作班拌制的同一配合比的混凝土不足 100 盘时，取样不得少于一次。

③当一次连续浇筑超过 1000m³ 时，同一配合比的混凝土每 200m³ 取样不得少于一次。

④每一楼层、同一配合比的混凝土，取样不得少于一次。

⑤每次取样应至少留置一组标准养护试件，同条件养护试件的留置组数应根据实际需要确定。

检验方法：检查施工记录及试件强度试验报告。

2）对有抗渗要求的混凝土结构，其混凝土试件应在浇筑地点随机取样。同一工程、同一配合比的混凝土，取样不应少于一次，留置组数可根据实际需要确定。

检验方法：检查试件抗渗试验报告。

3）混凝土原材料每盘称量的偏差应符合表 7-44 的规定。

表 7-44　原材料每盘称量的允许偏差

材料名称	允许偏差
水泥、掺合料	±2%
粗、细骨料	±3%
水、外加剂	±2%

注：①各种衡器应定期校验，每次使用前应进行零点校核，保持计量准确。

　　②当遇雨天或含水率有显著变化时，应增加含水率检测次数，并及时调整水和骨料的用量。

检查数量：每工作班抽查不应少于一次。

检验方法：复称。

4）混凝土运输、浇筑及间歇的全部时间不应超过混凝土的初凝时间。同一施工段的混凝土应连续浇筑，并应在底层混凝土初凝之前将上一层混凝土浇筑完毕。

当底层混凝土初凝后浇筑上一层混凝土时，应按施工技术方案中对施工技术方案中施工缝的要求进行处理。

检查数量：全数检查。

检验方法：观察，检查施工记录。

（2）一般项目

1）施工缝的位置应在混凝土浇筑前按设计要求和施工技术方案确定。施工缝的处理应按施工技术方案执行。

检查数量：全数检查。

检验方法：观察，检查施工记录。

2）后浇带的留置位置应按设计要求和施工技术方案确定。后浇带混凝土浇筑应按施工技术方案进行。

检查数量：全数检查。

检验方法：观察，检查施工记录。

3）混凝土浇筑完毕后，应按施工技术方案及时采取有效的养护措施，并应符合下列规定：

①应在浇筑完毕后的 12h 内对混凝土加以覆盖并保湿养护。

②混凝土浇水养护的时间。对采用硅酸盐水泥、普通硅酸盐水泥或矿渣硅酸盐水泥拌制的混凝土，不得少于 7d；对掺用缓凝型外加剂或有抗渗要求的混凝土，不得少于 14d。

③浇水次数应能保持混凝土处于湿润状态；混凝土养护用水应与拌制用水相同。

④采用塑料布覆盖养护的混凝土，其敞露的全部表面应覆盖严密，并应保持塑料布内有凝结水。

⑤混凝土强度达到 $1.2N/mm^2$ 前，不得在其上踩踏或安装模板及支架。

注：a. 当日平均气温低于 5°C 时，不得浇水。

b. 当采用其他品种水泥时，混凝土的养护时间应根据所采用水泥的技术性能确定。

c. 混凝土表面不便浇水或使用塑料布时，宜涂刷养护剂。

d. 对大体积混凝土的养护，应根据气候条件按施工技术方案采取控温措施。

检查数量：全数检查。

检查方法：观察，检查施工记录。

354

4）根据结构所处的环境类别与作用等级，混凝土耐久性所需的施工养护应符合表 7-45 的规定。

表 7-45　施工养护制度要求

环境作用等级	混凝土类型	养护制度
Ⅰ-A	一般混凝土	至少养护 3d
	大掺量矿物掺合料混凝土	浇筑后立即覆盖并加湿养护，至少养护 3d
Ⅰ-B，Ⅰ-C， Ⅱ-C，Ⅲ-C， Ⅳ-C，Ⅴ-C， Ⅱ-D，Ⅴ-D， Ⅱ-E，Ⅴ-E	一般混凝土	养护至现场混凝土的强度不低于 28d 标准强度的 50%，且不少于 3d
	大掺量矿物掺合料混凝土	浇筑后立即覆盖并加湿养护，养护至现场混凝土的强度不低于 28d 标准强度的 50%，且不少于 7d
Ⅲ-D，Ⅳ-D， Ⅲ-E，Ⅳ-E， Ⅲ-F	大掺量矿物掺合料混凝土	浇筑后立即覆盖并加湿养护，养护至现场混凝土的强度不低于 28d 标准强度的 50%，且不少于 7d。加湿养护结束后应继续用养护喷涂或覆盖保湿、防风一段时间至现场混凝土的强度不低于 28d 标准强度的 70%

注：1. 表中要求适用于混凝土表面大气温度不低于 10℃，否则应延长养护时间。
　　2. 环境作用等级表

环境作用等级 环境类别	A 轻微	B 轻度	C 中度	D 严重	E 非常严重	F 极端严重
一般环境	Ⅰ-A	Ⅰ-B	Ⅰ-C	—	—	
冻融环境	—	—	Ⅱ-C	Ⅱ-D	Ⅱ-E	
海洋氯化物环境			Ⅲ-C	Ⅲ-D	Ⅲ-E	Ⅲ-F
除冰盐等其他氯化物环境	—	—	Ⅳ-C	Ⅳ-D	Ⅳ-E	
化学腐蚀环境			Ⅴ-C	Ⅴ-D	Ⅴ-E	

319. 混凝土保护层厚度应满足哪些具体要求？

（1）构件中普通钢筋及预应力筋的混凝土保护层厚度应满足下列要求。

1）构件中受力钢筋的保护层厚度不应小于钢筋的公称直径 d。

2）设计使用年限为 50 年的混凝土结构，最外层钢筋的保护层厚度应符合下表的规定。设计使用年限为 100 年的混凝土结构，最外层钢筋的保护层厚度不应小于表 7-46 中数值的 1.4 倍。

表 7-46　混凝土保护层的最小厚度 c　　　（mm）

环境类别	板、墙、壳	梁、柱、杆
一	15	20
二 a	20	25
二 b	25	35
三 a	30	40
三 b	40	50

注：1. 混凝土强度等级不大于 C20 时，表中保护层厚度数值应增大 5mm。
　　2. 钢筋混凝土基础应设置混凝土垫层，基础中钢筋的保护层厚度应从垫层顶面算起，且不小于 40mm。

（2）当有充分依据并采取下列措施时，可适当减小混凝土保护层厚度。

1）构件表面有可靠的防护层。

2）采用工厂化生产的预制构件。

3）在混凝土中掺加阻锈剂或采用阴极保护处理等防锈措施。

4）当对地下室墙体采取可靠的建筑防水做法或防护措施时，与土层接触一侧钢筋的保护层厚度可适当减少，但不应小于 25mm。

（3）当梁、柱、墙中纵向受力钢筋的保护层厚度大于 50mm 时，宜对保护层采取有效的构造措施。当在保护层内配置防裂、防剥落的钢筋网片时，网片钢筋的保护层厚度不应小于 25mm。

320. 现浇结构分项工程施工质量检验标准应符合哪些规定？

（1）现浇结构分项工程以模板、钢筋、预应力、混凝土四个分项工程为依托，是拆除模板后的混凝土结构实物外观质量、几何尺寸检验等一系列技术工作的总称。现浇结构分项工程可按楼层、结构缝或施工段划分检验批。

（2）现浇结构的外观质量缺陷，应由监理（建设）单位、施工单位等各方根据其对结构性能和使用功能影响的严重程度，按表 7-47 的规定。

表 7-47　现浇结构外观质量缺陷

名称	现象	严重缺陷	一般缺陷
露筋	构件内钢筋未被混凝土包裹而外露	纵向受力钢筋有露筋	其他钢筋有少量露筋
蜂窝	混凝土表面缺少水泥砂浆而形成石子外露	构件主要受力部位有蜂窝	其他部位有少量蜂窝
孔洞	混凝土中孔穴深度和长度均超过保护层厚度	构件主要受力部位有孔洞	其他部位有少量孔洞
夹渣	混凝土中夹有杂物且深度超过保护层厚度	构件主要受力部位有夹渣	其他部位有少量夹渣
疏松	混凝土中局部不密实	构件主要受力部位有疏松	其他部位有少量疏松
裂缝	缝隙从混凝土表面延伸至混凝土内部	构件主要受力部位有影响结构性能或使用功能的裂缝	其他部位有少量不影响结构性能或使用功能的裂缝
连接部位缺陷	构件连接处混凝土缺陷及连接钢筋、连接件松动	连接部位有影响结构传力性能的缺陷	连接部位有基本不影响结构传力性能的缺陷
外形缺陷	缺棱掉角、棱角不直、翘曲不平、飞边凸肋等	清水混凝土构件有影响使用功能或装饰效果的外形缺陷	其他混凝土构件有不影响使用功能的外形缺陷
外表缺陷	构件表面麻面、掉皮、起砂、玷污等	具有重要装饰效果的清水混凝土构件有外表缺陷	其他混凝土构件有不影响使用功能的外表缺陷

（3）现浇结构拆模后，应由监理（建设）单位、施工单位对外观质量和尺寸偏差进行检查，做出记录，并应及时按施工技术方案对缺陷进行处理。

（4）外观质量主控项目

现浇结构的外观质量不应有严重缺陷。

对已经出现的严重缺陷，应由施工单位提出技术处理方案，并经监理（建设）单位认可后进行处理。对经处理的部位，应重新检查验收。

检查数量：全数检查。

检验方法：观察，检查技术处理方案。

注：本条为强制性条文，应严格执行。

（5）外观质量一般项目

现浇结构的外观质量不宜有一般缺陷。

对已经出现的一般缺陷，应由施工单位按技术处理方案进行处理，并重新检查验收。

检查数量：全数检查。

检验方法：观察，检查技术处理方案。

（6）尺寸偏差主控项目

现浇结构不应有影响结构性能和使用功能的尺寸偏差。混凝土设备基础不应有影响结构性能和设备安装的尺寸偏差。

对超过尺寸允许偏差且影响结构性能和安装、使用功能的部位，应由施工单位提出技术处理方案，并经监理（建设）单位认可后进行处理。对经处理的部位，应重新检查验收。

检查数量：全数检查。

检验方法：量测，检查技术处理方案。

注：本条为强制性条文，应严格执行。

（7）一般项目

现浇结构和混凝土设备基础拆模后的尺寸偏差应符合表7-48、表7-49的规定。

表 7-48　现浇结构尺寸允许偏差

项　　目		允许偏差(mm)	项　　目		允许偏差(mm)
轴线位置	基础	15	截面尺寸		+8，-5
	独立基础	10	电梯井	井筒长、宽定位中心线	+25，0
	墙、柱、梁	8		井筒全高 (H) 垂直度	H/1000 且≤30
	剪力墙	5	表面平整度		8
垂直度	层高 ≤5m	8	预埋设施中心线位置	预埋件	10
	层高 >5m	10		预埋螺栓	5
	全高 (H)	H/1000 且≤30		预埋管	5
标高	层高	±10	预留洞中心线位置		15
	全高	±30			

表 7-49　混凝土设备基础尺寸允许偏差

项　　目		允许偏差(mm)	项目		允许偏差(mm)
坐标位置		20	预埋地脚螺栓	标高（顶部）	±20，0
不同平面的标高		0，-20		中心距	±2
平面外形尺寸		±20	预埋地脚螺栓孔	中心线位置	10
凸台上平面外形尺寸		0，-20		深度	±20，0
凹穴尺寸		±20，0		孔垂直度	10
平面水平度	每米	5	预埋活动地脚螺栓锚板	标高	±20，0
	全长	10		中心线位置	5
垂直度	每米	5		带槽锚板平整度	5
	全长	10		带螺纹孔锚板平整度	2

检查数量：按楼层、结构缝或施工段划分检验批。在同一检验批内，对梁、柱和独立基础，应抽查构件数量的 10%，且不少于 3 件；对墙和板，应按有代表性的自然间抽查 10%，且不少于 3 间；对大空间结构，墙可按相邻轴线高度 5m 左右划分检查面，板可按纵、横轴线划分检查面，抽查 10%，且均不少于 3 面；对电梯井，应全数检查。对设备基础，应全数检查。

321. 装配式结构分项工程施工质量检验标准应符合哪些规定？

（1）进入现场的预制构件，其外观质量、尺寸偏差及结构性能应符合标准图或设计的要求。

检查数量：按批检查。

检验方法：检查构件合格证。

（2）预制构件与结构之间的连接应符合设计要求。

连接处钢筋或埋件采用焊接或机械连接时，接头质量应符合国家现行标准《钢筋焊接及验收规程》JGJ 18、《钢筋机械连接通用技术规程》JGJ 107 要求。

检查数量：全数检查。

检验方法：观察，检查施工记录。

（3）承受内力的接头和拼缝，当其混凝土强度未达到设计要求时，不得吊装上一层结构构件；当设计无具体要求时，应在混凝土强度不小于 $10N/mm^2$ 或具有足够的支承时方可吊装上一层结构构件。

已安装完毕的装配式结构，应在混凝土强度到达设计要求后，方可承受全部设计荷载。

检查数量：全数检查。

检验方法：检查施工记录及试件强度试验报告。

（4）一般项目

1）预制构件码放和运输时的支承位置和方法应符合标准图或设计的要求。

检查数量：全数检查。

检验方法：观察检查。

2）预制构件吊装前，应按设计要求在构件和相应的支承结构上标示中心线、标高等控制尺寸，按标准图或设计文件校核预埋件及连接钢筋等，并做出标志。

检查数量：全数检查。

检验方法：观察，钢尺检查。

3）预制构件应按标准图或设计的要求吊装。起吊时绳索与构件水平面的夹角不宜小于45°，否则应采用吊架或经验算确定。

检查数量：全数检查。

检验方法：观察检查。

4）预制构件安装就位后，应采取保证构件稳定的临时固定措施，并应根据水准点和轴线校正位置。

检查数量：全数检查。

检验方法：观察，钢尺检查。

5）装配式结构中的接头和拼缝应符合设计要求；当设计无具体要求时，应符合下列规定：

①对承受内力的接头和拼缝应采用混凝土浇筑，其强度等级应比构件混凝土强度等级提高一级。

②对不承受内力的接头和拼缝应采用混凝土或砂浆浇筑，其强度等级不应低于C15。

③用于接头和拼缝的混凝土或砂浆，宜采取微膨胀措施和快硬措施，在浇筑过程中应振捣密实，并应采取必要的养护措施。

检查数量：全数检查。

检验方法：检查施工记录及试件强度试验报告。

322. 混凝土结构子分部工程结构实体检验标准应符合哪些规定？

（1）对涉及混凝土结构安全的主要部位应进行结构实体检验。结构实体检验应在监理工程师（建设单位项目专业技术负责人）见证下，由施工项目技术负责人组织实施。承担结构实体检验的试验室应具有相应的资质。

说明：①根据国家标准《建筑工程施工质量验收统一标准》GB 50300—2001规定的原则，在混凝土结构子分部工程验收前应进行结构实体检验。结构实体检验的范围仅限于涉及安全的柱、墙、梁等结构构件的重要部位。

②对结构实体进行检验，并不是在子分部工程验收前的重新检验，而是

在相应分项工程验收合格、过程控制使质量得到保证的基础上，对重要项目进行验证性检查，其目的是为了加强混凝土结构的施工质量验收，确保结构安全。

（2）结构实体检验的内容应包括混凝土强度、钢筋保护层厚度以及工程合同约定的项目；必要时可检验其他项目。

（3）对混凝土强度的检验，应以在混凝土浇筑地点制备并与结构实体同条件养护的试件强度为依据。混凝土强度检验用同条件养护试件的留置、养护和强度代表值应符合规范的规定。

对混凝土强度的检验，也可根据合同的约定，采用非破损或局部破损的检测方法，按国家现行有关标准的规定进行。

（4）当同条件养护试件强度的检验结果符合现行国家标准《混凝土强度检验评定标准》GBJ 107 的有关规定时，混凝土强度应判为合格。

（5）钢筋保护层厚度的检验，抽样数量、检验方法、允许偏差和合格条件应符合规范的规定。

（6）当未能取得同条件养护试件强度、同条件养护试件强度被判为不合格或钢筋保护层厚度不满足要求时，应委托具有相应资质等级的检测机构按国家有关标准的规定进行检测。

323. 结构实体检验用同条件养护试件强度检验标准应符合哪些规定？

（1）同条件养护试件的留置方式和取样数量，应符合下列要求：

1）同条件养护试件所对应的结构构件或结构部位，应由监理（建设）、施工等各方共同选定。

2）对混凝土结构工程中的各混凝土强度等级，均应留置同条件养护试件。

3）同一强度等级的同条件养护试件，其留置的数量应根据混凝土工程量和重要性确定，不宜少于 10 组，且不应少于 3 组。

4）同条件养护试件拆模后，应放置在靠近相应结构构件或结构部位的适当位置，并应采取相同的养护方法。

（2）同条件养护试件应在达到等效养护龄期时进行强度试验。

等效养护龄期应根据同条件养护试件强度与标准养护条件下 28d 龄期试件强度相等的原则确定。

（3）同条件自然养护试件的等效养护龄期及相应的试件强度代表值，宜根据当地的气温和养护条件，按下列规定确定：

1）等效养护龄期可按日平均温度逐日累计达到 600°C·d 时所对应的龄期，0°C 及以下的龄期不计入；等效养护龄期不应小于 14d，也不宜大于 60d。

2）同条件养护试件的强度代表值应根据强度试验结果按现行国家标准《混凝土强度检验评定标准》GBJ 107 的规定确定后，乘折算系数取用；折算系数宜取为 1.10，也可根据当地的试验统计结果适当调整。

（4）冬期施工、人工加热养护的结构构件，其同条件养护试件的等效养护龄期可按结构构件的实际养护条件，由监理（建设）、施工等各方根据上述第（2）条的规定共同确定。

324. 结构实体钢筋保护层厚度检验标准应符合哪些规定？

（1）钢筋保护层厚度检验的结构部位和构件数量，应符合下列要求：

1）钢筋保护层厚度检验的结构部位，应由监理（建设）、施工等各方根据结构构件的重要性共同选定。

2）对梁类、板类构件，应各抽取构件数量的 2% 且不少于 5 个构件进行检验；当有悬挑构件时，抽取的构件中悬挑梁类、板类构件所占比例均不宜小于 50%。

（2）对选定的梁类构件，应对全部纵向受力钢筋的保护层厚度进行检验；对选定的板类构件，应抽取不少于 6 根纵向钢筋的保护层厚度进行检验。对每根钢筋，应在有代表性的部位测量1 点。

（3）钢筋保护层厚度的检验，可采用非破损或局部破损的方法，也可采用非破损方法或用局部破损方法进行校准。当采用非破损方法检验时，所使用的检测仪器应经过计量检验，检测操作应符合相应规程的规定。

钢筋保护层厚度检验的检测误差不应大于1mm。

（4）钢筋保护层厚度检验时，纵向受力钢筋保护层厚度的允许偏差，对梁类构件为+10mm，−7mm；对板类构件为+8mm，−5mm。

（5）对梁类、板类构件纵向受力钢筋的保护层厚度应分别进行验收。

结构实体钢筋保护层厚度验收应符合下列规定：

1）当全部钢筋保护层厚度检验的合格点率为90%及以上时，钢筋保护层厚度的检验结果应判为合格。

2）当全部钢筋保护层厚度检验的合格点率小于90%但不小于80%时，可再抽取相同数量的构件进行检验；当按两次抽样总数和计算的合格点率为90%及以上时，钢筋保护层厚度的检验结果仍应判为合格。

3）每次抽样检验结果中不合格点的最大偏差均不应大于上述第（4）条允许偏差的1.5倍。

325. 混凝土结构子分部工程验收标准应符合哪些规定？

（1）混凝土结构子分部工程施工质量验收时，应提供下列文件和记录：

1）设计变更文件。

2）原材料出厂合格证和进场复验报告。

3）钢筋接头的试验报告。

4）混凝土工程施工记录。

5）混凝土试件的性能试验报告。

6）装配式结构预制构件的合格证和安装验收记录。

7）预应力筋用锚具、连接器的合格证和进场复验报告。

8）预应力筋安装、张拉及灌浆记录。

9）隐蔽工程验收记录。

10）分项工程验收记录。

11）混凝土结构实体检验记录。

12）工程的重大质量问题的处理方案和验收记录。

13）其他必要的文件和记录。

（2）混凝土结构子分部工程施工质量验收合格应符合下列规定：

1）有关分项工程施工质量验收合格。

2）应有完整的质量控制资料。

3）观感质量验收合格。

4）结构实体检验结果满足混凝土结构工程施工质量验收规范的要求。

（3）当混凝土结构施工质量不符合要求时，应按下列规定进行处理：

1）经返工、返修或更换构件、部件的检验批，应重新进行验收。

2）经有资质的检测单位检测鉴定达到设计要求的检验批应予以验收。

3）经有资质的检测单位检测鉴定达不到设计要求，但经原设计单位核算并确认仍可满足结构安全和使用功能的检验批，可予以验收。

4）经返修或加固处理能够满足结构安全使用要求的分项工程，可根据技术处理方案和协商文件进行验收。

326. 钢结构工程施工质量有哪些基本规定？

（1）钢结构工程应按下列规定进行施工质量控制：

1）采用的原材料及成品应进行进场验收；凡涉及安全、功能的原材料及成品应按混凝土结构工程施工质量验收规范规定进行复验，并应经监理工程师（建设单位技术负责人）见证取样、送样。

2）各工序应按施工技术标准进行质量控制，每道工序完成后应进行检查。

3）相关各专业工种之间，应进行交接检验，并经监理工程师（建设单位技术负责人）检查认可。

（2）当钢结构工程施工质量不符合混凝土结构工程施工质量验收规范要求时，应按下列规定进行处理：

1）经返工重做或更换构（配）件的检验批，应重新进行验收。

2）经有资质的检测单位检测鉴定能够达到设计要求的检验批，应予以验收。

3）经有资质的检测单位检测鉴定达不到设计要求，但经原设计单位核算认可能够满足结构安全和使用功能的检验批，可予以验收。

4）经返修或加固处理的分项、分部工程，虽然改变外形尺寸但仍能满足安全使用要求，可按处理技术方案和协商文件进行验收。

（3）通过返修或加固处理仍不能满足安全使用要求的钢结构分部工程，严禁验收。

327. 钢材、连接用紧固件材料质量检验标准应符合哪些规定？

（1）钢材

1）主控项目。

①钢材、钢铸件的品种、规格、性能等应符合现行国家产品标准和设计要求。进口钢材产品的质量应符合设计和合同规定标准的要求。

检查数量：全数检查。

检验方法：检查质量合格证明文件、中文标志及检验报告等。

②对属于下列情况之一的钢材，应进行抽样复验，其复验结

果应符合现行国家产品标准和设计要求。

a. 国外进口钢材。

b. 钢材混批。

c. 板厚等于或大于40mm，且设计有Z向性能要求的厚板。

d. 建筑结构安全等级为一级，大跨度钢结构中主要受力构件所采用的钢材。

e. 设计有复验要求的钢材。

f. 对质量有疑义的钢材。

检查数量：全数检查。

检验方法：检查复验报告。

2) 一般项目。

钢材的表面外观质量除应符合国家现行有关标准的规定外，尚应符合下列规定：

①当钢材的表面有锈蚀、麻点或划痕等缺陷时，其深度不得大于该钢材厚度负允许偏差值的1/2。

②钢材表面的锈蚀等级应符合现行国家标准《涂装前钢材表面锈蚀等级和除锈等级》（GB 8923）规定的C级及C级以上。

3) 钢材端边或断口处不应有分层、夹渣等缺陷。

（2）连接用紧固标准件

1) 主控项目。

钢结构连接用高强度大六角头螺栓连接副、扭剪型高强度螺栓连接副、钢网架用高强度螺栓、普通螺栓、铆钉、自攻钉、拉铆钉、射钉、锚栓（机械型和化学试剂型）、地脚锚栓等紧固标准件及螺母、垫圈等标准配件，其品种、规格、性能等应符合现行国家产品标准和设计要求。高强度大六角头螺栓连接副和扭剪型高强度螺栓连接副出厂时应分别随箱带有扭矩系数和紧固轴力（预拉力）的检验报告。

检查数量：全数检查。

检验方法：检查产品的质量合格证明文件、中文标志及检验报告等。

2）一般项目。

①高强度螺栓连接副，应按包装箱配套供货，包装箱上应标明批号、规格、数量及生产日期。螺栓、螺母、垫圈外观表面应涂油保护，不应出现生锈和沾染脏物，螺纹不应损伤。

检查数量：按包装箱数抽查 5%，且不应少于 3 箱。

检验方法：观察检查。

②对建筑结构安全等级为一级，跨度 40m 及以上的螺栓球节点钢网架结构，其连接高强度螺栓应进行表面硬度试验，对 8.8 级的高强度螺栓其硬度应为 HRC21 ~ 29，10.9 级高强度螺栓其硬度应为 HRC32 ~ 36，且不得有裂纹或损伤。

检查数量：按规格抽查 8 只。

检验方法：硬度计、10 倍放大镜或磁粉探伤。

328. 钢构件焊接工程施工质量检验标准应符合哪些规定？

（1）主控项目

1）焊条、焊丝、焊剂、电渣焊熔嘴等焊接材料与母材的匹配应符合设计要求及国家现行行业标准《建筑钢结构焊接技术规程》（JGJ 81）的规定。焊条、焊剂、药芯焊丝、熔嘴等在使用前，应按其产品说明书及焊接工艺文件的规定进行烘焙和存放。

2）焊工必须经考试合格并取得合格证书。持证焊工必须在其考试合格项目及其认可范围内施焊。

3）施工单位对其首次采用的钢材、焊接材料、焊接方法、焊后热处理等，应进行焊接工艺评定，并应根据评定报告确定焊接工艺。

4）设计要求全焊透的一、二级焊缝应采用超声波探伤进行内部缺陷的检验，超声波探伤不能对缺陷做出判断时，应采用射线探伤，其内部缺陷分级及探伤方法应符合现行国家标准《钢焊缝手工超声波探伤方法和探伤结果分级》（GB 11345）或《金属熔化焊焊接接头射线照相》（GB 3323）的规定。

焊接球节点网架焊缝、螺栓球节点网架焊缝及圆管 T、K、Y

形节点相贯线焊缝，其中内部缺陷分级及探伤方法应分别符合国家现行标准《钢结构超声波探伤及质量分级法》（JG/T 203）、《建筑钢结构焊接技术规程》（JGJ 81）的规定。

一级、二级焊缝的质量等级及缺陷分级应符合表7-50的规范规定。

表7-50 一级、二级焊缝质量等级及缺陷分级

焊缝质量等级		一级	二级
内部缺陷超声波探伤	评定等级	II	III
	检验等级	B级	B级
	探伤比例	100%	20%
内部缺陷射线探伤	评定等级	II	III
	检验等级	AB级	AB级
	探伤比例	100%	20%

注：探伤比例的计数方法应按以下原则确定：
　①对工厂制作焊缝，应按每条焊缝计算百分比，且探伤长度不应小于200mm，当焊缝长度不足200mm时，应对整条焊缝进行探伤。
　②对现场安装焊缝，应按同一类型、同一施焊条件的焊缝条数计算百分比，探伤长度应不小于200mm，并应不少于1条焊缝。

检查数量：全数检查。

检验方法：检查超声波或射线探伤记录。

5）焊缝表面不得有裂纹、焊瘤等缺陷。一级、二级焊缝不得有表面气孔、夹渣、弧坑裂纹、电弧擦伤等缺陷。且一级焊缝不得有咬边、未焊满、根部收缩等缺陷。

检查数量：每批同类构件抽查10%，且不应少于3件；被抽查构件中，每一类型焊缝按条数抽查5%，且不应少于1条；每条检查1处，总抽查数不应少于10条。

检验方法：观察检查或使用放大镜、焊缝量规和钢尺检查，当存在疑义时，采用渗透或磁粉探伤检查。

（2）一般项目

焊缝感观应达到：外形均匀、成型较好，焊道与焊道、焊道

与基本金属间过渡较平滑，焊渣和飞溅物基本清除干净。

检查数量：每批同类构件抽查10%，且不应少于3件；被抽查构件中，每种焊缝按数量各抽查5%，总抽查数不应少于5处。

检验方法：观察检查。

329. 紧固件连接工程施工质量检验标准应符合哪些规定？

（1）普通紧固件连接

1）主控项目。

普通螺栓作为永久性连接螺栓时，当设计有要求或对其质量有疑义时，应进行螺栓实物最小拉力载荷复验，其结果应符合现行国家标准《紧固件机械性能螺栓、螺钉和螺柱》（GB/T 3098.1）的规定。

检查数量：每一规格螺栓抽查8个。

检验方法：检查螺栓实物复验报告。

2）一般项目。

永久性普通螺栓紧固应牢固、可靠，外露丝扣不应少于2扣。

检查数量：按连接节点数抽查10%，且不应少于3个。

检验方法：观察和用小锤敲击检查。

（2）高强度螺栓连接

1）主控项目。

①钢结构制作和安装单位应按规定分别进行高强度螺栓连接摩擦面的抗滑移系数试验和复验，现场处理的构件摩擦面应单独进行摩擦面抗滑移系数试验，其结果应符合设计要求。

检验方法：检查摩擦面抗滑移系数试验报告和复验报告。

②高强度大六角头螺栓连接副，终拧完成2h后、48h内应进行终拧扭矩检查，检查结果应符合规范的规定。

检查数量：按节点数抽查10%，且不应少于10个；每个被抽查节点按螺栓数抽查10%，且不应少于2个。

③扭剪型高强度螺栓连接副终拧后，除因构造原因无法使用专用扳手，终拧掉梅花头者外，未在终拧中拧掉梅花头的螺栓数不应大于该节点螺栓数的 5%。对所有梅花头未拧掉的扭剪型高强度螺栓连接副应采用扭矩法或转角法进行终拧并做标记，且按钢结构工程施工质量验收规范的规定进行终拧扭矩检查。

检查数量：按节点数抽查 10%，但不应少于 10 个节点，被抽查节点中梅花头未拧掉的扭剪型高强度螺栓连接副全数进行终拧扭矩检查。

检验方法：观察检查。

2）一般项目。

①高强度螺栓连接副终拧后，螺栓丝扣外露应为 2~3 扣，其中允许有 10% 的螺栓丝扣外露 1 扣或 4 扣。

检查数量：按节点数抽查 5%，且不应少于 10 个。

检验方法：观察检查。

②高强度螺栓连接摩擦面应保持干燥、整洁，不应有飞边、毛刺、焊接飞溅物、焊疤、氧化铁皮、污垢等，除设计要求外摩擦面不应涂漆。

检查数量：全数检查。

检验方法：观察检查。

③高强度螺栓应自由穿入螺栓孔。高强度螺栓孔不应采用气割扩孔，扩孔数量应征得设计同意，扩孔后的孔径不应超过 $1.2d$（d 为螺栓直径）。

检查数量：被扩螺栓孔全数检查。

检验方法：观察检查及用卡尺检查。

④螺栓球节点网架总拼完成后，高强度螺栓与球节点应紧固连接，高强度螺栓拧入螺栓球内的螺纹长度不应小于 $1.0d$（d 为螺栓直径），连接处不应出现间隙、松动等未拧紧情况。

检查数量：按节点数抽查 5%，且不应少于 10 个。

检验方法：普通扳手及尺量检查。

330. 单层钢结构安装工程施工质量检验标准应符合哪些规定？

（1）一般规定

1）安装时，必须控制屋面、楼面、平台等的施工荷载，施工荷载和冰雪荷载等严禁超过梁、桁架、楼面板、屋面板、平台铺板等的承载能力。

2）在形成空间刚度单元后，应及时对柱底板和基础顶面的空隙进行细石混凝土、灌浆料等二次浇灌。

3）吊车梁或直接承受动力荷载的梁其受拉翼缘、吊车桁架或直接承受动力荷载的桁架其受拉弦杆上不得焊接悬挂物和卡具等。

（2）安装和校正（主控项目）

单层钢结构主体结构的整体垂直度允许偏差应符合 $H/1000$，且不应大于 25.0mm；整体平面弯曲的允许偏差应符合 $L/1500$，且不应大于 25.0mm。

检查数量：对主要立面全部检查。对每个所检查的立面，除两列角柱外，尚应至少选取一列中间柱。

331. 多层及高层钢结构安装工程施工质量检验标准应符合哪些规定？

（1）一般规定

1）柱、梁、支撑等构件的长度尺寸应包括焊接收缩余量等变形值。

2）安装柱时，每节柱的定位轴线应从地面控制轴线直接引上，不得从下层柱的轴线引上。

3）结构的楼层标高可按相对标高或设计标高进行控制。

（2）安装和校正（主控项目）

多层及高层钢结构主体结构的整体垂直度允许偏差应符合 $H/2500 + 10.0mm$，且不应大于 50.0mm；整体平面弯曲的允许偏差应符合 $L/1500$，且不应大于 25.0mm。

检查数量：对主要立面全部检查。对每个所检查的立面，除两列角柱外，尚应至少选取一列中间柱。

检验方法：对于整体垂直度，可采用激光经纬仪、全站仪测量，也可根据各节柱的垂直度允许偏差累计（代数和）计算。对于整体平面弯曲可按产生的允许偏差累计（代数和）计算。

332. 钢网架结构安装工程施工质量检验标准应符合哪些规定？

（1）钢网架结构安装检验批应在进场验收和焊接连接、紧固体连接、制作等分项工程验收合格的基础上进行验收。

（2）支承面顶板和支承垫块质量要求：

1）钢网架结构支座定位轴线的位置、支座锚栓的规格应符合设计要求。

2）支承垫块种类、规格、摆放位置和朝向，必须符合设计要求和现行国家标准的规定。橡胶垫块与刚性垫块之间或不同类型刚性垫块之间不得互换使用。

3）网架支座锚栓的紧固应符合设计要求。

4）支承面顶板的位置、标高、水平度以及支座锚栓位置的允许偏差应符合表 7-51 的规定。

表 7-51　支承面顶板、支座锚栓位置的允许偏差　（mm）

项　目		允许偏差
支承面顶板	位置	15.0
	顶面标高	0，−3.0
	顶面水平度	$L/1000$
支座锚栓	中心偏移	±5.0

5）支座锚栓的螺纹应受到保护。支座锚栓尺寸的允许偏差应符合表 7-52 的规定。

表 7-52　地脚螺栓（锚栓）尺寸的允许偏差　（mm）

项　目	允许偏差
螺栓（锚栓）露出长度	+30.00.0
螺纹长度	+30.00.0

（3）钢网架结构总拼与安装质量要求

1）小拼单元的允许偏差应符合表 7-53 的规定

表 7-53　小拼单元的允许偏差　　　（mm）

项　目			允许偏差
节点中心偏移			2.0
焊接球节点与钢管中心的偏移			1.0
杆件轴线的弯曲矢高			$L1/1000$，且不应大于 5.0
锥体型小拼单元	弦杆长度		±2.0
	锥体高度		±2.0
	上弦杆对角线长度		±3.0
平面桁架型小拼单元	跨长	≤24m	+3.0　−7.0
		>24m	+5.0　−10.0
	跨中高度		±3.0
	跨中拱度	设计要求起拱	$±L/5000$
		设计未要求起拱	+10.0

注：1. $L1$ 为杆件长度；
　　2. L 为跨长。

2）中拼单元的允许偏差应符合表 7-54 的规定：

表 7-54　中拼单元的允许偏差　　　（mm）

项　目		允许偏差
单元长度≤20m，拼接长度	单跨	±10.0
	多跨连续	±5.0
单元长度>20m，拼接长度	单跨	±20.0
	多跨连续	±10.0

（4）钢网架结构总拼完成后及屋面工程完成后应分别测量其挠度值，且所测的挠度值不应超过相应设计值的 1.15 倍。

（5）对建筑结构安全等级为一级，跨度 40m 及以上的公共建筑钢网架结构，且设计有要求时，应按下列项目进行节点承载力

374

试验，其试验结果应符合以下规定：

1）焊接球节点应按设计指定规格的球及其匹配的钢管焊接成试件，进行轴心拉、压承载力试验，其试验破坏荷载值大于或等于1.6倍设计承载力为合格。

2）螺栓球节点应按设计指定规格的球最大螺栓孔螺纹进行抗拉强度保证荷载试验，当达到螺栓的设计承载力时，螺孔、螺纹及封板仍完好无损为合格。

（6）钢网架结构安装完成后，其节点及杆件表面应干净，不应有明显的疤痕、泥砂和污垢。螺栓球节点应将所有接缝用油腻子填嵌严密，并应将多余螺孔封口。

（7）钢网架结构安装完成后，其安装的允许偏差应符合表7-55的规定：

表7-55　钢网架结构安装的允许偏差　　　　（mm）

项　目	允许偏差
纵向、横向长度	$L/2000$，且不应大于30.0；$-L/2000$，且不应小于-30.0
支座中心偏移	$L/3000$，且不应大于30.0
周边支承网架相邻支座高差	30.0
多点支承网架相邻支座高差	$L1/800$，且不应大于30.0

注：L 为纵向、横向长度；

$L1$ 为相邻支座间距。

333. 钢结构防腐涂料涂装工程施工质量检验标准应符合哪些规定？

（1）钢结构防腐涂料涂装工程应在钢结构构件组装、预拼装或钢结构安装工程检验批的施工质量验收合格后进行。

（2）涂装时的环境温度和相对湿度应符合涂料产品说明书的要求，当产品说明书无要求时，环境温度宜在5～38℃之间，相对湿度不应大于85%。涂装时构件表面不应有结露，涂装后4h应保护免受雨淋。

（3）主控项目

涂料、涂装遍数、涂层厚度均应符合设计要求。当设计对涂层厚度无要求时，涂层干漆膜总厚度：室外应为 150μm，室内应为 125μm，其允许偏差为 -25μm。每遍涂层干漆膜厚度的允许偏差为 -5μm。

检查数量：按构件数抽查 10%，且同类构件不应少于 3 件。

检验方法：用干漆膜测厚仪检查。每个构件检测 5 处，每处的数值为 3 个相距 50mm 测点涂层干漆膜厚度的平均值。

（4）构件表面不应误涂、漏涂，涂层不应脱皮和返锈等。涂层应均匀、无明显皱皮、流坠、针眼和气泡等。

（5）当钢结构处在有腐蚀介质环境或外露且设计有要求时，应进行涂层附着力测试，在检测处范围内，当涂层完整程度达到 70% 以上时，涂层附着力达到合格质量标准的要求。

（6）涂装完成后，构件的标志、标记和编号应清晰完整。

334. 钢结构防火涂料涂装工程施工质量检验标准应符合哪些规定？

（1）钢结构防火涂料涂装工程应在钢结构安装工程检验批和钢结构普通涂料涂装检验批的施工质量验收合格后进行。

（2）防火涂料涂装前钢材表面除锈及防锈底漆涂装应符合设计要求和现行国家标准的规定。

（3）主控项目

1）薄涂型防火涂料的涂层厚度应符合有关耐火极限的设计要求。厚涂型防火涂料涂层的厚度，80% 及以上面积应符合有关耐火极限的设计要求，且最薄处厚度不应低于设计要求的 85%。

检查数量：按同类构件数抽查 10%，且均不应少于 3 件。

检验方法：用涂层厚度测量仪、测针和钢尺检查。

2）薄涂型防火涂料涂层表面裂纹宽度不应大于 0.5mm；厚涂型防火涂料涂层表面裂纹宽度不应大于 1mm。

检查数量：按同类构件数抽查 10%，且均不应少于 3 件。

检验方法：观察和用尺量检查。

（4）钢结构防火涂料的粘结强度、抗压强度应符合《钢结构防火涂料应用技术规程》CECS24：90 的规定。检验方法应符合现行国家标准《建筑构件防火喷涂材料性能试验方法》GB 9978 的规定。

335. 钢结构分部工程竣工验收要求有哪些规定？

（1）根据现行国家标准《建筑工程施工质量验收统一标准》GB 50300 的规定，钢结构作为主体结构之一，应按子分部工程竣工验收；当主体结构均为钢结构时应按分部工程竣工验收。大型钢结构工程可划分成若干个子分部工程进行竣工验收。

（2）钢结构分部工程竣工验收时，应提供下列文件和记录：

1）钢结构工程竣工图纸及相关设计文件。

2）施工现场质量管理检查记录。

3）有关安全及功能的检验和见证检测项目检查记录。

4）有关质量检验项目检查记录。

5）分部工程所含各分项工程质量验收记录。

6）分项工程所含各检验批质量验收记录。

7）强制性条文检验项目检查记录及证明文件。

8）隐蔽工程检验项目检查验收记录。

9）原材料、成品质量合格证明文件，中文标志及性能检测报告。

10）不合格项的处理记录及验收记录。

11）重大质量、技术问题实施方案及验收记录。

12）其他有关文件和记录。

（3）钢结构分部工程有关安全及功能的检验和见证检测项目包括：

1）见证取样送样试验项目：

①钢材及焊接材料复验。

②高强度螺栓预拉力、扭矩系数复验。

③摩擦面抗滑移系数复验。

④网架节点承载力试验。

2）焊缝质量：

①内部缺陷。

②外观缺陷。

③焊缝尺寸。

3）高强度螺栓施工质量：

①终拧扭矩。

②梅花头检查。

③网架螺栓球节点。

4）柱脚及网架支座：

①锚栓紧固。

②垫板、垫块。

③二次灌浆。

5）主要构件变形：

①钢屋（托）架、桁架、钢梁、吊车梁等垂直度和侧向弯曲。

②钢柱垂直度。

③网架结构挠度。

6）主体结构尺寸：

①整体垂直度。

②整体平面弯曲。

（4）钢结构分部工程有关质量检查项目包括：

1）普通涂层表面。

2）防火涂层表面。

3）压型金属板表面。

4）钢平台、钢梯、钢栏杆。

（5）钢结构分部工程合格质量标准应符合以下规定：

1）各分项工程质量均应符合合格质量标准。

2）质量控制资料和文件应完整。

3）有关安全及功能和检验及见证检测结果应符合《钢结构工程施工质量验收规范》GB 50205—2001 相应合格质量标准的要求。

4）有关观感质量应符合《钢结构工程施工质量验收规范》GB 50205—2001 相应合格质量标准的要求。

（6）钢结构工程质量验收记录应符合以下规定：

1）施工现场质量管理检查记录可按现行国家标准《建筑工程施工质量验收统一标准》GB 50300 中附录 A 进行。

2）分项工程验收记录可按《钢结构工程施工质量验收规范》GB 50205—2001 中附录 J 进行。

3）分项工程验收记录可按现行国家标准《建筑工程施工质量验收统一标准》GB 50300 中附录 E 进行。

4）分部（子分部）工程验收记录可按现行国家标准《建筑工程施工质量验收统一标准》GB 50300 中附录 F 进行。

336. 建筑地面工程施工质量控制包括哪些内容？

建筑地面是指建筑物底层地面（地面）和楼层地面（楼面）的总称。

（1）建筑地面原材料的控制

1）建筑地面工程采用材料应按设计要求和《建筑地面工程施工质量验收规范》GB 50209—2010 的规定选用，并应符合国家标准的规定；进场材料应有中文质量合格证明文件、规格、型号及性能检测报告；对重要材料应有复验报告。

2）厕浴间和有防滑要求的建筑地面的板块材料应符合设计要求。

3）建筑地面采用的大理石、花岗石等天然石材必须符合国家现行行业标准《天然石材产品放射防护分类控制标准》JC 518 中有关材料有害物质的限量规定。进场应具有检测报告。

4）胶粘剂、沥青胶结料和涂料等材料应按设计要求选用，并应符合现行国家标准《民用建筑工程室内环境污染控制规范》GB 50325 的规定。

(2) 建筑地面工程施工质量控制

1) 建筑地面下的沟槽、暗管等工程完工后，经检验合格并做隐蔽记录，方可进行建筑地面工程的施工。

2) 建筑地面工程基层（各构造层）和面层的铺设应均匀，待其下一层检验合格后方可施工上一层，建筑地面工程各层铺设前与相关专业的分部（子分部）工程、分项工程以及设备管道安装工程之间，应进行交接检验。

3) 建筑地面工程施工时，各层环境温度的控制应符合以下规定：

①采用掺有水泥、石灰的拌合料铺设以及用石油沥青胶结材料铺贴时，不应低于5度。

②采用有机胶粘剂粘贴时，不应低于10度。

③采用砂石材料铺设时，不应低于0度。

4) 厕浴间、厨房和有排水（或其他液体）要求的建筑地面面层与相连接各类面层的标高差，应符合设计要求。

5) 铺设有坡度的地面应采用基土高差达到设计要求的坡度；铺设有坡度的楼面（或架空地面）应采用在钢筋混凝土板上变更填充层（或找平层）铺设的厚度或以结构起坡达到设计要求的坡度。

6) 建筑地面需要镶边，当设计无要求时，应符合以下规定：

①有强烈机械作用的水泥类整体面层与其他类型的面层连接处，应设置金属镶边构件。

②采用水磨石整体面层时，应用同类材料以分格条设置镶边。

③条石面层和砖面层与其他面层邻接处，应用同类材料镶边。

④采用木、竹面层和塑料板面层时，应用同类材料镶边。

⑤地面面层与管沟、孔洞、检查井等邻接处，均应设置镶边。

⑥管沟、变形缝等处的建筑地面面层的镶边构件，应在面层铺设前装设。

7) 建筑地面的变形缝，应按设计要求设置，并符合以下规定：

①建筑地面的沉降缝、伸缩缝和防震缝，应与结构相应缝的位置一致，且应贯通建筑地面的各构造层。

②沉降缝和防震缝的宽度应符合设计要求，缝内清理干净，以柔性密封材料填嵌后用板封盖，并应与面层齐平。

8）水泥混凝土散水、明沟应设置伸缩缝，其延米间距不得大于10m；房屋转角处应做45°缝。水泥混凝土散水、明沟和台阶等与建筑物连接处应设缝处理。上述缝宽度为15～20mm，缝内填嵌柔性密封材料。

9）室外散水、明沟、踏步、台阶和坡道其基层（各构造层）和面层，均应符合设计要求及相关规范规定要求。

10）检验水泥混凝土和水泥砂浆强度试块和组数，按每一层（或检验批）建筑地面工程不应小于1组。当每一层（或检验批）建筑地面工程面积大于1000m² 时，每增加1000m² 应增做1组试块；小于1000m² 按1000m² 计算。当改变配合比时，亦应相应制作试块组数。

11）各类面层的铺设宜在室内装饰工程基本完工后进行。木、竹面层以及活动地板、塑料板、地毯面层的铺设，应待抹灰工程或管道试压等施工完后进行。

337. 建筑地面工程施工质量的检验应符合哪些规定？

（1）基层（各构造层）和各类面层的分项工程的施工质量验收应按每一层次或每层施工段（或变形缝）作为检验批，高层建筑的标准层可按每三层（不足三层按三层计）作为检验批。

（2）每检验批应以各子分部工程的基层（各构造层）和各类面层所划分的分项工程按自然间（或标准间）检验，抽查数量应随机检验不应少于3间；不足3间，应全数检查；其中走廊（过道）应以10延长米为1间，工业厂房（按单跨计）、礼堂、门厅应以两个轴线为1间计算。

（3）有防水要求的建筑地面子分部工程的分项工程施工质量，每检验批抽查数量应按其房间总数随机检验不应少于4间，不足4间，应全数检查。

（4）基层表面的允许偏差和检验方法按表7-56的规定执行。

表7-56　基层表面的允许偏差和检验方法

项次	项目	允许偏差（mm）														检验方法
		基土	垫层					找平层				填充层		隔离层	绝热层	
			砂石、砂石、碎石、碎砖	灰土、三合土、四合土、炉渣水泥混凝土、陶粒混凝土	垫层地板			用胶料做结合层铺设块面层	用水泥砂浆做结合层铺设块面层	用胶粘剂做结合层铺设拼花木地板、浸渍纸压木质地板、实木复合地板、竹地板、软木地板面层	金属板面层	松散材料	块状材料	防水、防潮、防油渗	板块材料、浇筑材料、喷涂材料	
					拼花实木地板、拼花实木复合地板、软木类地板面层	木搁栅	其他种类面层									
1	表面平整度	15	15	10	3	3	5	3	5	2	3	7	5	3	4	用2m靠尺和楔形塞尺检查
2	标高	0 −50	±20	±10	±5	±5	±8	±5	±8	±4	±4	±4	±4	±4	±4	用水准仪检查
3	坡度	不大于房间相应尺寸的2/1000，且不大于30														用坡度尺检查
4	厚度	在个别地方不大于设计厚度的1/10，且不大于20														用钢尺检查

（5）建筑地面工程的分项工程施工质量检验的主控项目，必须达到本规范规定的质量标准，认定为合格；一般项目80%以上的检查点（处）符合《建筑地面工程施工质量验收规范》规定的质量要求，其他检查点（处）不得有明显影响使用，并不得大于允许偏差值的50%为合格。凡达不到质量标准时，应按现行国家标准《建筑工程施工质量验收统一标准》GB 50300的规定处理。

（6）建筑地面工程完工后，施工质量验收应在建筑施工企业自检合格的基础上，由监理单位组织有关单位对分项工程、子分部工程进行检验。

（7）检验方法应符合下列规定：

1）检查允许偏差应采用钢尺、2m靠尺、楔形塞尺、坡度尺和水准仪。

2）检查空鼓应采用敲击的方法。

3）检查有防水要求建筑地面的基层（各构造层）和面层，应采用泼水或蓄水方法，蓄水时间不得少于24h。

4）检查各类面层（含不需铺设部分或局部面层）表面的裂纹、脱皮、麻面和起砂等缺陷，应采用观感的方法。

（8）建筑地面工程完工后，应对面层采取保护措施。

338. 灰土垫层施工质量控制要求包括哪些方面？

（1）灰土垫层应采用熟化石灰与黏土（或粉质黏土、粉土）的拌合料铺设，其厚度不应小于100mm。

（2）熟化石灰可采用磨细生石灰，亦可用粉煤灰或电石渣代替。

（3）灰土垫层应铺设在不受地下水浸泡的基土上。施工后应有防止水浸泡的措施。

（4）灰土垫层应分层夯实，经湿润养护、晾干后方可进行下一道工序施工。

（5）主控项目。灰土体积比应符合设计要求。

检验方法：观察检查和检查配合比通知单记录。

（6）一般项目。

1）熟化石灰颗粒粒径不得大于5mm；黏土（或粉质黏土、粉土）内不得含有有机物质，颗粒粒径不得大于15mm。

检验方法：观察检查和检查材质合格记录。

2）灰土垫层表面的允许偏差应符合基层表面的允许偏差的规定。

检验方法：用2m靠尺和楔形塞尺检查。

339. 砂垫层和砂石垫层施工质量控制要求包括哪些方面？

（1）砂垫层厚度不应小于60mm；砂石垫层厚度不应小于100mm。

（2）砂石应选用天然级配材料。铺设时不应有粗细颗粒分离现象，压（夯）至不松动为止。

（3）主控项目

1）砂和砂石不得含有草根等有机杂质；砂应采用中砂；石子最大粒径不得大于垫层厚度的2/3。

检验方法：观察检查和检查材质合格证明文件及检测报告。

2）砂垫层和砂石垫层的干密度（或贯入度）应符合设计要求。

检验方法：观察检查和检查试验记录。

（4）一般项目

1）表面不应有砂窝、石堆等质量缺陷。

检验方法：观察检查。

2）砂垫层和砂石垫层表面的允许偏差应符合基层表面的允许偏差的规定。

检验方法：用2m靠尺和楔形塞尺检查。

340. 碎石垫层和碎砖垫层施工质量控制要求包括哪些方面？

（1）碎石垫层和碎砖垫层厚度不应小于100mm。

（2）垫层应分层压（夯）实，达到表面坚实、平整。

（3）主控项目

1）碎石的强度应均匀，最大粒径不应大于垫层厚度的2/3；碎砖不应采用风化、酥松、夹有有机杂质的砖料，颗粒粒径不应大于60mm。

检验方法：观察检查和检查材质合格证明文件及检测报告。

2）碎石、碎砖垫层的密实度应符合设计要求。

检验方法：观察检查和检查试验记录。

（4）一般项目

碎石、碎砖垫层的表面允许偏差应符合基层表面的允许偏差的规定。

检验方法：用2m靠尺和楔形塞尺检查。

341. 水泥混凝土垫层施工质量控制要求包括哪些方面？

（1）水泥混凝土垫层铺设在基土上，当气温长期处于0℃以下，设计无要求时，垫层应设置伸缩缝。

（2）水泥混凝土垫层的厚度不应小于60mm。

（3）垫层铺设前，其下一层表面应湿润。

（4）室内地面的水泥混凝土垫层，应设置纵向缩缝和横向缩缝；纵向缩缝间距不得大于6m，横向缩缝间距不得大于12m。

（5）垫层的纵向缩缝应做平头缝或加肋板平头缝。当垫层厚度大于150mm时，可做企口缝。横向缩缝应做假缝。平头缝和企口缝的缝间不得放置隔离材料，浇筑时应互相紧贴。企口缝的尺寸应符合设计要求，假缝宽度为5~20mm，深度为垫层厚度的1/3，缝内填水泥砂浆。

（6）工业厂房、礼堂、门厅等大面积水泥混凝土垫层应分区段浇筑。分区段应结合变形缝位置、不同类型的建筑地面连接处和设备基础的位置进行划分，并应与设置的纵向、横向缩缝的间距相一致。

（7）水泥混凝土施工质量检验尚应符合现行国家标准《混凝土结构工程施工质量验收规范》GB 50204的有关规定。

（8）主控项目

1）水泥混凝土垫层采用的粗骨料，其最大粒径不应大于垫层厚度的2/3；含泥量不应大于2%；砂为中粗砂，其含泥量不应大于3%。

检验方法：观察检查和检查材质合格证明文件及检测报告。

2）混凝土的强度等级应符合设计要求，且不应小于C10。

检验方法：观察检查和检查配合比通知单及检测报告。

（9）一般项目

水泥混凝土垫层表面的允许偏差应符合基层表面的允许偏差的规定。

检验方法：用2m靠尺和楔形塞尺检查。

342. 找平层施工质量控制要求包括哪些方面？

（1）找平层应采用水泥砂浆或水泥混凝土铺设，并应符合规范中有关面层的规定。

（2）铺设找平层前，当其下一层有松散填充料时，应予铺平振实。

（3）有防水要求的建筑地面工程，铺设前必须对立管、套管和地漏与楼板节点之间进行密封处理；排水坡度应符合设计要求。

（4）在预制钢筋混凝土板上铺设找平层前，板缝填嵌的施工应符合下列要求：

1）预制钢筋混凝土板相邻缝底宽不应小于20mm。

2）填嵌时，板缝内应清理干净，保持湿润。

3）填缝采用细石混凝土，其强度等级不得小于C20，填缝高度应低于板面10~20mm，且振捣密实，表面不应压光；填缝后应养护。

4）当板缝底宽大于40mm时，应按设计要求配置钢筋。

（5）在预制钢筋混凝土板上铺设找平层时，其板端应按设计要求做防裂的构造措施。

（6）主控项目

1）找平层采用碎石或卵石的粒径不应大于其厚度的2/3，含泥量不应大于2%；砂为中粗砂，其含泥量不应大于3%。

检验方法：观察检查和检查材质合格证明文件及检测报告。

2）水泥砂浆体积比或水泥混凝土强度等级应符合设计要求，且水泥砂浆体积比不应小于1:3（或相应的强度等级）；水泥混凝土强度等级不应小于C15。

检验方法：观察检查和检查配合比通知单及检测报告。

3）有防水要求的建筑地面工程的立管、套管、地漏处严禁渗漏，坡向应正确、无积水。

检验方法：观察检查和蓄水、泼水检验及坡度尺检查。

（7）一般项目

1）找平层与其下一层结合牢固，不得有空鼓。

检验方法：用小锤轻击检查。

2）找平层表面应密实，不得有起砂、蜂窝和裂缝等缺陷。

检验方法：观察检查。

找平层的表面允许偏差应符合基层表面的允许偏差的规定。

检验方法：用2m靠尺和楔形塞尺检查。

343. 隔离层施工质量控制要求包括哪些方面？

（1）隔离层的材料，其材质应经有资质的检测单位认定。

（2）在水泥类找平层上铺设沥青类防水卷材、防水涂料或以水泥类材料作为防水隔离层时，其表面应坚固、洁净、干燥。铺设前，应涂刷基层处理剂。基层处理剂应采用与卷材性能配套的材料或采用同类涂料的底子油。

（3）当采用掺有防水剂的水泥类找平层作为防水隔离层时，其掺量和强度等级（或配合比）应符合设计要求。

（4）铺设防水隔离层时，在管道穿过楼板面四周，防水材料应向上铺涂，并超过套管的上口；在靠近墙面处，应高出面层200~300mm或按设计要求的高度铺涂。阴阳角和管道穿过楼板面的根部应增加铺涂附加防水隔离层。

（5）防水材料铺设后，必须蓄水检验。蓄水深度应为 20 ~ 30mm，24h 内无渗漏为合格，并做记录。

（6）隔离层施工质量检验应符合现行国家标准《屋面工程质量验收规范》GB 50207 的有关规定。

（7）主控项目

1）隔离层材质必须符合设计要求和国家产品标准的规定。

检验方法：观察检查和检查材质合格证明文件、检测报告。

2）厕浴间和有防水要求的建筑地面必须设置防水隔离层。楼层结构必须采用现浇混凝土或整块预制混凝土板，混凝土强度等级不应小于 C20；楼板四周除门洞外，应做混凝土翻边，其高度不应小于 120mm。施工时结构层标高和预留孔洞位置应准确，严禁乱凿洞。

检验方法：观察和钢尺检查。

3）水泥类防水隔离层的防水性能和强度等级必须符合设计要求。

检验方法：观察检查和检查检测报告。

4）防水隔离层严禁渗漏，坡向应正确、排水通畅。

检验方法：观察检查和蓄水、泼水检验或坡度尺检查及检查检验记录。

（8）一般项目

1）隔离层厚度应符合设计要求。

检验方法：观察检查和用钢尺检查。

2）隔离层与其下一层粘结牢固，不得有空鼓；防水涂层应平整、均匀，无脱皮、起壳、裂缝、鼓泡等缺陷。

检验方法：用小锤轻击检查和观察检查。

3）隔离层表面的允许偏差应符合基层表面的允许偏差的规定。

检验方法：用 2m 靠尺和楔形塞尺检查。

388

344. 填充层施工质量控制要求包括哪些方面？

（1）填充层应按设计要求选用材料，其密度和导热系数应符合国家有关产品标准的规定。

（2）填充层的下一层表面应平整。当为水泥类时，尚应洁净、干燥，并不得有空鼓、裂缝和起砂等缺陷。

（3）采用松散材料铺设填充层时，应分层铺平拍实；采用板、块状材料铺设填充层时，应分层错缝铺贴。

（4）填充层施工质量检验尚应符合现行国家标准《屋面工程质量验收规范》GB 50207 的有关规定。

（5）主控项目

1）填充层的材料质量必须符合设计要求和国家产品标准的规定。

检验方法：观察检查和检查材质合格证明文件、检测报告。

2）填充层的配合比必须符合设计要求。

检验方法：观察检查和检查配合比通知单。

（6）一般项目

1）松散材料填充层铺设应密实；板块状材料填充层应压实、无翘曲。

检验方法：观察检查。

2）填充层表面的允许偏差应符合基层表面的允许偏差的规定。

检验方法：用 2m 靠尺和楔形塞尺检查。

345. 水泥混凝土面层施工质量控制要求包括哪些方面？

（1）水泥混凝土面层厚度应符合设计要求。

（2）水泥混凝土面层铺设不得留施工缝。当施工间隙超过允许规定时间时，应对接槎处进行处理。

（3）主控项目

1）水泥混凝土采用的粗骨料，其最大粒径不应大于面层厚度的 2/3，细石混凝土面层采用的石子粒径不应大于 15mm。

检验方法：观察检查和检查材质合格证明文件及检测报告。

2）面层的强度等级应符合设计要求，且水泥混凝土面层强度等级不应小于 C20；水泥混凝土垫层兼面层强度等级不应小于 C15。

检验方法：检查配合比通知单及检测报告。

3）面层与下一层应结合牢固，无空鼓、裂纹。

检验方法：用小锤轻击检查。

注：空鼓面积不应大于 400cm²，且每自然间（标准间）不多于 2 处可不计。

（4）一般项目

1）面层表面不应有裂纹、脱皮、麻面、起砂等缺陷。

检验方法：观察检查。

2）面层表面的坡度应符合设计要求，不得有倒泛水和积水现象。

检验方法：观察和采用泼水或用坡度尺检查。

3）水泥砂浆踢脚线与墙面应紧密结合，高度一致，出墙厚度均匀。

检验方法：用小锤轻击、钢尺和观察检查。

注：局部空鼓长度不应大于 300mm，且每自然间（标准间）不多于 2 处可不计。

4）楼梯踏步的宽度、高度应符合设计要求。楼层梯段相邻踏步高度差不应大于 10mm，每踏步两端宽度差不应大于 10mm；旋转楼梯梯段的每踏步两端宽度的允许偏差为 5mm。楼梯踏步的齿角应整齐，防滑条应顺直。

检验方法：观察和钢尺检查。

5）水泥混凝土面层的允许偏差应符合规范的规定：水泥混凝土面层 5mm。

检验方法：用 2m 靠尺和楔形塞尺检查。

346. 水泥砂浆面层施工质量控制要求包括哪些方面？

（1）水泥砂浆面层的厚度应符合设计要求，且不应小于 20mm。

（2）主控项目

1）水泥采用硅酸盐水泥、普通硅酸盐水泥，其强度等级不应小于32.5，不同品种、不同强度等级的水泥严禁混用；砂应为中粗砂，当采用石屑时，其粒径应为1~5mm，且含泥量不应大于3%。

检验方法：观察检查和检查材质合格证明文件及检测报告。

2）水泥砂浆面层的体积比（强度等级）必须符合设计要求；且体积比应为1:2，强度等级不应小于M15。

检验方法：检查配合比通知单和检测报告。

3）面层与下一层应结合牢固，无空鼓、裂纹。

检验方法：用小锤轻击检查。

注：空鼓面积不应大于400cm²，且每自然间（标准间）不多于2处可不计。

（3）一般项目

1）面层表面的坡度应符合设计要求，不得有倒泛水和积水现象。

检验方法：观察和采用泼水或坡度尺检查。

2）面层表面应洁净，无裂纹、脱皮、麻面、起砂等缺陷。

检验方法：观察检查。

3）踢脚线与墙面应紧密结合，高度一致，出墙厚度均匀。

检验方法：用小锤轻击、钢尺和观察检查。

注：局部空鼓长度不应大于300mm，且每自然间（标准间）不多于2处可不计。

4）楼梯踏步的宽度、高度应符合设计要求。楼层梯段相邻踏步高度差不应大于10mm，每踏步两端宽度差不应大于10mm；旋转楼梯梯段的每踏步两端宽度的允许偏差为5mm。楼梯踏步的齿角应整齐，防滑条应顺直。

检验方法：观察和钢尺检查。

5）水泥砂浆面层的允许偏差应符合规范的规定：水泥砂浆面层4mm。

检验方法：用 2m 靠尺和楔形塞尺检查。

347. 水磨石面层施工质量控制要求包括哪些方面？

（1）水磨石面层应采用水泥与石粒的拌合料铺设。面层厚度除有特殊要求外，宜为 12~18mm，且按石粒粒径确定。水磨石面层的颜色和图案应符合设计要求。

（2）白色或浅色的水磨石面层，应采用白水泥；深色的水磨石面层，宜采用硅酸盐水泥、普通硅酸盐水泥或矿渣硅酸盐水泥；同颜色的面层应使用同一批水泥。同一彩色面层应使用同厂、同批的颜料；其掺入量宜为水泥重量的 3%~6% 或由试验确定。

（3）水磨石面层的结合层的水泥砂浆体积比宜为 1:3，相应的强度等级不应小于 M10，水泥砂浆稠度（以标准圆锥体沉入度计）宜为 30~35mm。

（4）普通水磨石面层磨光遍数不应少于 3 遍。高级水磨石面层的厚度和磨光遍数由设计确定。

（5）在水磨石面层磨光后，涂草酸和上蜡前，其表面不得污染。

（6）主控项目

1）水磨石面层的石粒，应采用坚硬可磨白云石、大理石等岩石加工而成，石粒应洁净无杂物，其粒径除特殊要求外应为 6~15mm；水泥强度等级不应小于 32.5；颜料应采用耐光、耐碱的矿物原料，不得使用酸性颜料。

检验方法：观察检查和检查材质合格证明文件。

2）水磨石面层拌合料的体积比应符合设计要求，且为 1:1.5~1:2.5（水泥:石粒）。

检验方法：检查配合比通知单和检测报告。

3）面层与下一层结合应牢固，无空鼓、裂纹。

检验方法：用小锤轻击检查。

注：空鼓面积不应大 400cm² ，且每自然间（标准间）不多于 2 处可

不计。

（7）一般项目

1）面层表面应光滑；无明显裂纹、砂眼和磨纹；石粒密实，显露均匀；颜色图案一致，不混色；分格条牢固、顺直和清晰。

检验方法：观察检查。

2）踢脚线与墙面应紧密结合，高度一致，出墙厚度均匀。

检验方法：用小锤轻击、钢尺和观察检查。

注：局部空鼓长度不大于300mm，且每自然间（标准间）不多于2处可不计。

3）楼梯踏步的宽度、高度应符合设计要求。楼层梯段相邻踏步高度差不应大于10mm，每踏步两端宽度差不应大于10mm，旋转楼梯梯段的每踏步两端宽度的允许偏差为5mm。楼梯踏步的齿角应整齐，防滑条应顺直。

检验方法：观察和钢尺检查。

4）水磨石面层的允许偏差应符合：普通水磨石面层3mm；高级水磨石面层2mm。

检验方法：用2m靠尺和楔形塞尺检查。

348. 砖面层施工质量控制要求包括哪些方面？

（1）砖面层采用陶瓷锦砖、缸砖、陶瓷地砖和水泥花砖应在结合层上铺设。

（2）有防腐蚀要求的砖面层采用的耐酸瓷砖、浸渍沥青砖、缸砖的材质、铺设以及施工质量验收应符合现行国家标准《建筑防腐蚀工程施工及验收规范》GB 50212的规定。

（3）在水泥砂浆结合层上铺贴缸砖、陶瓷地砖和水泥花砖面层时，应符合下列规定：

1）在铺贴前，应对砖的规格尺寸、外观质量、色泽等进行预选，浸水湿润晾干待用。

2）勾缝和压缝应采用同品种、同强度等级、同颜色的水泥，并做养护和保护。

（4）在水泥砂浆结合层上铺贴陶瓷锦砖面层时，砖底面应洁净，每联陶瓷锦砖之间、与结合层之间以及在墙角、镶边和靠墙处，应紧密贴合。在靠墙处不得采用砂浆填补。

（5）在沥青胶结料结合层上铺贴缸砖面层时，缸砖应干净，铺贴时应在摊铺热沥青胶结料上进行，并应在胶结料凝结前完成。

（6）采用胶粘剂在结合层上粘贴砖面层时，胶粘剂选用应符合现行国家标准《民用建筑工程室内环境污染控制规范》GB 50325 的规定。

（7）主控项目

1）面层所用的板块的品种、质量必须符合设计要求。

检验方法：观察检查和检查材质合格证明文件及检测报告。

2）面层与下一层的结合（粘结）应牢固、无空鼓。

检验方法：用小锤轻击检查。

注：凡单块砖边角有局部空鼓，且每自然间（标准间）不超过总数的 5%可不计。

（8）一般项目

1）砖面层的表面应洁净、图案清晰，色泽一致，接缝平整，深浅一致，周边顺直。板块无裂纹、掉角和缺棱等缺陷。

检验方法：观察检查。

2）面层邻接处的镶边用料及尺寸应符合设计要求，边角整齐、光滑。

检验方法：观察和用钢尺检查。

3）踢脚线表面应洁净、高度一致、结合牢固、出墙厚度一致。

检验方法：观察和用小锤轻击及钢尺检查。

4）楼梯踏步和台阶板块的缝隙宽度应一致、齿角整齐；楼层梯段相邻踏步高度差不应大于 10mm；防滑条顺直。

检验方法：观察和用钢尺检查。

5）面层表面的坡度应符合设计要求，不倒泛水、无积水；

394

与地漏、管道结合处应严密牢固，无渗漏。

检验方法：观察、泼水或坡度尺及蓄水检查。

（9）砖面层的允许偏差应符合规范的规定：砖面层 2.0mm。

检验方法：用 2m 靠尺和楔形塞尺检查。

349. 大理石面层和花岗石面层施工质量控制要求包括哪些方面？

（1）大理石、花岗石面层采用天然大理石、花岗石（或碎拼大理石、碎拼花岗石）板材在结合层上铺设。

（2）天然大理石、花岗石的技术等级、光泽度、外观等质量要求应符合国家标准《天然大理石建筑板材》GB 19766、《天然花岗石建筑板材》GB/T 18601 的规定。

（3）板材有裂缝、掉角、翘曲和表面有缺陷时应予剔除，品种不同的板材不得混杂使用；在铺设前，应根据石材的颜色、花纹、图案、纹理等按设计要求，试拼编号。

（4）铺设大理石、花岗石面层前，板材应浸湿、晾干；结合层与板材应分段同时铺设。

（5）主控项目

1）大理石、花岗石面层所用板块的品种、质量应符合设计要求。

检验方法：观察检查和检查材质合格记录。

2）面层与下一层应结合牢固，无空鼓。

检验方法：用小锤轻击检查。

注：凡单块板块边角有局部空鼓，且每自然间（标准间）不超过总数的 5% 可不计。

（6）一般项目

1）大理石、花岗石面层的表面应洁净、平整、无磨痕，且应图案清晰、色泽一致、接缝均匀、周边顺直、镶嵌正确，板块无裂纹、掉角、缺棱等缺陷。

检验方法：观察检查。

2）踢脚线表面应洁净、高度一致、结合牢固、出墙厚度一致。

检验方法：观察和用小锤轻击及钢尺检查。

3）楼梯踏步和台阶板块的缝隙宽度应一致、齿角整齐，楼层梯段相邻踏步高度差不应大于10mm，防滑条应顺直、牢固。

检验方法：观察和用钢尺检查。

4）面层表面的坡度应符合设计要求，不倒泛水、无积水；与地漏、管道结合处应严密牢固，无渗漏。

检验方法：观察、泼水或坡度尺及蓄水检查。

5）大理石和花岗石面层（或碎拼大理石、碎拼花岗石）的允许偏差应符合规范的规定：大理石面层、花岗石面层1.0mm。

检验方法：用2m靠尺和楔形塞尺检查。

350. 预制板块面层施工质量控制要求包括哪些方面？

（1）预制板块面层采用水泥混凝土板块、水磨石板块应在结合层上铺设。

（2）在现场加工的预制板块应按规范的有关规定执行。

（3）水泥混凝土板块面层的缝隙，应采用水泥浆（或砂浆）填缝；彩色混凝土板块和水磨石板块应用同色水泥浆（或砂浆）擦缝。

（4）主控项目

1）预制板块的强度等级、规格、质量应符合设计要求；水磨石板块尚应符合国家现行行业标准《建筑水磨石制品》JC 507的规定。

检验方法：观察检查和检查材质合格证明文件及检测报告。

2）面层与下一层应结合牢固、无空鼓。

检验方法：用小锤轻击检查。

注：凡单块板块料边角有局部空鼓，且每自然间（标准间）不超过总数的5%可不计。

（5）一般项目

1）预制板块表面应无裂缝、掉角、翘曲等明显缺陷。

检验方法：观察检查。

2）预制板块面层应平整洁净，图案清晰，色泽一致，接缝均匀，周边顺直，镶嵌正确。

检验方法：观察检查。

3）面层邻接处的镶边用料尺寸应符合设计要求，边角整齐、光滑。

检验方法：观察和钢尺检查。

4）踢脚线表面应洁净、高度一致、结合牢固、出墙厚度一致。

检验方法：观察和用小锤轻击及钢尺检查。

5）楼梯踏步和台阶板块的缝隙宽度一致、齿角整齐，楼层梯段相邻踏步高度差不应大于10mm，防滑条顺直。

检验方法：观察和钢尺检查。

6）水泥混凝土板块和水磨石板块面层的允许偏差应符合规范的规定：水泥混凝土板块面层4mm，水磨石板块面层3mm。

检验方法：用2m靠尺和楔形塞尺检查。

351. 建筑地面分部（子分部）工程施工质量验收要求有哪些规定？

（1）建筑地面工程施工质量中各类面层子分部工程的面层铺设与其相应的基层铺设的分项工程施工质量检验应全部合格。

（2）建筑地面工程子分部工程质量验收应检查下列工程质量文件和记录：

1）建筑地面工程设计图纸和变更文件等。

2）原材料的出厂检验报告和质量合格保证文件、材料进场检（试）验报告（含抽样报告）。

3）各层的强度等级、密实度等试验报告和测定记录。

4）各类建筑地面工程施工质量控制文件。

5）各构造层的隐蔽验收及其他有关验收文件。

（3）建筑地面工程子分部工程质量验收应检查下列安全和功能项目：

1）有防水要求的建筑地面子分部工程的分项工程施工质量的蓄水检验记录，并抽查复验认定。

2）建筑地面板块面层铺设子分部工程和木、竹面层铺设子分部工程采用的天然石材、胶粘剂、沥青胶结料和涂料等材料证明资料。

（4）建筑地面工程子分部工程观感质量综合评价应检查下列项目：

1）变形缝的位置和宽度以及填缝质量应符合规定。

2）室内建筑地面工程按各子分部工程经抽查分别做出评价。

3）楼梯、踏步等工程项目经抽查分别做出评价。

352. 抹灰工程施工质量验收内容及要求包括哪些方面？

（1）抹灰工程质量验收包括一般抹灰、装饰抹灰和清水砌体勾缝等分项工程的质量验收。

（2）抹灰工程验收时应检查下列文件和记录：

1）抹灰工程的施工图设计说明及其他设计文件。

2）材料的产品合格证书性能检测报告、进场验收记录和复验报告。

3）隐蔽工程验收记录。

4）施工记录。

（3）抹灰工程应对水泥的凝结时间和安定性进行复验。

（4）抹灰工程应对下列隐蔽工程项目进行验收：

1）抹灰总厚度大于或等于35mm时的加强措施。

2）不同材料基体交接处的加强措施。

（5）各分项工程的检验批应按下列规定划分：

1）相同材料工艺和施工条件的室外抹灰工程每500～1000m² 应划分为一个检验批，不足500m² 也应划分为一个检验批。

398

2）相同材料工艺和施工条件的室内抹灰工程每 50 个自然间（大面积房间和走廊按抹灰面积 30m² 为一间）应划分为一个检验批，不足 50 间也应划分为一个检验批。

（6）检查数量应符合下列规定：

1）室内每个检验批应至少抽查 10% 并不得少于 3 间，不足 3 间时应全数检查。

2）室外每个检验批每 100m² 应至少抽查一处，每处不得小于 10m²。

（7）外墙抹灰工程施工前应先安装钢木门窗框护栏等，并应将墙上的施工孔洞堵塞密实。

（8）抹灰用的石灰膏的熟化期不应少于 15d，罩面用的磨细石灰粉的熟化期不应少于 3d。

（9）室内墙面柱面和门洞口的阳角做法应符合设计要求，设计无要求时应采用 1:2 水泥砂浆做暗护角，其高度不应低于 2m，每侧宽度不应小于 50mm。

（10）当要求抹灰层具有防水防潮功能时应采用防水砂浆。

（11）各种砂浆抹灰层在凝结前应防止水冲撞击振动和受冻，在凝结后应采取措施防止玷污和损坏水泥砂浆抹灰层，应在湿润条件下养护。

（12）外墙和顶棚的抹灰层与基层之间及各抹灰层之间必须粘结牢固。

353. 一般抹灰分项工程施工质量控制要求包括哪些方面？

一般抹灰分项工程包括石灰砂浆、水泥砂浆、水泥混合砂浆、聚合物水泥砂浆和麻刀石灰、纸筋石灰、石膏灰等一般抹灰工程的质量验收。

一般抹灰工程分为普通抹灰和高级抹灰，当设计无要求时按普通抹灰验收。

（1）主控项目

1）抹灰前基层表面的尘土、污垢、油渍等应清除干净并应洒水润湿。

检验方法：检查施工记录。

2）一般抹灰所用材料的品种和性能应符合设计要求，水泥的凝结时间和安定性复验应合格，砂浆的配合比应符合设计要求。

检验方法：检查产品合格证书、进场验收记录、复验报告和施工记录。

3）抹灰工程应分层进行抹灰，总厚度大于或等于35mm时应采取加强措施，不同材料基体交接处表面的抹灰应采取防止开裂的加强措施，当采用加强网时加强网与各基体的搭接宽度不应小于100mm。

检验方法：检查隐蔽工程验收记录和施工记录。

4）抹灰层与基层之间及各抹灰层之间必须粘结牢固，抹灰层应无脱层、空鼓，面层应无爆灰和裂缝。

检验方法：观察、用小锤轻击检查、检查施工记录。

（2）一般项目

1）一般抹灰工程的表面质量应符合下列规定：

①普通抹灰表面应光滑洁净、接槎平整、分格缝清晰。

②高级抹灰表面应光滑洁净、颜色均匀，无抹纹分格缝和灰线应清晰美观。

检验方法：观察、手摸检查。

2）护角、孔洞、槽盒周围的抹灰表面应整齐光滑，管道后面的抹灰表面应平整。

检验方法：观察。

3）抹灰层的总厚度应符合设计要求，水泥砂浆不得抹在石灰砂浆层上，罩面石膏灰不得抹在水泥砂浆层上。

检验方法：检查施工记录。

4）抹灰分格缝的设置应符合设计要求，宽度和深度应均匀，表面应光滑，棱角应整齐。

检验方法：观察、尺量检查。

5）有排水要求的部位应做滴水线（槽），滴水线（槽）应整齐顺直，滴水线应内高外低，滴水槽的宽度和深度均不应小于10mm。

检验方法：观察、尺量检查。

6）一般抹灰工程质量的允许偏差和检验方法应符合表7-57的规定：

表7-57 一般抹灰的允许偏差和检验方法

项 目	允许偏差（mm）		检验方法
	普通抹灰	高级抹灰	
立面垂直度	4	3	用2m垂直尺和塞尺检查
表面平整度	4	3	用2m垂直尺和塞尺检查
阴阳角方正	4	3	用直角检测尺检查
分格条（缝）直线度	4	3	拉5m线，不足5m拉通线，用钢直尺检查
墙裙、勒脚上口直线度	4	3	拉5m线，不足5m拉通线，用钢直尺检查

注：1. 普通抹灰，本表第3项阴角方正可不检查。
　　2. 顶棚抹灰，本表第2项表面平整度可不检查，但应平顺。

354. 装饰抹灰分项工程施工质量控制要求包括哪些方面？

装饰抹灰分项工程包括水刷石、斩假石、干粘石、假面砖等装饰抹灰工程的质量验收。

（1）主控项目

1）抹灰前基层表面的尘土、污垢、油渍等应清除干净并应洒水润湿。

检验方法：检查施工记录。

2）装饰抹灰工程所用材料的品种和性能应符合设计要求，水泥的凝结时间和安定性复验应合格，砂浆的配合比应符合设计要求。

检验方法：检查产品合格证书、进场验收记录、复验报告和施工记录。

3）抹灰工程应分层进行，当抹灰总厚度大于或等于35mm时应采取加强措施，不同材料基体交接处表面的抹灰应采取防止开裂的加强措施，当采用加强网时，加强网与各基体的搭接宽度

401

不应小于 100mm。

检验方法：检查隐蔽工程验收记录和施工记录。

4）各抹灰层之间及抹灰层与基体之间必须粘结牢固，抹灰层应无脱层空鼓和裂缝。

检验方法：观察、用小锤轻击检查、检查施工记录。

（2）一般项目

1）装饰抹灰工程的表面质量应符合下列规定：

①水刷石表面应石粒清晰、分布均匀、紧密平整、色泽一致，应无掉粒和接槎痕迹。

②斩假石表面剁纹应均匀顺直、深浅一致，应无漏剁处，阳角处应横剁并留出宽窄一致的不剁边条，棱角应无损坏。

③干粘石表面应色泽一致、不露浆、不漏粘，石粒应粘结牢固、分布均匀，阳角处应无明显黑边。

④假面砖表面应平整、沟纹清晰、留缝整齐、色泽一致，应无掉角、脱皮、起砂等缺陷。

检验方法：观察、手摸检查。

2）装饰抹灰分格条（缝）的设置应符合设计要求，宽度和深度应均匀，表面应平整光滑，棱角应整齐。

检验方法：观察。

3）有排水要求的部位应做滴水线（槽），滴水线（槽）应整齐顺直，滴水线应内高外低，滴水槽的宽度和深度均不应小于 10mm。

检验方法：观察、尺量检查。

装饰抹灰工程质量的允许偏差和检验方法应符合表 7-58 的规定。

表 7-58　装饰抹灰工程质量的允许偏差和检验方法

项次	项　目	允许偏差（mm）				检验方法
		水刷石	斩假石	干粘石	假面砖	
1	立面垂直度	5	4	5	5	用 2m 垂直检验尺检查
2	表面平整度	3	3	3	4	用 2m 垂直检验尺检查

项次	项　目	允许偏差（mm）				检验方法
		水刷石	斩假石	干粘石	假面砖	
3	阴阳角方正	3	3	3	4	用直角检测尺检查
4	分格条（缝）直线度	3	3	3	3	拉 5m 线，不足 5m 拉通线，用钢直尺检查
5	墙裙、勒脚上口直线	3	3	—	—	拉 5m 线，不足 5m 拉通线，用钢直尺检查

355. 清水砌体勾缝分项工程施工质量控制要求包括哪些方面？

清水砌体勾缝工程（包括清水砌体砂浆勾缝和原浆勾缝工程）的质量验收：

（1）主控项目

1）清水砌体勾缝所用水泥的凝结时间和安定性复验应合格，砂浆的配合比应符合设计要求。

检验方法：检查复验报告和施工记录。

2）清水砌体勾缝应无漏勾，勾缝材料应粘结牢固无开裂。

检验方法：观察。

（2）一般项目

1）清水砌体勾缝应横平竖直，交接处应平顺，宽度和深度应均匀，表面应压实抹平。

检验方法：观察、尺量检查。

2）灰缝应颜色一致，砌体表面应洁净。

检验方法：观察。

356. 门窗工程施工质量验收内容及要求包括哪些方面？

门窗工程包括木门窗制作与安装、金属门窗安装、塑料门窗安装、特种门安装、门窗玻璃安装等分项工程的质量验收。

（1）门窗工程验收时应检查下列文件和记录：

403

1）门窗工程的施工图设计说明及其他设计文件。

2）材料的产品合格证书和性能检测报告，进场验收记录和复验报告。

3）特种门及其附件的生产许可文件。

4）隐蔽工程验收记录。

5）施工记录。

（2）门窗工程应对下列材料及其性能指标进行复验：

1）人造木板的甲醛含量。

2）建筑外墙金属窗、塑料窗的抗风压性能、空气渗透性能和雨水渗漏性能。

（3）门窗工程应对下列隐蔽工程项目进行验收：

1）预埋件和锚固件。

2）隐蔽部位的防腐填嵌处理。

（4）各分项工程的检验批应按下列规定划分：

1）同一品种类型和规格的木门窗、金属门窗、塑料门窗及门窗玻璃每100樘应划分为一个检验批，不足100樘也应划分为一个检验批。

2）同一品种类型和规格的特种门每50樘应划分为一个检验批，不足50樘也应划分为一个检验批。

（5）检查数量应符合下列规定：

1）木门窗、金属门窗、塑料门窗及门窗玻璃每个检验批应至少抽查5%并不得少于3樘，不足3樘时应全数检查，高层建筑的外窗每个检验批应至少抽查10%并不得少于6樘，不足6樘时应全数检查。

2）特种门每个检验批应至少抽查50%并不得少于10樘，不足10樘时应全数检查。

（6）门窗安装前应对门窗洞口尺寸进行检验。

（7）金属门窗和塑料门窗安装应采用预留洞口的方法施工，不得采用边安装边砌口或先安装后砌口的方法施工。

357. 木门窗制作与安装分项工程施工质量控制要求包括哪些方面？

（1）主控项目

1）木门窗的木材品种、材质等级、规格尺寸、框扇的线型及人造木板的甲醛含量应符合设计要求，设计未规定材质等级时所用木材的质量应符合规范的规定。

检验方法：观察检查、材料进场验收记录和复验报告。

2）木门窗应采用烘干的木材，含水率应符合《建筑木门木窗》（JG/T 122）的规定。

检验方法：检查材料进场验收记录。

3）木门窗的防火、防腐、防虫处理应符合设计要求。

检验方法：观察、检查材料进场验收记录。

4）木门窗的结合处和安装配件处不得有木节或已填补的木节，木门窗如有允许限值以内的死节及直径较大的虫眼时，应用同一材质的木塞加胶填补，对于清漆制品木塞的木纹和色泽应与制品一致。

检验方法：观察。

5）门窗框和厚度大于 50mm 的门窗扇应用双榫连接，榫槽应采用胶料严密嵌合并应用胶楔加紧。

检验方法：观察、手扳检查。

6）胶合板门、纤维板门和模压门不得脱胶，胶合板不得刨透表层，单板不得有戗槎，制作胶合板门、纤维板门时边框和横楞应在同一平面上，面层边框及横楞应加压胶结横楞和上下冒头应各钻两个以上的透气孔，气孔应通畅。

检验方法：观察。

7）木门窗的品种、类型、规格、开启方向、安装位置及连接方式应符合设计要求。

检验方法：观察、尺量检查，检查成品门的产品合格证书。

8）木门窗框的安装必须牢固，预埋木砖的防腐处理，木门窗框固定点的数量、位置及固定方法应符合设计要求。

检验方法：观察、手扳检查，检查隐蔽工程验收记录和施工记录。

9）木门窗扇必须安装牢固并应开关灵活、关闭严密、无倒翘。

检验方法：观察、开启和关闭检查、手扳检查。

10）木门窗配件的型号、规格、数量应符合设计要求，安装应牢固，位置应正确，功能应满足使用要求。

检验方法：观察开启和关闭检查、手扳检查。

（2）一般项目

1）木门窗表面应洁净，不得有刨痕、锤印。

检验方法：观察。

2）木门窗的割角拼缝应严密、平整，门窗框扇裁口应顺直，刨面应平整。

检验方法：观察。

3）木门窗上的槽孔应边缘整齐、无毛刺。

检验方法：观察。

4）木门窗与墙体间缝隙的填嵌材料应符合设计要求，填嵌应饱满，寒冷地区外门窗（或门窗框）与砌体间的空隙应填充保温材料。

检验方法：轻敲门窗框检查、检查隐蔽工程验收记录和施工记录。

5）木门窗批水盖口条、压缝条、密封条的安装应顺直，与门窗结合应牢固严密。

检验方法：观察、手扳检查。

6）木门窗制作的允许偏差应符合表 7-59 的规定。

表 7-59　木门窗制作的允许偏差　　　　　　（mm）

项　　目	构件名称	允许偏差		项　　目	构件名称	允许偏差	
		普通	高级			普通	高级
翘曲	框	3	2	高度、宽度	框	0；－2	0；－1
	扇	2	2	高度、宽度	扇	+2；0	+1；0
对角线长度差	框扇	3	2	裁口、线条结合处高低差	框扇	1	0.5
表面平整度	扇	2	2	相邻榫子两端间距	扇	2	1

358. 金属门窗安装分项工程施工质量控制要求包括哪些方面？

（1）主控项目

1）金属门窗的品种类型、规格尺寸、性能、开启方向、安装位置、连接方式及铝合金门窗的型材、壁厚应符合设计要求，金属门窗的防腐处理及填嵌密封处理应符合设计要求。

检验方法：观察、尺量检查，检查产品合格证书、性能检测报告、进场验收记录和复验报告，检查隐蔽工程验收记录。

2）金属门窗框和副框的安装必须牢固，预埋件的数量、位置、埋设方式与框的连接方式必须符合设计要求。

检验方法：手扳检查、检查隐蔽工程验收记录。

3）金属门窗扇必须安装牢固并应开关灵活、关闭严密、无倒翘，推拉门窗扇必须有防脱落措施。

检验方法：观察、开启和关闭检查、手扳检查。

4）金属门窗配件的型号、规格、数量应符合设计要求，安装应牢固，位置应正确，功能应满足使用要求。

检验方法：观察、开启和关闭检查、手扳检查。

（2）一般项目

1）金属门窗表面应洁净、平整光滑、色泽一致、无锈蚀，大面应无划痕碰伤漆膜或保护层应连续。

检验方法：观察。

2）铝合金门窗、推拉门窗扇开关力应不大于100N。

检验方法：用弹簧秤检查。

3）金属门窗框与墙体之间的缝隙应填嵌饱满并采用密封胶密封，密封胶表面应光滑顺直、无裂纹。

检验方法：观察、轻敲门窗框检查、检查隐蔽工程验收记录。

4）金属门窗扇的橡胶密封条或毛毡密封条应安装完好、不得脱槽。

检验方法：观察、开启和关闭检查。

5）有排水孔的金属门窗，排水孔应畅通，位置和数量应符合设计要求。

检验方法：观察。

钢门窗安装的留缝限值允许偏差和检验方法应符合表7-60的规定

表7-60　钢门窗安装的留缝限值允许偏差和检验方法

项次	项　目		留缝限值（mm）	允许偏差（mm）	检验方法
1	门窗槽口宽度、高度	≤1500mm	—	2.5	用钢尺检查
		>1500mm	—	3.5	
2	门窗槽口对角线长	≤2000mm	—	5	用钢尺检查
		>2000mm	—	6	
3	门窗框的正、侧面垂直度		—	3	用1m垂直检测尺检查
4	门窗横框的水平度		—	3	用1m水平尺和塞尺检查
5	门窗横框标高		—	5	用钢尺检查
6	门窗竖向偏离中心		—	4	用钢尺检查
7	双层门窗内外框间距		—	5	用钢尺检查
8	门窗框、扇配合间隙		≤2	—	用塞尺检查
9	无下框时门扇与地面间留缝		4~8	—	用塞尺检查

铝合金门窗安装的允许偏差和检验方法应符合表7-61的规定。

表7-61　铝合金门窗安装的允许偏差和检验方法

项次	项　目		允许偏差	检验方法
1	门窗槽口宽度、高度	≤1500mm	1.5	用钢尺检查
		>1500mm	2	
2	门窗槽口对角线长度差	≤2000mm	1.5	用钢尺检查
		>2000mm	4	
3	门窗框的正、侧面垂直度		2.5	用垂直检测尺检查
4	门窗横框的水平度		2	用1m水平尺和塞尺检查
5	门窗横框标高		5	用钢尺检查
6	门窗竖向偏离中心		5	用钢尺检查
7	双层门窗扇与框间距		4	用钢尺检查
8	推拉门窗扇与框搭接量		1.5	用钢直尺检查

涂色镀锌钢板门窗安装的允许偏差和检验方法应符合表7-62的规定。

表7-62 涂色镀锌钢板门窗安装的允许偏差和检验方法

项次	项 目		允许偏差（mm）	检验方法
1	门窗槽口宽度、高度	≤1500mm	2	用钢尺检查
		>1500mm	3	
2	门窗槽口对角线长度差	≤2000mm	4	用钢尺检查
		>2000mm	5	
3	门窗框的正、侧面垂直度		3	用垂直检测尺检查
4	门窗横框的水平度		3	用1m水平尺和塞尺检查
5	门窗横框标高		5	用钢尺检查
6	门窗竖向偏离中心		5	用钢尺检查
7	双层门窗扇与框间距		4	用钢尺检查
8	推拉门窗扇与框搭接量		2	用钢直尺检查

359. 塑料门窗安装分项工程施工质量控制要求包括哪些方面？

（1）主控项目

1）塑料门窗的品种、类型、规格尺寸、开启方向、安装位置、连接方式及填嵌密封处理应符合设计要求，内衬增强型钢的壁厚及设置应符合国家现行产品标准的质量要求。

检验方法：观察、尺量检查，检查产品合格证书、性能检测报告、进场验收记录和复验报告，检查隐蔽工程验收记录。

2）塑料门窗框副框和扇的安装必须牢固，固定片或膨胀螺栓的数量与位置应正确，连接方式应符合设计要求，固定点应距窗角中横框中竖框150～200mm，固定点间距应不大于600mm。

检验方法：观察、手扳检查、检查隐蔽工程验收记录。

3）塑料门窗拼樘料内衬增强型钢的规格壁厚必须符合设计要求，型钢应与型材内腔紧密吻合，其两端必须与洞口固定牢固，窗框必须与拼樘料连接紧密，固定点间距应不大于600mm。

检验方法：观察、手扳检查、尺量检查、检查进场验收记录。

4）塑料门窗扇应开关灵活、关闭严密、无倒翘，推拉门窗扇必须有防脱落措施。

检验方法：观察、开启和关闭检查、手扳检查。

5）塑料门窗配件的型号、规格、数量应符合设计要求，安装应牢固，位置应正确，功能应满足使用要求。

检验方法：观察、手扳检查、尺量检查。

6）塑料门窗框与墙体间缝隙应采用闭孔弹性材料填嵌饱满，表面应采用密封胶密封，密封胶应粘结牢固，表面应光滑顺直、无裂纹。

检验方法：观察、检查隐蔽工程验收记录。

（2）一般项目

1）塑料门窗表面应洁净、平整、光滑，大面应无划痕碰伤。

检验方法：观察。

2）塑料门窗扇的密封条不得脱槽，旋转窗间隙应基本均匀。

3）塑料门窗扇的开关力应符合下列规定：

①平开门窗扇平铰链的开关力应不大于80N，滑撑铰链的开关力应不大于80N并不小于30N。

②推拉门窗扇的开关力应不大于100N。

检验方法：观察、用弹簧秤检查。

4）玻璃密封条与玻璃及玻璃槽口的接缝应平整，不得卷边脱槽。

检验方法：观察

5）排水孔应畅通，位置和数量应符合设计要求。

检验方法：观察。

6）塑料门窗安装的允许偏差和检验方法应符合表7-63的规定。

410

表7-63　塑料门窗安装的允许偏差和检验方法

项次	项　　目		允许偏差（mm）	检验方法
1	门窗槽口宽度、高度	≤1500mm	2	用钢尺检查
		>1500mm	3	
2	门窗槽口宽度对角线长度差	≤2000mm	3	用钢尺检查
		>2000mm	5	
3	门窗框的正、侧面垂直度		3	用1m垂直检测尺检查
4	门窗横框的水平度		3	用1m水平尺和塞尺检查
5	门窗横框标高		5	用钢尺检查
6	门窗竖向偏离中心		5	用钢直尺检查
7	双层门窗内外框间距		4	用钢尺检查
8	同樘平开门窗相邻扇高度差		2	用钢尺检查
9	平开门窗铰链部位配合间隙		+2；-1	用塞尺检查
10	推拉门窗与框搭接量		+1.5；-2.5	用钢直尺检查
11	推拉门窗扇与竖框平行度		2	用1m水平尺和塞尺检查

360. 吊顶工程施工质量验收内容及要求包括哪些方面？

（1）吊顶工程验收时应检查下列文件和记录：

1）吊顶工程的施工图设计说明及其他设计文件。

2）材料的产品合格证书，性能检测报告，进场验收记录和复验报告。

3）隐蔽工程验收记录。

4）施工记录。

（2）吊顶工程应对人造木板的甲醛含量进行复验。

（3）吊顶工程应对下列隐蔽工程项目进行验收：

1）吊顶内管道设备的安装及水管试压。

2）木龙骨防火、防腐处理。

3）预埋件或拉结筋。

4）吊杆安装。

5）龙骨安装。

6）填充材料的设置。

（4）各分项工程的检验批应按下列规定划分：

1）同一品种的吊顶工程每 50 间（大面积房间和走廊按吊顶面积 30m² 为一间）应划分为一个检验批，不足 50 间也应划分为一个检验批。

2）检查数量应符合下列规定：每个检验批应至少抽查 10% 并不得少于 3 间，不足 3 间时应全数检查。

（5）安装龙骨前应按设计要求对房间净高、洞口标高和吊顶内管道设备及其支架的标高进行交接检验。

（6）吊顶工程的木吊杆、木龙骨和木饰面板必须进行防火处理并应符合有关防火设计规范的规定。

（7）吊顶工程中的预埋件钢筋吊杆和型钢吊杆应进行防锈处理。

（8）安装饰面板前应完成吊顶内管道和设备的调试及验收。

（9）吊杆距主龙骨端部距离不得大于 300mm，当大于 300mm 时应增加吊杆，当吊杆长度大于 1.5m 时，应设置反支撑，当吊杆与设备相遇时应调整并增设吊杆。

（10）重型灯具、电扇及其他重型设备严禁安装在吊顶工程的龙骨上。

361. 暗龙骨吊顶分项工程施工质量控制要求包括哪些方面？

（1）主控项目

1）吊顶标高、尺寸、起拱和造型应符合设计要求。

检验方法：观察，尺量检查。

2）饰面材料的材质、品种、规格、图案和颜色应符合设计要求。

检验方法：观察，检查产品合格证书、性能检测报告、进场验收记录复验报告。

412

3）暗龙骨吊顶工程的吊杆、龙骨和饰面材料的安装必须牢固。

检验方法：观察，手扳检查，检查隐蔽工程验收记录和施工记录。

4）吊杆、龙骨的材质、规格、安装间距及连接方式应符合设计要求。金属吊杆、龙骨应经过表面防腐处理，木吊杆、龙骨应进行防腐、防水处理。

检验方法：观察，尺量检查，检查产品合格证书、性能检测报告、进场验收记录和隐蔽工程验收记录。

5）石膏板的接缝应按其施工工艺标准进行板缝防裂处理。安装双层石膏板时，面层板与基层板的接缝应错开，并不得在同一根龙骨上接缝。

检验方法：观察。

（2）一般项目

1）饰面材料表面应洁净、色泽一致，不得有翘曲、裂缝及缺损，压条应平直、宽窄一致。

检验方法：观察、尺量检查。

2）饰面板上的灯具、烟感器、喷淋头、风口子等设备的位置应合理、美观，与饰面板的交接应吻合、严密。

检验方法：观察。

3）金属吊杆、龙骨的接缝应均匀一致，角缝应吻合，表面应平整，无翘曲、锤印。木质吊杆、龙骨应顺直，无劈裂、变形。

检验方法：检查隐蔽工程验收记录和施工记录。

4）吊顶内填充吸声材料的品种和铺的厚度应符合设计要求，并应有防散落措施。

检验方法：检查隐蔽工程验收记录和施工记录。

5）暗龙骨吊顶工程安装的允许偏差和检验方法应符合表7-64的规定。

413

表 7-64　暗龙骨吊顶工程安装的允许偏差和检验方法

项次	项 目	允许偏差（mm）				检验方法
		纸面石膏板	金属板	矿棉板	木板、塑料格栅	
1	表面平整度	3	2	2	2	用 2m 靠尺和塞尺检查
2	接缝直线度	3	1.5	3	3	拉 5m 线，不足 5m 拉通线，用钢直尺检查
3	接缝高低差	1	1	1.5	1	用钢直尺和塞尺检查

362. 明龙骨吊顶工程分项工程施工质量控制要求包括哪些方面？

（1）主控项目

1）吊顶标高、尺寸、起拱和造型应符合设计要求。

检验方法：观察，尺量检查。

2）饰面材料的材质、品种、规格、图案和颜色应符合设计要求。当饰面材料为玻璃板时，应使用安全玻璃或采取可靠的安全措施。

检验方法：观察，检查产品合格证书、性能检测报告和进场验收记录。

3）饰面材料的安装应稳固严密。饰面材料与龙骨的搭接宽度应大于龙骨受力面宽度的 2/3。

检验方法：观察，手扳检查，尺量检查。

4）吊杆、龙骨的材质、规格、安装间距及连接方式应符合设计要求。金属吊杆、龙骨应经过表面防腐处理，木吊杆、龙骨应进行防腐、防水处理。

检验方法：观察，尺量检查，检查产品合格证书、进场验收记录和隐蔽工程验收记录。

5）明龙骨吊顶工程的吊杆和龙骨安装必须牢固。

检验方法：手扳检查，检查隐蔽工程验收记录和施工记录。

（2）一般项目

1）饰面材料表面应洁净；色泽一致；不得有翘曲、裂缝及缺损。饰面板与明龙骨的搭接应平整、吻合，压条应平直、宽窄一致。

检验方法：观察，尺量检查。

2）饰面板上的灯具、烟感器、喷淋头、风口子等设备的位置应合理、美观，与饰面板的交接应吻合、严密。

检验方法：观察。

3）金属龙骨的接缝应平整、吻合、颜色一致，不得有划伤、擦伤等表面缺陷。木质龙骨应平整、顺直、无劈裂。

检验方法：观察。

4）吊顶内填充吸声材料的品种和铺设厚度应符合设计要求，并应有防散落措施。

检验方法：检查隐蔽工程验收记录和施工记录。

5）明龙骨吊顶工程安装的允许偏差和检验方法应符合表7-65的规定。

表 7-65　明龙骨吊顶工程安装的允许偏差和检验方法

项次	项　　目	允许偏差（mm）				检验方法
		石膏板	金属板	矿棉塑料板	玻璃板	
1	表面平整度	3	2	3	2	用2m靠尺和塞尺检查
2	接缝直线度	3	2	3	3	拉5m线，不足5m拉通线，用钢直尺检查
3	接缝高低差	1	1	2	1	用钢直尺和塞尺检查

363. 轻质隔墙工程施工质量验收内容及要求包括哪些方面？

（1）轻质隔墙工程的施工图、设计说明及其他设计文件和记录：

1）隐蔽工程验收记录。

2）材料的产品合格证书、性能检测报告、进场验收记录和复验报告。

3）隐蔽工程验收记录。

4）施工记录。

（2）轻质隔墙工程应对人造木板的甲醛含量进行验收。

1）骨架隔墙中设备。

2）管线的安装及水管度压。

3）木龙骨防火、防腐处理。

4）预埋件或拉结筋。

5）龙骨安装。

6）填充材料的设置。

（3）各分项工程的检验批应按下列规定划分。

同一品种的轻质隔墙工程每 50 间（大面积房间和走廊按轻质隔墙的墙面 30 ㎡ 为一间）应划分为一个检验批，不足 50 间也应划分为一个检验批。

（4）轻质隔墙与顶棚和其他墙体的交接处应采取防开裂措施。

（5）民用轻质隔墙工程的隔声性能应符合现行国家标准《民用建筑隔声设计规范》（GBJ 118）的规定。

364. 板材隔墙分项工程施工质量控制要求包括哪些方面？

（1）板材隔墙工程的检查数量应符合下列规定：

每个检验批应至少抽查 10%，并不得少于 3 间；不足 3 间时应全数检查。

（2）主控项目

1）隔墙板材的品种、规格、性能、颜色应符合设计要求。有隔声、隔热、阻燃、防潮等特殊要求的工程，板材应有相应性能等级的检测报告。

检验方法：观察，检查产品合格证书、进场验收记录和性能检测报告。

2）安装隔墙板材所需预埋件、连接件的位置、数量及连接方法应符合设计要求。

检验方法：观察，尺量检查，检查隐藏工程验收记录。

3）隔墙板材安装必须牢固。现制钢丝网水泥隔墙与周边墙体的连接方法应符合设计要求，并应连接牢固。

检查方法：观察，手扳检查。

4）隔墙板材所用接缝材料的品种及接缝方法应符合设计要求。

检验方法：观察，检查产品合格证书和施工记录。

（3）一般项目

1）隔墙板材安装应垂直、平整、位置正确，板材不应有裂缝或缺损。

2）板材隔墙表面应平整光滑、色泽一致、洁净，接缝应均匀、顺直。

检验方法：观察，手摸检查。

3）隔墙上的孔洞、槽、盒应位置正确，套割方正，边缘整齐。

检验方法：观察。

（4）板材隔墙安装的允许偏差和检验方法应符合表7-66的规定。

表7-66　板材隔墙安装的允许偏差和检验方法

项次	项目	允许偏差（mm）				检验方法
		复合轻质墙质		石膏空心板	钢丝网水泥	
		金属夹芯板	其他复合板			
1	立面垂直度	2	3	3	3	用2m垂直检测尺检查
2	表面平整度	2	3	3	3	用2m靠尺和塞尺检查
3	阴阳角方正	3	3	3	4	用直角检测尺检查
4	接缝直线度	1	2	2	3	用钢直尺和塞尺检查

365. 骨架隔墙分项工程施工质量控制要求包括哪些方面？

（1）骨架隔墙工程分项工程包括轻钢龙骨、木龙骨等骨架，以纸面石膏板、人造木板、水泥纤维板等为墙面板的隔墙工程的质量验收。

（2）骨架隔墙工程的检查数量应符合下列规定：

每个检验批应至少抽查10%，并不得少于3间；不足3间时应全数检查。

（3）主控项目

1）骨架隔墙所用龙骨、配件、墙面板、填充材料及嵌缝材料的品种、规格、性能和木材的含水率应符合设计要求。有隔声、隔热、阻燃、防潮等特殊要求的工程，材料应有相应性能等级的检测报告。

检验方法：观察，检查产品合格证书、进场验收记录、性能检测报告和复验报告。

2）骨架隔墙工程边框龙骨必须与基本结构连接牢固，并应平整、垂直、位置正确。

检验方法：检查隐蔽工程验收记录。

3）骨架隔墙中龙骨间距和构造连接方法应符合设计要求。骨架内设备管线的安装、门窗洞口等部位加强龙骨应安装牢固、位置正确，填充材料的设置应符合设计要求。

检验方法：检查隐蔽工程验收记录。

4）木龙骨及木墙面板应安装牢固，无脱层、翘曲、折裂及缺损。

检验方法：观察，手扳检查。

5）骨架隔墙的墙面板应安装牢固，无脱层、翘曲、折裂及缺损。

检验方法：观察，手扳检查。

6）墙面板所用的接缝材料的接缝方法应符合设计要求。

检验方法：观察。

418

（4）一般项目

1）骨架隔墙面应平整光滑、色泽一致、洁净、无裂缝，接缝应均匀、顺直。

检验方法：观察，手摸检查。

2）骨架隔墙上的孔洞、槽、盒应位置正确，套割吻合，边缘整齐。

检验方法：观察，

3）骨架隔墙内的填充材料应干燥，填充应密实、均匀、无下坠。

检验方法：轻敲检查，检查隐蔽工程验收记录和施工记录。

4）骨架隔墙安装的允许偏差和检验方法应符合表7-67的规定。

表7-67　骨架隔墙安装的允许偏差和检验方法

项次	项　目	允许偏差（mm）		检验方法
		纸面石膏板	人造木板、水泥纤维板	
1	立面垂直度	3	4	用2m垂直检测尺检查
2	表面平整度	3	3	用2m靠尺和塞尺检查
3	阴阳角方正	3	3	用直角检测尺检查
4	接缝直线度	—	3	拉5m线，不足5m拉通线，用钢直尺检查
5	压条直线度	—	3	拉5m线，不足5m拉通线，用钢直尺检查
6	接缝高低差	1	1	用钢直尺和塞尺检查

366. 玻璃隔墙分项工程施工质量控制要求包括哪些方面？

（1）玻璃隔墙分项工程包括玻璃砖、玻璃板隔墙工程的质量验收。

（2）玻璃隔墙工程的检查数量应符合下列规定：

每个检验批应至少抽查20%，并不得少于6间；不足6间时应全数检查。

（3）主控项目

1）玻璃隔墙工程所用材料的品种、规格、性能、图案和颜色应符合设计要求。玻璃板隔墙应使用安全玻璃。

检验方法：观察，检查产品合格证书、进场验收记录和性能检测报告。

2）玻璃砖隔墙的砌筑或玻璃板隔墙的安装方法应符合设计要求。

检验方法：观察。

3）玻璃砖隔墙砌筑中埋设的拉结筋必须与基体结构连接牢固，并应位置正确。

检验方法：手扳检查，尺量检查，检查隐蔽工程验收记录。

4）玻璃板隔墙的安装必须牢固。玻璃板隔墙胶垫的安装应正确。

检验方法：观察，手推检查，检查施工记录。

（4）一般项目

1）玻璃隔墙表面应色泽一致、平整洁净、清晰美观。

检验方法：观察。

2）玻璃隔墙接缝应横平竖直，玻璃应无裂痕、缺损和划痕。

检验方法：观察。

3）玻璃板隔墙嵌缝及玻璃砖隔墙勾缝应密实平整、均匀顺直、深浅一致。

检验方法：观察。

4）玻璃隔墙安装的允许偏差和检验方法应符合表 7-68 的规定。

表 7-68　玻璃隔墙安装的允许偏差和检验方法

项次	项　目	允许偏差（mm）		检验方法
		玻璃砖	玻璃板	
1	立面垂直度	3	2	用 2m 垂直检测尺检查
2	表面平整度	3	—	用 2m 靠尺和塞尺检查

项次	项 目	允许偏差（mm）		检验方法
		玻璃砖	玻璃板	
3	阴阳角方正	—	2	用直角检测尺检查
4	接缝直线度	—	2	拉 5m 线，不足 5m 拉通线，用钢直尺检查
5	接缝高低度	3	2	用钢直尺和塞尺检查
6	接缝宽度		1	用钢直尺检查

367. 幕墙工程施工质量验收内容及要求包括哪些方面？

（1）幕墙工程施工质量验收包括玻璃幕墙、金属幕墙、石材幕墙等分项工程的质量验收。

（2）幕墙工程验收时应检查下列文件和记录。

1）幕墙工程的施工图、结构计算书、设计说明及其他设计文件。

2）建筑设计单位对幕墙工程设计的确认文件。

3）幕墙工程所用各种材料、五金配件、构件及组件的产品合格证书、性能检测报告、进场验收记录和复验报告。

4）幕墙工程所用硅酮结构胶的认定证书和抽查合格证明；进口硅酮结构胶的商检证；国家指定检测机构出具的硅酮结构胶相容性的剥离粘结性试验报告；石材用密封胶的耐污性试验报告。

5）后置埋件的现场拉拔强度检测报告。

6）幕墙的抗风压性能、空气渗透性能、雨水渗漏性能及平面变形性能检测报告。

7）打胶、养护环境的温度、湿度记录；双组分硅酮结构胶的混匀性试验记录及拉断试验记录。

8）防雷装置测试记录。

9）隐蔽工程验收记录。

10）幕墙构件和组件的加工制作记录，幕墙安装施工记录。

（3）幕墙工程应对下列材料及其性能指标进行复验：

1）铝塑复合板的剥离强度。

2）石材弯曲强度，寒冷地区石材的耐冻融性，室内用花岗石的放射性。

3）玻璃幕墙用结构胶的邵氏硬度、标准条件拉伸粘结强度、相容性试验；石材用结构胶的粘结强度；石材用密封胶的污染性。

（4）幕墙工程应对下列隐蔽工程项目进行验收：

1）预埋件（或后置埋件）。

2）构件的连接节点。

3）变形缝及墙面转角处的构造节点。

4）幕墙防雷装置。

5）幕墙防火构造。

（5）各分项工程的检验批应按下列规定划分：

1）相同设计、材料、工艺和施工条件的幕墙工程每 $500\sim1000m^2$ 应划分为一个检验批，不足 $500m^2$ 也应划分为一个检验批。

2）同一单位工程的不连续的幕墙工程应单独划分检验批。

3）对于异型或特殊要求的幕墙，检验批的划分应根据幕墙的结构、工艺特点及幕墙工程规模，由监理单位（或建设单位）和施工单位协商确定。

（6）检查数量应符合下列规定：

1）每个检验批每 $100m^2$ 应至少抽查一处，每处不得小于 $10m^2$。

2）对于异型或有特殊要求的幕墙工程，应根据幕墙的结构和工艺特点，由监理单位（或建设单位）和施工单位协商确定。

（7）幕墙及其连接件应具有足够的承载力、刚度和相对于主体结构的位移能力。幕墙构架立柱的连接金属角码与其他连接件应采用螺栓连接，并应有防松动措施。

（8）隐框、半隐框幕墙所采用的结构粘结材料必须是中性硅酮结构密封胶，其性能必须符合《建筑用硅酮结构密封胶》（GB

16776）的规定；硅酮结构密封胶必须在有效期内使用。

（9）立柱和横梁等主要受力构件，其截面受力部分的壁厚应经计算确定，且铝合金型材壁厚不应小于3.0mm，钢型材壁厚不应小于3.5mm。

（10）隐框、半隐框幕墙构件中板材与金属框之间硅酮结构密封胶的粘结宽度，应分别计算风荷载标准值和板材自重标准值作用下硅酮结构密封胶的粘结宽度，并取其较大值，且不得小于7.0mm。

（11）硅酮结构密封胶应打注饱满，并应在温度15~30℃、相对湿度50%以上、洁净的室内进行，不得在现场墙上打注。

（12）幕墙的防火除应符合现行国家标准《建筑设计防火规范》（GBJ 16）和《高层民用建筑设计防火规范》（GB 50045）的有关规定外，还应符合下列规定：

1）应根据防火材料的耐火极限决定防火层的厚度和宽度，并应在楼板处形成防火带。

2）防火层应采取隔离措施。防火层的衬板应采用经防腐处理且厚度不小于1.5mm的钢板，不得采用铝板。

3）防火层的密封材料应采用防火密封胶。

4）防火层与玻璃不应直接接触，一块玻璃不应跨两个防火分区。

（13）主体结构与幕墙连接的各种预埋件，其数量、规格、位置和防腐处理必须符合设计要求。

（14）幕墙的金属框架与主体结构预埋件的连接、立柱与横梁的连接及幕墙面板的安装必须符合设计要求，安装必须牢固。

（15）单元幕墙连接处和吊挂处的铝合金型材的壁厚应通过计算确定，并不得小于5.0mm。

（16）幕墙的金属框架与主体结构应通过预埋件连接，预埋件应在主体结构混凝土施工时埋入，预埋件的位置应准确。当没有条件采用预埋件连接时，应采用其他可靠的连接措施，并应通过试验确定其承载力。

（17）立柱应采用螺栓角码连接，螺栓直径应经过计算，并不应小于10mm。不同金属材料接触时应采用绝缘垫片分隔。

（18）幕墙的抗震缝、伸缩缝、沉降缝等部位的处理应保证缝的使用性能和饰面的完整性。

（19）幕墙工程的设计应满足维护和清洁的要求。

368. 玻璃幕墙分项工程施工质量控制要求包括哪些方面？

（1）玻璃幕墙分项工程质量验收是指建筑高度不大于150m、抗震设防烈度不大于8度的隐框玻璃幕墙、半隐框玻璃幕墙、明框玻璃幕墙、全玻璃幕墙及点支承玻璃幕墙工程的质量验收。

（2）主控项目

1）玻璃幕墙工程所使用的各种材料、构件和组件的质量，应符合设计要求及国家现行产品标准和工程技术规范的规定。

检验方法：检查材料、构件、组件的产品合格证书、进场验收记录、性能检测报告和材料的复验报告。

2）玻璃幕墙的造型和立面分格应符合设计要求。

检验方法：观察，尺量检查。

3）玻璃幕墙使用的玻璃应符合下列规定：

①幕墙应使用安全玻璃，玻璃的品种、规格、颜色、光学性能及安装方向应符合设计要求。

②幕墙玻璃的厚度不应小于6.0mm。全玻幕墙肋玻璃的厚度不小于12mm。

③幕墙的中空玻璃应采用双道密封。明框幕墙的中空玻璃应采用聚硫密封胶及丁基密封胶；隐框和半隐框幕墙的中空玻璃应用硅酮结构密封胶及丁基密封胶；镀膜面应在中空玻璃的第2或第3面上。

④幕墙的夹层玻璃应采用聚乙烯醇缩丁醛（PVB）胶片干法加工合成的夹层玻璃。点支承玻璃幕墙夹层胶片（PVB）厚度不应少于0.76mm。

⑤钢化玻璃表面不得有损伤；8.0mm以下的钢化玻璃应进行引爆处理。

⑥所有幕墙玻璃均应进行边缘处理。

检验方法：观察，尺量检查，检查施工记录。

4）玻璃幕墙与主体结构连接的各种预埋件、连接件、紧固件必须安装牢固，其数量、规格、位置、连接方法和防腐处理应符合设计要求。

检验方法：观察，检查隐藏工程验收记录和施工记录。

5）各种连接件、紧固件的螺栓应有防松动措施；焊接连接应符合设计要求和焊接规范的规定。

检验方法：观察，检查隐蔽工程验收记录和施工记录。

6）隐框或半隐框玻璃幕墙，每块玻璃下端应设置两个铝合金或不锈钢托条，其长度不应少于 100mm，厚度不应少于 200mm，托条外端应低于玻璃外表面 2mm。

检验方法：观察，检查施工记录。

7）明框玻璃幕墙的玻璃安装应符合以下规定：

①玻璃槽口玻璃的配合尺寸应符合设计要求和技术标准的规定。

②玻璃与构件不得直接接触，玻璃四周与构件凹槽底部应保持一定的空隙，每块玻璃下部应至少放置两块宽度与槽口宽度相同、长度不少于 100mm 的弹性定位垫块，玻璃两边嵌入量及空隙应符合设计要求。

③玻璃四周橡胶条的材质、型号应符合设计要求，镶嵌应平整，橡胶条长度应比边框内槽长 1.5% ~2.0%，橡胶条在转角处应斜面断开，并应用粘结剂粘结牢固后嵌入槽内。

检验方法：观察，检查施工记录。

8）高度超过 4m 的全玻幕墙应吊挂在主体结构上，吊夹具应符合设计要求，玻璃与玻璃、玻璃与玻璃肋之间的缝隙，应采用硅酮结构密封胶填嵌严密。

检验方法：观察，检查隐蔽工程验收记录和施工记录。

9）点支承玻璃幕墙应采用带万向头的活动不锈钢爪，其钢爪间的中心距离应大于 250mm。

检验方法：观察，尺量检查。

10) 玻璃幕墙四周、玻璃幕墙内表面与主体结构之间的连接节点、各种变形缝、墙角的连接节点应符合设计要求和技术标准的规定。

检验方法：观察，检查隐蔽工程验收记录和施工记录。

11) 玻璃幕墙应无渗漏。

检验方法：在易渗漏部位进行淋水检查。

12) 玻璃幕墙结构胶和密封胶的打注应饱满、密实、连续、均匀、无气泡，宽度和厚度应符合设计要求和技术标准的规定。

检验方法：观察，尺量检查，检查施工记录。

13) 玻璃幕墙开启窗的配件应齐全，安装应牢固，安装位置和开启方向、角度应正确；开启应灵活，关闭应严密。

检验方法：观察，手扳检查，开启和关闭检查。

14) 玻璃幕墙的防雷装置必须与主体结构的防雷装置可靠连接。

检验方法：观察，检查隐蔽工程验收记录和施工记录。

（3）一般项目

1) 玻璃幕墙表面应平整、洁净；整幅玻璃的色泽均匀一致；不得有污染和镀膜损坏。

检验方法：观察。

2) 每平方米玻璃的表面质量和检验方法应符合表 7-69 的规定。

表 7-69　每平方米玻璃的表面质量和检验方法

项次	项　目	质量要求	检验方法
1	明显划伤和长度 >100mm 的轻微划伤	不允许	观察
2	长度 ≤100mm 的轻微划伤	≤8 条	用钢尺检查
3	擦伤总面积	≤500mm²	用钢尺检查

3) 一个分格铝合金型材的表面质量和检验方法应符合表 7-70 的规定。

426

表 7-70　一个分格铝合金型材的表面质量和检验方法

项次	项目	质量要求	检验方法
1	明显划伤和长度 >100mm 的轻微划伤	不允许	观察
2	长度≤100mm 的轻微划伤	≤2 条	用钢尺检查
3	擦伤总面积	≤500mm²	用钢尺检查

4）明框玻璃幕墙的外露框或压条应横平竖直、颜色、规格应符合设计要求，压条安装应牢固。单元玻璃幕墙的单元拼缝或隐框玻璃的分格玻璃拼缝应横平竖直、均匀一致。

检验方法：观察，手扳检查，检查进场验收记录。

5）玻璃幕墙的密封胶缝应横平竖直、深浅一致、宽窄均匀、光滑顺直。

检验方法：观察，手摸检查。

6）防火、保温材料填充饱满、均匀，表面应密实、平整。

检验方法：检查隐蔽工程验收记录。

7）玻璃幕墙隐蔽节点的遮封装修应牢固、整齐、美观。

检验方法：观察，手扳检查。

8）明框玻璃幕墙安装的允许偏差和检验方法应符合表 7-71 的规定。

表 7-71　明框玻璃幕墙安装的允许偏差和检验方法

项次	项目		允许偏差（mm）	检验方法
1	幕墙垂直度	幕墙高度≤30m	10	用经纬仪检查
		30m<幕墙高度≤60m	15	
		60m<幕墙高度≤90m	20	
		幕墙高度>90m	25	
2	幕墙水平度	幕墙幅宽≤35m	5	用水平仪检查
		幕墙幅宽>35m	7	
3	构件直线度		2	用2m靠尺和塞尺检查
4	构件水平度	构件长度≤2m	2	用水平仪检查
		构件长度>2m	3	

项次	项 目		允许偏差(mm)	检验方法
5	相邻构件错位		1	用钢直尺检查
6	分格框对角线长度差	对角线长度≤2m	3	用钢尺检查
		对角线长度>2m	4	

9）隐框、半隐框玻璃幕墙安装的允许偏差和检验方法应符合表 7-72 的规定。

表 7-72　隐框、半隐框玻璃幕墙安装的允许偏差和检验方法

项次	项 目		允许偏差(mm)	检验方法
1	幕墙垂直度	幕墙高度≤30m	10	用经纬仪检查
		30m<幕墙高度≤60m	15	
		60m<幕墙高度≤90m	20	
		幕墙高度>90m	25	
2	幕墙水平度	层高≤3m	3	用水平仪检查
		层高>3m	5	
3	幕墙表面平整度		2	用2m靠尺检查
4	板材立面垂直度		2	用垂直检测尺检查
5	板材上沿水平度		2	用1m水平尺和钢直尺检查
6	相邻板材板角错位		1	用钢直尺检查
7	阳角方正		2	用直角检测尺检查
8	接缝直线度		3	拉5m线，不足5m拉通线，用钢直尺检查
9	接缝高低差		1	用钢直尺和塞尺检查
10	接缝宽度		1	用钢直尺检查

369. 金属幕墙分项工程施工质量控制要求包括哪些方面？

金属幕墙工程质量验收是指建筑高度不大于 150m 的金属幕墙工程的质量验收。

428

（1）主控项目

1）金属幕墙工程所使用的各种材料和配件，应符合设计要求及国家现行产品标准和工程技术规范的规定。

检验方法：检查产品合格证书、性能检测报告、材料进场验收记录和复验报告。

2）金属幕墙的造型和立面分格应符合设计要求。

检验方法：观察，检查进场验收记录。

3）金属面板的品种、规格、颜色、光泽及安装方向应符合设计要求。

检验方法：观察，检查进场验收记录。

4）金属幕墙主体结构上的预埋件、后置埋件的数量、位置及后置埋件的拉拔力必须符合设计要求。

检验方法：检查拉拔力检测报告和隐蔽工程验收记录。

5）金属幕墙的金属框架方柱与主体结构预埋件的连接、立体与横梁的连接、金属面板的安装必须符合设计要求，安装必须牢固。

检验方法：手扳观察，检查隐蔽工程验收记录。

6）金属幕墙的防火、保温、防潮材料的设置应符合设计要求，并应密实、均匀、厚度一致。

检验方法：检查隐蔽工程验收记录。

7）金属框架及连接件的防腐处理应符合设计要求。

检验方法：检查隐蔽工程验收记录和施工记录。

8）金属幕墙的防雷装置必须与主体结构的防雷装置可靠连接。

检验方法：检查隐蔽工程验收记录。

9）各种变形缝、墙角的连接节点应符合设计要求和技术标准的规定。

检验方法：观察，检查隐蔽工程验收记录。

10）金属幕墙的板缝注胶应饱满、密实、连续、均匀、无气泡，宽度和厚度应符合设计要求和技术标准的规定。

检验方法：观察，尺量检查，检查施工记录。

11）金属幕墙应无渗漏。

检验方法：在易渗漏部位进行淋水检查。

（2）一般项目

1）金属板表面应平整、洁净、色泽一致。

检验方法：观察。

2）金属幕墙的压条应平直、洁净，接口严密，安装牢固。

检验方法：观察，手扳检查。

3）金属幕墙的密封胶缝应横平竖直、深浅一致、宽窄均匀、光滑顺直。

检验方法：观察。

4）金属幕墙上的滴水线、流水坡向应正确、顺直。

检验方法：观察，用水平尺检查。

5）每平方米金属板的表面质量和检验方法应符合表 7-73 的规定。

表 7-73　每平方米金属板的表面质量和检验方法

项次	项　目	质量要求	检验方法
1	明显划伤和长度 >100mm 的轻微划伤	不允许	观察
2	长度 ≤100mm 的轻微划伤	≤8 条	用钢尺检查
3	擦伤总面积	≤500mm^2	用钢尺检查

6）金属幕墙安装的允许偏差和检验方法应符合表 7-74 的规定。

表 7-74　金属幕墙安装的允许偏差和检验方法

项次	项　目		允许偏差（mm）	检验方法
1	幕墙垂直度	幕墙高度 ≤30m	10	用经纬仪检查
		30m < 幕墙高度 ≤60m	15	
		60m < 幕墙高度 ≤90m	20	
		幕墙高度 >90m	25	

项次	项 目		允许偏差（mm）	检验方法
2	幕墙水平度	层高≤3m	3	用水平仪检查
		层高＞3m	5	
3	幕墙表面平整度		2	用2m靠尺检查
4	板材立面垂直度		2	用垂直检测尺检查
5	板材上沿水平度		2	用1m水平尺和钢直尺检查
6	相邻板材板角错位		1	用钢直尺检查
7	阳角方正		2	用直角检测尺检查
8	接缝直线度		3	拉5m线，不足5m拉通线，用钢直尺检查
9	接缝高低差		1	用钢直尺和塞尺检查
10	接缝宽度		1	用钢直尺检查

370. 石材幕墙分项工程施工质量控制要求包括哪些方面？

石材幕墙分项工程质量验收是指建筑高度不大于100m、抗震设防烈度不大于8度的石材幕墙工程的质量验收。

（1）主控项目

1）石材幕墙工程所用材料的品种、规格、性能和等级，应符合设计要求及国家现行产品标准和工程技术规范的规定。石材的弯曲强度不应小于9.0MPa；吸水率应小于0.8%。石材幕墙的铝合金挂件厚度不应小于4.0mm，不锈钢挂件厚度不应小于3.0mm。

检验方法：观察，尺量检查，检查产品合格证书、性能检测报告、材料进场验收记录和复验报告。

2）石材幕墙的造型、立面分格、颜色、光泽、花纹和图案应符合设计要求。

检验方法：观察。

3）石材孔、槽的数量、深度、位置、尺寸应符合设计要求。

检验方法：检查进场验收记录和施工记录。

4）石材幕墙主体结构上的预埋件和后置埋件的位置、数量及后置埋件的拉拔力必须符合设计要求。

检验方法：检查拉拔力检测报告和隐蔽工程验收记录。

5）石材幕墙的金属框架立柱与主体结构预埋件的连接、立柱与横梁的连接、连接件与金属框架的连接、连接件与石材面板的连接必须符合设计要求，安装必须牢固。

检验方法：手扳检查，检查隐蔽工程验收记录。

6）金属框架和连接件的防腐处理应符合设计要求。

检验方法：检查隐蔽工程验收记录。

7）石材幕墙的防雷装置必须与主体结构防雷装置可靠连接。

检验方法：观察，检查隐蔽工程验收记录和施工记录。

8）石材幕墙的防火、保温、防潮材料的设置应符合设计要求，填充应密实、均匀，厚度一致。

检验方法：检查隐蔽工程验收和记录。

9）各种结构变形缝、墙角的连接节点应符合设计要求和技术标准的规定。

检验方法：检查隐蔽工程验收记录和施工记录。

10）石材表面和板缝的处理应符合设计要求。

检验方法：观察。

11）石材幕墙的板缝注胶应饱满、密实、连续、均匀、无气泡，板缝宽度和厚度应符合设计要求和技术标准的规定。

检验方法：观察，尺量检查，检查施工记录。

12）石材幕墙应无渗漏。

检验方法：在易渗漏部位进行淋水检查。

（2）一般项目

1）石材幕墙表面应平整、洁净，无污染、缺损和裂痕。颜色和花纹应协调一致，无明显色差，无明显修痕。

检验方法：观察。

2）石材幕墙的压条应平直、洁净，接口严密，安装牢固。

检验方法：观察，手扳检查。

3）石材接缝应横平竖直、宽窄均匀；阴阳角石板压向应正

432

确，板边合缝应顺直；凸凹线出墙厚度应一致，上下口应平直；石材面板上洞口、槽边应套割吻合，边缘应整齐。

检验方法：观察，尺量检查。

4）石材幕墙的密封胶缝应横平竖直、深浅一致、宽窄均匀、光滑顺直。

检验方法：观察。

5）石材幕墙上的滴水线、流水坡向应正确、顺直。

检验方法：观察，用水平尺检查。

6）每平方米石材的表面质量和检验方法应符合表 7-75 的规定。

表 7-75　每平方米石材表面质量和检验方法

项次	项　目	质量要求	检验方法
1	裂痕、明显划伤和长度 >100mm 的轻微划伤	不允许	观察
2	长度≤100mm 的轻微划伤	≤8 条	用钢尺检查
3	擦伤总面积	≤500mm^2	用钢尺检查

7）石材幕墙安装的允许偏差和检验方法应符合表 7-76 的规定。

表 7-76　石材幕墙安装的允许偏差和检验方法

项次	项　目		允许偏差（mm）		检验方法
			光面	麻面	
1	幕墙垂直度	幕墙高度≤30m	10	10	用经纬仪检查
		30m<幕墙高度≤60m	15	15	
		60m<幕墙高度≤90m	20	20	
		幕墙高度>90m	25	25	
2	幕墙水平度		3	3	用水平仪检查
3	板材立面垂直度		3	3	用水平仪检查
4	板材上沿水平度		2	2	用 1m 水平尺和钢直尺检查
5	相邻板材板角错位		1	1	用钢直尺检查

433

项次	项 目	允许偏差（mm）		检验方法
		光面	麻面	
6	幕墙表面平整度	2	3	用垂直检测尺检查
7	阳角方正	2	4	用直角检测尺检查
8	接缝直线度	3	4	拉 5m 线，不足 5m 拉通线，用钢直尺检查
9	接缝高低差	1	—	用钢直尺和塞尺检查
10	接缝宽度	1	2	用钢直尺检查

371. 涂饰工程施工质量验收内容及要求包括哪些方面？

（1）涂饰工程质量验收是指水性涂料涂饰、溶剂型涂料涂饰、美术涂饰等分项工程的质量验收。

（2）涂饰工程验收时应检查下列文件和记录：

1）涂饰工程的施工图、设计说明及其他文件。

2）材料的产品合格证书、性能检测报告和进场验收记录。

3）施工记录。

（3）各分项工程的检验批应按下列规定划分：

1）室外涂饰工程每一栋楼的同类涂料涂饰的墙面每 500 ~ 1000m² 应划分为一个检验批，不足 500m² 也应划分为一个检验批。

2）室内涂饰工程同类涂料涂饰的墙面每 50 间（大面积房间和走廊按涂饰面积 30m² 为一间）应划分为一个检验批，不足 50 间也应划分为一个检验批。

（4）检查数量应符合下列规定：

1）室外涂饰工程每 100m² 应至少检查一处，每处不得小于 10m²。

2）室内涂饰工程每个检验批应至少抽查 10%，并不得少于 3 间；不足 3 间时应全数检查。

（5）涂饰工程的基层处理应符合下列要求：

1）新建筑物的混凝土或抹灰基层在涂饰涂料前应涂刷抗碱封闭底漆。

2）旧墙面在涂饰涂料前应清除疏松的旧装修层，并涂刷界面剂。

3）混凝土或抹灰基层涂刷溶剂型涂料时，含水率不得大于8%；涂刷乳液型涂料时，含水率不得大于10%；木材基层的含水率不得大于12%。

4）基层腻子应平整、坚实、牢固，无粉化、起皮和裂缝；内墙腻子的粘结强度应符合《建筑室内用腻子》（JG/T3049）的规定。

5）厨房、卫生间墙面必须使用耐水腻子。

（6）水性涂料涂饰工程施工的环境温度应在5～35℃之间。

（7）涂饰工程应在涂层养护期满后进行质量验收。

372. 水性涂料涂饰分项工程施工质量控制要求包括哪些方面？

水性涂料涂饰分项工程质量验收是指乳液型涂料、无机涂料、水溶性涂料等水性涂料涂饰工程的质量验收。

（1）主控项目

1）水性涂料涂饰工程所用涂料的品种、型号和性能应符合设计要求。

检验方法：检查产品合格证书、性能检测报告和进场验收记录。

2）水性涂料涂饰工程的颜色、图案应符合设计要求。

检验方法：观察。

3）水性涂料涂饰工程应涂饰均匀、粘结牢固，不得漏涂、透底、起皮和掉粉。

检验方法：观察，手摸检查。

4）水性涂料涂饰工程的基层处理应符合《建筑装饰装修工

程质量验收规范》第 10.1.5 条的要求。

检验方法：观察，手摸检查，检查施工记录。

（2）一般项目

1）薄涂料的涂饰质量和检验方法应符合表 7-77 的规定。

表 7-77 薄涂料的涂饰质量和检验方法

项次	项 目	普通涂饰	高级涂饰	检验方法
1	颜色	均匀一致	均匀一致	观察
2	泛碱、咬色	允许少量轻微	不允许	观察
3	流坠、疙瘩	允许少量轻微	不允许	观察
4	砂眼、刷纹	允许少量轻微砂眼，刷纹通顺	无砂眼，无刷纹	观察
5	装饰线、分色线直线度允许偏差（mm）	2	1	拉 5m 线，不足 5m 拉通线，用钢直尺检查

2）厚涂料的涂饰质量和检验方法应符合表 7-78 的规定。

表 7-78 厚涂料的涂饰质量和检验方法

项次	项 目	普通涂饰	高级涂饰	检验方法
1	颜色	均匀一致	均匀一致	观察
2	泛碱、咬色	允许少量轻微	不允许	观察
3	点状分布	—	疏密均匀	观察

3）复层涂料的涂饰质量和检验方法应符合表 7-79 的规定。

表 7-79 复层涂料的涂饰质量和检验方法

项次	项 目	质量要求	检验方法
1	颜色	均匀一致	观察
2	泛碱、咬色	不允许	观察
3	喷点疏密程度	均匀，不允许连片	观察

4）涂层与其他装修材料和设备衔接处应吻合，界面应清晰。

436

检验方法：观察。

373. 溶剂型涂料涂饰分项工程施工质量控制要求包括哪些方面？

溶剂型涂料涂饰分项工程质量验收是指丙烯酸酯涂料、聚氨酯丙烯酸涂料、有机硅丙烯酸涂料等溶剂型涂料涂饰工程的质量验收。

（1）主控项目

1）溶剂型涂料涂饰工程所选用的涂料品牌、型号和性能应符合设计要求。

检验方法：检查产品合格证书、性能检测报告和进场验收记录。

2）溶剂型涂料涂饰工程的颜色、光泽、图案应符合设计要求。

检验方法：观察。

3）溶剂型涂料涂饰工程应涂饰均匀、粘结牢固，不得漏涂、透底、起皮和返锈。

检验方法：观察，手摸检查。

4）溶剂型涂料涂饰工程的基层处理应符合《建筑装饰装修工程质量验收规范》第10.1.5条的要求。

检验方法：观察，手摸检查，检查施工记录。

（2）一般项目

1）色漆的涂饰质量和检验方法应符合表7-80的规定。

表7-80　色漆的涂饰质量和检验方法

项次	项　目	普通涂饰	高级涂饰	检验方法
1	颜色	均匀一致	均匀一致	观察
2	光泽、光滑	光泽基本均匀、光滑无挡手感	光泽均匀一致，光滑	观察、手摸检查
3	刷纹	刷纹通顺	无刷纹	观察
4	裹棱、流坠、皱皮	明显处不允许	不允许	观察
5	装饰线、分色线直线度允许偏差（mm）	2	1	拉5m线，不足5m拉通线，用钢直尺检查

注：无光色漆不检查光泽。

2）清漆的涂饰质量和检验方法应符合表7-81的规定。

表7-81　清漆的涂饰质量和检验方法

项次	项　目	普通涂饰	高级涂饰	检验方法
1	颜色	均匀一致	均匀一致	观察
2	木纹	棕眼刮平、木纹清楚	棕眼刮平、木纹清楚	观察
3	光泽、光滑	光泽基本均匀、光滑无挡手感	光泽均匀一致光滑	观察、手摸检查
4	刷纹	无刷纹	无刷纹	观察
5	裹棱、流坠、皱皮	明显处不允许	不允许	观察

3）涂层与其他装修材料和设备衔接处应吻合，界面应清晰。检验方法：观察。

374. 建筑装饰装修分部工程质量验收要求有哪些规定？

（1）建筑装饰装修质量验收的程序和组织应符合《建筑工程施工质量验收统一标准》（GB 50300—2001）第6章的规定。

（2）检验批的质量验收应按《建筑工程施工质量验收统一标准》（GB 50300—2001）附录D的格式记录。检验批的合格判定应符合以下规定：

1）抽查样本应符合《建筑装饰装修工程质量验收规范》（GB 30210—2001）主控项目的规定。

2）抽查样本的80%以上应符合《建筑装饰装修工程质量验收规范》（GB 30210—2001）一般项目的规定。其余样本不得有影响使用功能或明显影响装饰效果的缺陷，其中有允许偏差的检查项目，其最大偏差不得超过《建筑装饰装修工程质量验收规范》（GB 30210—2001）规定允许偏差的1.5倍。

（3）分项工程的质量验收应按《建筑工程施工质量验收统一标准》（GB 50300—2001）附录E的格式记录，各检验批的质量均应达到《建筑装饰装修工程质量验收规范》（GB 30210—2001）的规定。

（4）子分部工程的质量验收应按《建筑工程施工质量验收统一标准》（GB 50300—2001）附录 F 的格式记录。子分部工程中各分项工程的质量均应验收合格，并应符合以下规定：

1）应具备《建筑装饰装修工程质量验收规范》（GB 30210—2001）各子分部工程规定检查的文件和记录。

2）应具备表 7-82 规定的有关安全和功能的检测项目的合格报告。

表 7-82　有关安全和功能的检测项目表

子分部工程	检测项目
门窗工程	1. 建筑外墙金属窗的抗风压性能、空气渗透性能和雨水渗漏性能； 2. 建筑外墙塑料窗的抗风压性能、空气渗透性能和雨水渗漏性能
饰面板（砖）工程	1. 饰面板后置埋件的现场拉拔强度； 2. 饰面砖样板的粘结强度
幕墙工程	1. 硅酮结构胶的相容性试验； 2. 幕墙后置埋件的现场拉拔强度； 3. 幕墙的抗压性能、空气渗透性能和雨水渗漏性能及平面变形性能

3）观感质量应符合《建筑装饰装修工程质量验收规范》各分项工程中一级项目的要求。

（5）分部工程的质量验收应按《建筑工程施工质量验收统一标准》附录 F 的格式记录。分部工程中各子分部工程的质量均应验收合格。

当建筑工程只有装饰装修工程时，该工程应作为单位工程验收。

（6）有特殊要求的建筑装饰装修工程，竣工验收时应按合同约定加测相关技术指标。

（7）建筑装饰装修工程的室内环境质量应符合现行国家标准《民用建筑工程室内环境污染控制规范》（GB 50325）的规定。

（8）未经竣工验收合格的建筑装饰装修工程不得投入使用。

375. 屋面工程施工应满足哪些基本规定？

（1）屋面工程应根据建筑物的性质、重要程度、使用功能要求以及防水层合理使用年限，按不同等级进行设防，并应符合表7-83的要求。

表7-83　屋面防水等级和设防要求

项　目	屋面防水等级			
	Ⅰ	Ⅱ	Ⅲ	Ⅳ
建筑物类别	特别重要或对防水有特殊要求的建筑	重要的建筑和高层建筑	一般的建筑	非永久性的建筑
防水层合理使用年限	25 年	15 年	10 年	5 年
防水层	宜选用合成高分子防水卷材、高聚物改性沥青防水卷材、金属板材、合成高分子防水涂料、细石混凝土等材料	宜选用高聚物改性沥青防水卷材、合成高分子防水卷材、金属板材、合成高分子防水涂料、高聚物改性沥青防水涂料、细石混凝土、平瓦、油毡瓦等材料	宜选用三毡四油沥青防水卷材、高聚物改性沥青防水卷材、合成高分子防水卷材、金属板材、高聚物改性沥青防水涂料、合成高分子防水涂料、细石混凝土、平瓦、油毡瓦等材料	可选用二毡三油沥青防水卷材、高聚物改性沥青防水涂料等材料
设防要求	三道或二道以上防水设防	二道以上防水设防	一道防水设防	一道防水设防

（2）屋面工程应根据工程特点、地区自然条件等，按照屋面防水等级的设防要求，进行防水构造设计，重要部位应有详图；对屋面保温层的厚度，应通过计算确定。

（3）屋面工程施工前，施工单位应进行图纸会审，并应编制屋面工程施工方案或技术措施。

（4）屋面工程施工时，应建立各道工序的自检、交接检和专职人员检查的"三检"制度，并有完整的检查记录。每道工序完成，应经监理单位（或建设单位）检查验收，合格后方可进行下道工序的施工。

（5）屋面工程的防水层应由经资质审查合格的防水专业队伍进行施工。作业人员应持有当地建设行政主管部门颁发的上岗证。

（6）屋面工程所采用的防水、保温隔热材料应有产品合格证书和性能检测报告，材料的品种、规格、性能等应符合现行国家产品标准和设计要求。

材料进场后，应按规范的规定抽样复验，并提出试验报告；不合格的材料，不得在屋面工程中使用。

（7）当下道工序或相邻工程施工时，对屋面已完成的部分应采取保护措施。

（8）伸出屋面的管道、设备或预埋件等，应在防水层施工前安设完毕。屋面防水层完工后，不得在其上凿孔打洞或重物冲击。

（9）屋面工程完工后，应按规范的有关规定对细部构造、接缝、保护层等进行外观检验，并应进行淋水或蓄水检验。

（10）屋面的保温层和防水层严禁在雨天、雪天和五级风及其以上时施工。施工环境气温宜符合表7-84的要求。

表7-84　屋面保温层和防水层施工环境气温

项　目	施工环境气温
粘结保温层	热沥青不低于-10℃；水泥砂浆不低于5℃
沥青防水卷材	不低于5℃
高聚物改性沥青防水卷材	冷贴法不低于5℃；热熔法不低于-10℃
合成高分子防水卷材	冷贴法不低于5℃；热风焊接法不低于-10℃
高聚物改性沥青防水涂料	溶剂型不低于-5℃；水溶型不低于5℃
合成高分子防水涂料	溶剂型不低于-5℃；水溶型不低于5℃
刚性防水层	不低于5℃

（11）屋面工程各子分部工程和分项工程的划分，应符合表7-85的要求。

表 7-85　屋面工程各子分部工程和分项工程的划分

分部工程	子分部工程	分项工程
屋面工程	卷材防水屋面	保温层、找平层、卷材防水层、细部构造
	涂膜防水屋面	保温层、找平层、涂膜防水层、细部构造
	刚性防水屋面	细石混凝土防水层、密封材料嵌缝、细部构造
	瓦屋面	平瓦屋面、油毡瓦屋面、金属板材屋面、细部构造
	隔热屋面	架空屋面、蓄水屋面、种植屋面

（12）屋面工程各分项工程的施工质量检验批应符合下列规定：

1）卷材防水屋面、涂膜防水屋面、刚性防水屋面、瓦屋面和隔热屋面工程，应按屋面面积每 $100m^2$ 抽查一处，每处 $10m^2$，且不得少于 3 处。

2）接缝密封防水，每 50m 应抽查一处，每处 5m，且不得少于 3 处。

3）细部构造根据分项工程的内容，应全部进行检查。

376. 卷材防水屋面工程屋面找平层施工质量控制要求包括哪些方面？

（1）防水层基层采用水泥砂浆、细石混凝土或沥青砂浆的整体找平层。

（2）找平层的厚度和技术要求应符合表 7-86 的规定。

表 7-86　找平层厚度和技术要求

类别	基层种类	厚度（mm）	技术要求
水泥砂浆找平层	整体混凝土	15～20	1:2.5～1:3（水泥:砂）体积比，水泥强度等级不低于 32.5 级
	整体或板状材料保温层	20～25	
	装配式混凝土板，松散材料保温层	20～30	
细石混凝土找平层	松散材料保温层	30～35	混凝土强度等级不低于 C20
沥青砂浆找平层	整体混凝土	15～20	1:8（沥青:砂）质量比
	装配式混凝土板，整体或板状材料保温层	20～25	

（3）找平层的基层采用装配式钢筋混凝土板时，应符合下列规定：

1）板端、侧缝应用细石混凝土灌缝，其强度等级不应低于 C20。

2）板缝宽度大于 40mm 或上窄下宽时，板缝内应设置构造钢筋。

3）板端缝应进行密封处理。

（4）找平层的排水坡度应符合设计要求。平屋面采用结构找坡不应小于 3%，采用材料找坡宜为 2%；天沟、檐沟纵向找坡不应小于 1%，沟底水落差不得超过 200mm。

（5）基层与凸出屋面结构（女儿墙、山墙、天窗壁、变形缝、烟囱等）的交接处和基层的转角处，找平层均应做成圆弧形，圆弧半径应符合表 7-87 的要求。内部排水的水落口周围，找平层应做成略低的凹坑。

表 7-87　转角处圆弧半径

卷材种类	圆弧半径（mm）
沥青防水卷材	100～150
高聚物改性沥青防水卷材	50
合成高分子防水卷材	20

（6）找平层宜设分格缝，并嵌填密封材料。分格缝应留设在板端缝处，其纵横缝的最大间距：水泥砂浆或细石混凝土找平层，不宜大于 6m；沥青砂浆找平层，不宜大于 4m。

（7）主控项目

1）找平层的材料质量及配合比，必须符合设计要求。

检验方法：检查出厂合格证、质量检验报告和计量措施。

2）屋面（含天沟、檐沟）找平层的排水坡度，必须符合设计要求。

检验方法：用水平仪（水平尺）、拉线和尺量检查。

（8）一般项目

1）基层与凸出屋面结构的交接处和基层的转角处，均应做成圆弧形，且整齐平顺。

检验方法：观察和尺量检查。

2）水泥砂浆、细石混凝土找平层应平整、压光，不得有酥松、起砂、起皮现象；沥青砂浆找平层不得有拌合不匀、蜂窝现象。

3）找平层分格缝的位置和间距应符合设计要求。

检验方法：观察和尺量检查。

4）找平层表面平整度的允许偏差为5mm。

检验方法：用2m靠尺和楔形塞尺检查。

377. 卷材防水屋面工程屋面保温层施工质量控制要求包括哪些方面？

（1）屋面保温层采用松散、板状材料或整体现浇（喷）保温层。

（2）保温层应干燥，封闭式保温层的含水率应相当于该材料在当地自然风干状态下的平衡含水率。

（3）屋面保温层干燥有困难时，应采用排汽措施。

（4）倒置式屋面应采用吸水率小、长期浸水不腐烂的保温材料。保温层上应用混凝土等块材、水泥砂浆或卵石做保护层；卵石保护层与保温层之间，应干铺一层无纺聚酯纤维布做隔离层。

（5）松散材料保温层施工应符合下列规定：

1）铺设松散材料保温层的基层应平整、干燥和干净。

2）保温层含水率应符合设计要求。

3）松散保温材料应分层铺设并压实，压实的程度与厚度应经试验确定。

444

4）保温层施工完成后，应及时进行找平层和防水层的施工；雨期施工时，保温层应采取遮盖措施。

（6）板状材料保温层施工应符合下列规定：

1）板状材料保温层的基层应平整、干燥和干净。

2）板状保温材料应紧靠在需保温的基层表面上，并应铺平垫稳。

3）分层铺设的板块上下层接缝应相互错开，板间缝隙应采用同类材料嵌填密实。

4）粘贴的板状保温材料应贴严、粘牢。

（7）整体现浇（喷）保温层施工应符合下列规定：

1）沥青膨胀蛭石、沥青膨胀珍珠岩宜用机械搅拌，并应色泽一致，无沥青团；压实程度根据试验确定，其厚度应符合设计要求，表面应平整。

2）硬质聚氨酯泡沫塑料应按配比准确计量，发泡厚度均匀一致。

（8）主控项目

1）保温材料的堆积密度或表观密度、导热系数以及板材的强度、吸水率，必须符合设计要求。

检验方法：检查出厂合格证、质量检验报告和现场抽样复验报告。

2）保温层的含水率必须符合设计要求。

检验方法：检查现场抽样检验报告。

（9）一般项目

1）保温层的铺设应符合下列要求：

①松散保温材料：分层铺设，压实适当，表面平整，找坡正确。

②板状保温材料：紧贴（靠）基层，铺平垫稳，拼缝严密，找坡正确。

③整体现浇保温层：拌合均匀，分层铺设，压实适当，表面平整，找坡正确。

检验方法：观察检查。

2）保温层厚度的允许偏差：松散保温材料和整体现浇保温层为 + 10%， - 5%；板状保温材料为 ± 5%，且不得大于 4mm。

检验方法：用钢针插入和尺量检查。

3）当倒置式屋面保护层采用卵石铺压时，卵石应分布均匀，卵石的质（重）量应符合设计要求。

检验方法：观察检查和按堆积密度计算其质（重）量。

378. 卷材防水屋面工程屋面卷材防水层施工质量控制要求包括哪些方面？

（1）卷材防水层的防水等级为 I ~ IV 级的屋面防水。

（2）卷材防水层应采用高聚物改性沥青防水卷材、合成高分子防水卷材或沥青防水卷材。所选用的基层处理剂、接缝胶粘剂、密封材料等配套材料应与铺贴的卷材材性相容。

（3）在坡度大于 25% 的屋面上采用卷材做防水层时，应采取固定措施。固定点应密封严密。

（4）铺设屋面隔汽层和防水层前，基层必须干净、干燥。

干燥程度的简易检验方法，是将 $1m^2$ 卷材平坦地干铺在找平层上，静置 3 ~ 4h 后掀开检查，找平层覆盖部位与卷材上未见水印即可铺设。

（5）卷材铺贴方向应符合下列规定：

1）屋面坡度小于 3% 时，卷材宜平行屋脊铺贴。

2）屋面坡度在 3% ~ 15% 时，卷材可平行或垂直屋脊铺贴。

3）屋面坡度大于 15% 或屋面受振动时，沥青防水卷材应垂直屋脊铺贴，高聚物改性沥青防水卷材和合成高分子防水卷材可平行或垂直屋脊铺贴。

4）上下层卷材不得相互垂直铺贴。

（6）卷材厚度选用应符合表 7-88 的规定。

表 7-88 卷材厚度选用表

屋面防水等级	设防道数	合成高分子防水卷材	高聚物改性沥青防水卷材	沥青防水卷材
I	三道或二道以上设防	不应小于 1.5mm	不应小于 3mm	—
II	二道设防	不应小于 1.2mm	不应小于 3mm	—
III	一道设防	不应小于 1.2mm	不应小于 4mm	三毡四油
IV	一道设防	—	—	二毡三油

（7）铺贴卷材采用搭接法时，上下层及相邻两幅卷材的搭接缝应错开。各种卷材搭接宽度应符合表 7-89 的要求。

表 7-89 卷材搭接宽度 （mm）

卷材种类 \ 铺贴方法		短边搭接		长边搭接	
		满粘法	空铺、点粘、条粘	满粘法	空铺、点粘、条粘
沥青防水卷材		100	150	70	100
高聚物改性沥青防水卷材		80	100	80	100
合成高分子防水卷材	胶粘剂	80	100	80	100
	胶粘带	50	65	50	60
	单缝焊	60，有效焊接宽度不小于 25		60，有效焊接宽度不小于 25	
	双缝焊	80，有效焊接宽度 10×2 +空腔宽		80，有效焊接宽度 10×2 +空腔宽	

（8）冷粘法铺贴卷材应符合下列规定：

1）胶粘剂涂刷应均匀，不露底，不堆积。

2）根据胶粘剂的性能，应控制胶粘剂涂刷与卷材铺贴的间隔时间。

379. 涂膜防水屋面工程施工质量控制要求包括哪些方面？

（1）屋面找平层

涂膜防水屋面找平层工程与卷材防水屋面工程找平层规定

相同。

（2）屋面保温层

涂膜防水屋面保温层工程与卷材防水屋面工程保温层规定相同。

（3）涂膜防水层

1）涂膜防水屋面涂膜防水层的防水等级为Ⅰ～Ⅳ级屋面防水。

2）防水涂料应采用高聚物改性沥青防水涂料、合成高分子防水涂料。

3）防水涂膜施工应符合下列规定：

①涂膜应根据防水涂料的品种分层、分遍涂布，不得一次涂成。

②应待先涂的涂层干燥成膜后，方可涂后一遍涂料。

③需铺设胎体增强材料时，屋面坡度小于15%时可平行屋脊铺设，屋面坡度大于15%时应垂直于屋脊铺设。

④胎体长边搭接宽度不应小于50mm，短边搭接宽度不应小于70mm。

⑤采用两层胎体增强材料时，上下层不得相互垂直铺设，搭接缝应错开，其间距不应小于幅宽的1/3。

（4）涂膜厚度选用应符合表7-90的规定

表7-90　涂膜厚度选用表

屋面防水等级	设防道数	高聚物改性沥青防水涂料	合成高分子防水涂料
Ⅰ	三道或二道以上设防	—	不应小于1.5mm
Ⅱ	二道设防	不应小于3mm	不应小于1.5mm
Ⅲ	一道设防	不应小于3mm	不应小于2mm
Ⅳ	一道设防	不应小于2mm	—

（5）屋面基层的干燥程度应视所用涂料特性确定。当采用溶剂型涂料时，屋面基层应干燥。

（6）多组分涂料应按配合比准确计量，搅拌均匀，并应根据

448

有效时间确定使用量。

（7）天沟、檐沟、檐口、泛水和立面涂膜防水层的收头，应用防水涂料多遍涂刷或用密封材料封严。

（8）涂膜防水层完工并经验收合格后，应做好成品保护。

（9）主控项目

1）防水涂料和胎体增强材料必须符合设计要求。

检验方法：检查出厂合格证、质量检验报告和现场抽样复验报告。

2）涂膜防水层不得有渗漏水或积水现象。

检验方法：雨后或淋水、蓄水检验。

3）涂膜防水层在天沟、檐沟、檐口、水落口、泛水、变形缝和伸出屋面管道的防水构造，必须符合设计要求。

检验方法：观察检查和检查隐蔽工程验收记录。

（10）一般项目

1）涂膜防水层的平均厚度应符合设计要求，最小厚度不应小于设计厚度的80%。

检验方法：针测法检查或取样量测。

2）涂膜防水层与基层应粘结牢固，表面平整，涂刷均匀，无流淌、皱折、鼓泡、露胎体和翘边等缺陷。

检验方法：观察检查。

3）涂膜防水层上的撒布材料或浅色涂料保护层应铺撒或涂刷均匀，粘结牢固；水泥砂浆、块材或细石混凝土保护层与涂膜防水层间应设置隔离层；刚性保护层的分格缝留置应符合设计要求。

检验方法：观察检查。

380. 细石混凝土刚性防水层屋面工程施工质量控制要求包括哪些方面？

（1）细石混凝土刚性防水层屋面工程的防水等级为Ⅰ～Ⅲ级

的屋面防水；不适用于设有松散材料保温层的屋面以及受较大振动或冲击的和坡度大于15%的建筑屋面。

（2）细石混凝土不得使用火山灰质水泥；当采用矿渣硅酸盐水泥时，应采用减少泌水性的措施。粗骨料含泥量不应大于1%，细骨料含泥量不应大于2%。

混凝土水灰比不应大于0.55；每立方米混凝土水泥用量不得少于330kg；含砂率宜为35%～40%；灰砂比宜为1∶2～1∶2.5；混凝土强度等级不应低于C20。

（3）混凝土中掺加膨胀剂、减水剂、防水剂等外加剂时，应按配合比准确计量，投料顺序得当，并应采用机械搅拌、机械振捣。

（4）细石混凝土防水层的分格缝，应设在屋面板的支承端、屋面转折处、防水层与凸出屋面结构的交接处，其纵横间距不宜大于6m。分格缝内应嵌填密封材料。

（5）细石混凝土防水层的厚度不应小于40mm，并应配置双向钢筋网片。钢筋网片在分格缝处应断开，其保护层厚度不应小于10mm。

（6）细石混凝土防水层与立墙及凸出屋面结构等交接处，均应做柔性密封处理；细石混凝土防水层与基层间宜设置隔离层。

（7）主控项目

1）细石混凝土的原材料及配合比必须符合设计要求。

检验方法：检查出厂合格证、质量检验报告、计量措施和现场抽样复验报告。

2）细石混凝土防水层不得有渗漏或积水现象。

检验方法：雨后或淋水、蓄水检验。

3）细石混凝土防水层在天沟、檐沟、檐口、水落口、泛水、变形缝和伸出屋面管道的防水构造，必须符合设计要求。

检验方法：观察检查和检查隐蔽工程验收记录。

（8）一般项目

1）细石混凝土防水层应表面平整、压实抹光，不得有裂缝、起壳、起砂等缺陷。

检验方法：观察检查。

2）细石混凝土防水层的厚度和钢筋位置应符合设计要求。

检验方法：观察和尺量检查。

3）细石混凝土分格缝的位置和间距应符合设计要求。

检验方法：观察和尺量检查。

4）细石混凝土防水层表面平整度的允许偏差为5mm。

检验方法：用2m靠尺和楔形塞尺检查。

381. 刚性防水层屋面工程密封材料嵌缝施工质量控制要求包括哪些方面？

（1）刚性防水屋面分格缝以及天沟、檐沟、泛水、变形缝等细部构造的密封处理。

（2）密封防水部位的基层质量应符合下列要求：

1）基层应牢固，表面应平整、密实，不得有蜂窝、麻面、起皮和起砂现象。

2）嵌填密封材料的基层应干净、干燥。

（3）密封防水处理连接部位的基层，应涂刷与密封材料相配套的基层处理剂。基层处理剂应配比准确、搅拌均匀。采用多组分基层处理剂时，应根据有效时间确定使用量。

（4）接缝处的密封材料底部应填放背衬材料，外露的密封材料上应设置保护层，其宽度不应小于200mm。

（5）密封材料嵌填完成后不得碰损及污染，固化前不得踩踏。

（6）主控项目

1）密封材料的质量必须符合设计要求。

检验方法：检查产品出厂合格证、配合比和现场抽样复验报告。

2）密封材料嵌填必须密实、连续、饱满、粘结牢固，无气泡、开裂、脱落等缺陷。

检验方法：观察检查。

（7）一般项目

1）嵌填密封材料的基层应牢固、干净、干燥，表面应平整、密实。

检验方法：观察检查。

2）密封防水接缝宽度的允许偏差为±10%，接缝深度为宽度的0.5~0.7倍。

检验方法：尺量检查。

3）嵌填的密封材料表面应平滑，缝边应顺直，无凹凸不平现象。

检验方法：观察检查。

382. 金属板材屋面工程施工质量控制要求包括哪些方面？

（1）金属板材屋面工程的防水等级为Ⅰ~Ⅲ级的屋面。

（2）金属板材屋面与立墙及凸出屋面结构等交接处，均应做泛水处理。两板间应放置通长密封条；螺栓拧紧后，两板的搭接口处应用密封材料封严。

（3）压型板应采用带防水垫圈的镀锌螺栓（螺钉）固定，固定点应设在波峰上。所有外露的螺栓（螺钉）均应涂抹密封材料保护。

（4）压型板屋面的有关尺寸应符合下列要求：

1）压型板的横向搭接不小于一个波，纵向搭接不小于200mm。

2）压型板挑出墙面的长度不小于200mm。

3）压型板伸入檐沟内的长度不小于150mm。

4）压型板与泛水的搭接宽度不小于200mm。

（5）主控项目

1）金属板材及辅助材料的规格和质量，必须符合设计要求。

检验方法：检查出厂合格证和质量检验报告。

2）金属板材的连接和密封处理必须符合设计要求，不得有渗漏现象。

检验方法：观察检查和雨后或淋水检验。

（6）一般项目

1）金属板材屋面应安装平整，固定方法正确，密封完整；排水坡度应符合设计要求。

检验方法：观察和尺量检查。

2）金属板材屋面的檐口线、泛水段应顺直，无起伏现象。

检验方法：观察检查。

383. 架空隔热屋面工程施工质量控制要求包括哪些方面？

（1）架空隔热层的高度应按照屋面宽度或坡度大小的变化确定。如设计无要求，一般以 100~300mm 为宜。当屋面宽度大于10m 时，应设置通风屋脊。

（2）架空隔热制品支座底面的卷材、涂膜防水层上应采取加强措施，操作时不得损坏已完工的防水层。

（3）架空隔热制品的质量应符合下列要求：

1）非上人屋面的黏土砖强度等级不应低于 MU7.5；上人屋面的黏土砖强度等级不应低于 MU10。

2）混凝土板的强度等级不应低于 C20，板内宜加放钢丝网片。

（4）主控项目

架空隔热制品的质量必须符合设计要求，严禁有断裂和露筋等缺陷。

检验方法：观察检查和检查构件合格证或试验报告。

（5）一般项目

1）架空隔热制品的铺设应平整、稳固，缝隙勾填应密实；架空隔热制品距山墙或女儿墙不得小于250mm，架空层中不得堵塞，架空高度及变形缝做法应符合设计要求。

检验方法：观察和尺量检查。

2）相邻两块制品的高低差不得大于3mm。

检验方法：用直尺和楔形塞尺检查。

384. 屋面工程细部构造施工质量控制要求包括哪些方面？

（1）屋面工程细部构造是指屋面的天沟、檐沟、檐口、泛水、水落口、变形缝、伸出屋面管道等防水构造。

（2）用于细部构造处理的防水卷材、防水涂料和密封材料的质量，均应符合规范有关规定的要求。

（3）卷材或涂膜防水层在天沟、檐沟与屋面交接处、泛水、阴阳角等部位，应增加卷材或涂膜附加层。

（4）天沟、檐沟的防水构造应符合下列要求：

1）沟内附加层在天沟、檐沟与屋面交接处宜空铺，空铺的宽度不应小于200mm。

2）卷材防水层应由沟底翻上至沟外檐顶部，卷材收头应用水泥钉固定，并用密封材料封严。

3）涂膜收头应用防水涂料多遍涂刷或用密封材料封严。

4）在天沟、檐沟与细石混凝土防水层的交接处，应留凹槽并用密封材料嵌填严密。

（5）檐口的防水构造应符合下列要求：

1）铺贴檐口800mm范围内的卷材应采取满粘法。

2）卷材收头应压入凹槽，采用金属压条钉压，并用密封材料封口。

3）涂膜收头应用防水涂料多遍涂刷或用密封材料封严。

4）檐口下端应抹出鹰嘴和滴水槽。

（6）女儿墙泛水的防水构造应符合下列要求：

1）铺贴泛水处的卷材应采取满粘法。

2）砖墙上的卷材收头可直接铺压在女儿墙压顶下，压顶应做防水处理；也可压入砖墙凹槽内固定密封，凹槽距屋面找平层不应小于250mm，凹槽上部的墙体应做防水处理。

3）涂膜防水层应直接涂刷至女儿墙的压顶下，收头处理应用防水涂料多遍涂刷封严，压顶应做防水处理。

4）混凝土墙上的卷材收头应采用金属压条钉压，并用密封材料封严。

（7）水落口的防水构造应符合下列要求：

1）水落口杯上口的标高应设置在沟底的最低处。

2）防水层贴入水落口杯内不应小于50mm。

3）水落口周围直径500mm范围内的坡度不应小于5%，并采用防水涂料或密封材料涂封，其厚度不应小于2mm。

4）水落口杯与基层接触处应留宽20mm、深20mm凹槽，并嵌填密封材料。

（8）变形缝的防水构造应符合下列要求：

1）变形缝的泛水高度不应小于250mm。

2）防水层应铺贴到变形缝两侧砌体的上部。

3）变形缝内应填充聚苯乙烯泡沫塑料，上部填放衬垫材料，并用卷材封盖。

4）变形缝顶部应加扣混凝土或金属盖板，混凝土盖板的接缝应用密封材料嵌填。

（9）伸出屋面管道的防水构造应符合下列要求：

1）管道根部直径500mm范围内，找平层应抹出高度不小于30mm的圆台。

2）管道周围与找平层或细石混凝土防水层之间，应预留20mm×20mm的凹槽，并用密封材料嵌填严密。

3）管道根部四周应增设附加层，宽度和高度均不应小于300mm。

4）管道上的防水层收头处应用金属箍紧固，并用密封材料封严。

（10）主控项目

1）天沟、檐沟的排水坡度，必须符合设计要求。

检验方法：用水平仪（水平尺）、拉线和尺量检查。

2）天沟、檐沟、檐口、水落口、泛水、变形缝和伸出屋面管道的防水构造，必须符合设计要求。

检验方法：观察检查和检查隐蔽工程验收记录。

385. 屋面分部工程验收要求有哪些规定？

（1）屋面工程施工应按工序或分项工程进行验收，构成分项工程的各检验批应符合相应质量标准的规定。

（2）屋面工程验收的文件和记录应按表7-91的要求执行。

表7-91　屋面工程验收的文件和记录

序号	项　目	文件和记录
1	防水设计	设计图纸及会审记录、设计变更通知单和材料代用核定单
2	施工方案	施工方法、技术措施、质量保证措施
3	技术交底记录	施工操作要求及注意事项
4	材料质量证明文件	出厂合格证、质量检验报告和试验报告
5	中间检查记录	分项工程质量验收记录、隐蔽工程验收记录、施工检验记录、淋水或蓄水检验记录
6	施工日志	逐日施工情况
7	工程检验记录	抽样质量检验及观察检查
8	其他技术资料	事故处理报告、技术总结

（3）屋面工程隐蔽验收记录应包括以下主要内容：

1）卷材、涂膜防水层的基层。

2）密封防水处理部位。

3）天沟、檐沟、泛水和变形缝等细部做法。

4）卷材、涂膜防水层的搭接宽度和附加层。

5）刚性保护层与卷材、涂膜防水层之间设置的隔离层。

（4）屋面工程质量应符合下列要求：

1）防水层不得有渗漏或积水现象。

2）使用的材料应符合设计要求和质量标准的规定。

3）找平层表面应平整，不得有酥松、起砂、起皮现象。

4）保温层的厚度、含水率和表观密度应符合设计要求。

5）天沟、檐沟、泛水和变形缝等构造，应符合设计要求。

6）卷材铺贴方法和搭接顺序应符合设计要求，搭接宽度正确，接缝严密，不得有皱折、鼓泡和翘边现象。

7）涂膜防水层的厚度应符合设计要求，涂层无裂纹、皱折、流淌、鼓泡和露胎体现象。

8）刚性防水层表面应平整、压光，不起砂，不起皮，不开裂。分格缝应平直、位置正确。

9）嵌缝密封材料应与两侧基层粘牢，密封部位光滑、平直，不得有开裂、鼓泡、下塌现象。

10）平瓦屋面的基层应平整、牢固，瓦片排列整齐、平直，搭接合理，接缝严密，不得有残缺瓦片。

（5）检查屋面有无渗漏、积水和排水系统是否畅通，应在雨后或持续淋水 2h 后进行。有可能做蓄水检验的屋面，其蓄水时间不应少于24h。

（6）屋面工程验收后，应填写分部工程质量验收记录，交建设单位和施工单位存档。

386. 防水混凝土拌制和浇筑过程施工质量应符合哪些规定？

防水混凝土拌制和浇筑过程施工质量应符合下列规定：

（1）拌制混凝土所用材料的品种、规格和用量，每工作班检查不应少于两次。每盘混凝土组成材料计量结果的允许偏差应符合表 7-92 的规定。

表 7-92　混凝土组成材料计量结果的允许偏差　（%）

混凝土组成材料	每盘计量	累计计量
水泥、掺合料	±2	±1
粗、细骨料	±3	±2
水、外加剂	±2	±1

注：累计计量仅适用于微机控制计量的搅拌站。

（2）混凝土在浇筑地点的坍落度，每工作班至少检查两次，坍落度试验应符合现行国家标准《普通混凝土拌合物性能试验方法标准》GB/T 50080 的有关规定。混凝土坍落度允许偏差应符合表 7-93 的规定。

表 7-93　混凝土坍落度允许偏差　　　　　　（mm）

规定坍落度	允许偏差
≤40	±10
40～90	±15
>90	±220

（3）泵送混凝土在交货地点的入泵坍落度，每工作班至少检查两次。混凝土入泵时的坍落度允许偏差应符合表 7-94 的规定。

表 7-94　混凝土入泵的坍落度允许偏差　　　（mm）

所需坍落度	允许偏差
≤100	±20
>100	±30

（4）当防水混凝土拌合物在运输后出现离析，必须进行二次搅拌。当坍落度损失后不能满足施工要求时，应加入原水胶比的水泥浆或掺加同品种的减水剂进行搅拌，严禁直接加水。

（5）防水混凝土抗压强度试件，应在混凝土浇筑地点随机取样后制作，并应符合下列规定：

1）同一工程、同一配合比的混凝土，取样频率与试件留置组数应符合现行国家标准《混凝土结构工程施工质量验收规范》GB 50204 的有关规定。

2）抗压强度试验应符合现行国家标准《普通混凝土力学性能试验方法标准》GB/T 50081 的有关规定。

3）结构构件的混凝土强度评定应符合现行国家标准《混凝土强度检验评定标准》GB/T 50107 的有关规定。

（6）防水混凝土抗渗性能应采用标准条件下养护混凝土抗渗试件的试验结果评定，试件应在混凝土浇筑地点随机取样后制作，并应符合下列规定：

1）连续浇筑混凝土每 500m³ 应留置一组 6 个抗渗试件，且每项工程不得少于两组；采用预拌混凝土的抗渗试件，留置组数应视结构的规模和要求而定。

2）抗渗性能试验应符合现行国家标准《普通混凝土长期性能和耐久性能试验方法标准》GB/T 50082 的有关规定。

（7）大体积防水混凝土的施工应采取材料选择、温度控制、保温保湿等技术措施。在设计许可的情况下，掺粉煤灰混凝土设计强度等级的龄期宜为 60d 或 90d。

（8）防水混凝土分项工程检验批的抽样检验数量，应按混凝土外露面积每 100m² 抽查 1 处，每处 10m²，且不少于 3 处。

387. 防水混凝土施工质量控制要求包括哪些方面？

防水混凝土施工质量控制要求包括以下方面：

（1）主控项目

1）防水混凝土的原材料、配合比及坍落度必须符合设计要求。

检验方法：检查产品合格证、产品性能检测报告、计量措施和材料进场检验报告。

2）防水混凝土的抗压强度和抗渗性能必须符合设计要求。

检验方法：检查混凝土抗压强度、抗渗性能检验报告。

3）防水混凝土结构的施工缝、变形缝、后浇带、穿墙管、埋设件等设置和构造必须符合设计要求。

检验方法：观察检查和检查隐蔽工程验收记录。

（2）一般项目

1）防水混凝土结构表面应坚实、平整，不得有露筋、蜂窝等缺陷；埋设件位置应准确。

检查方法：观察检查。

2）防水混凝土结构表面的裂缝宽度不应大于 0.2mm，且不得贯通。

检验方法：用刻度放大镜检查。

3）防水混凝土结构厚度不应小于250mm，其允许偏差应为+8mm、-5mm；主体结构迎水面钢筋保护层厚度不应小于50mm，其允许偏差应为±5mm。

4）检查方法：尺量检查和检查隐蔽工程验收记录。

388. 卷材防水层施工质量控制要求包括哪些方面？

（1）卷材防水层的施工应符合下列规定：

1）冷粘法铺贴卷材应符合下列规定：

①胶粘剂应涂刷均匀，不得露底、堆积。

②根据胶粘剂的性能，应控制胶粘剂涂刷与卷材铺贴的间隔时间。

③铺贴时不得用力拉伸卷材，排除卷材下面的空气，辊压粘贴牢固。

④铺贴卷材应平整、顺直，搭接尺寸准确，不得扭曲、皱折。

⑤卷材接缝部位应采用专用胶粘剂或胶粘带满粘，接缝口应用密封材料封严，其宽度不应小于10mm。

2）热熔法铺贴卷材应符合下列规定：

①火焰加热器加热卷材应均匀，不得加热不足或烧穿卷材。

②卷材表面热熔后应立即滚铺，排除卷材下面的空气，并粘贴牢固。

③铺贴卷材应平整、顺直，搭接尺寸准确，不得扭曲、皱折。

④卷材接缝部位应溢出热熔的改性沥青胶料，并粘贴牢固，封闭严密。

3）自粘法铺贴卷材应符合下列规定：

①铺贴卷材时，应将有黏性的一面朝向主体结构。

②外墙、顶板铺贴时，排除卷材下面的空气，辊压粘贴牢固。

③铺贴卷材应平整、顺直，搭接尺寸准确，不得扭曲、皱折

和出现气泡。

④立面卷材铺贴完成后，应将卷材端头固定，并应用密封材料封严。

⑤低温施工时，宜对卷材和基面采用热风适当加热，然后铺贴卷材。

4）卷材防水层完工并验收合格后应及时做保护层。保护层应符合下列规定：

①顶板的细石混凝土保护层与防水层之间宜设置隔离层。细石混凝土保护层厚度：机械回填时不宜小于 70mm，人工回填时不宜小于 50mm。

②底板的细石混凝土保护层厚度不应小于 50mm。

③侧墙宜采用软质保护材料或铺抹 20 厚 1:2.5 水泥砂浆。

5）卷材防水层分项工程检验批的抽样检验数量，应按铺贴面积 100m² 抽查 1 处，每处 10m²，且不得少于 3 处。

（2）卷材防水施工质量控制包括以下方面：

1）主控项目

①卷材防水层所用卷材及其配套材料必须符合设计要求。

检查方法：检查产品合格证、产品性能检测报告和材料进场检验报告。

②卷材防水层在转角处、变形缝、施工缝、穿墙管等部位做法必须符合设计要求。

检查方法：观察检查和检查隐蔽工程验收记录。

2）一般项目

①卷材防水层的搭接缝应粘贴或焊接牢固，密封严密，不得有扭曲、折皱、翘边和起泡等缺陷。

检验方法：观察检查。

②采用外防外贴法铺贴卷材防水层时，立面卷材接槎的搭接宽度：高聚物改性沥青类卷材应为 150mm，合成高分子类卷材应为 100mm，且上层卷材应盖过下层卷材。

检验方法：观察和尺量检查。

③侧墙卷材防水层的保护层和防水层应结合紧密，保护层厚度应符合设计要求。

检验方法：观察和尺量检查。

④卷材搭接宽度的允许偏差应为 −10mm。

检验方法：观察和尺量检查。

389. 水泥砂浆防水层施工质量控制要求包括哪些方面？

（1）水泥砂浆防水层施工应符合下列规定：

1）水泥砂浆的配制，应按所掺材料的技术要求准确计量。

2）分层铺抹或喷涂，铺抹时应压实、抹平，最后一层表面应提浆压光。

3）防水层各层应紧密粘合，每层宜连续施工；必须留设施工缝时，应采用阶梯坡形槎，但与阴阳角处的距离不得小于 200mm。

4）水泥砂浆终凝后应及时进行养护，养护温度不宜低于 5℃，并应保持砂浆表面湿润，养护时间不得少于 14d；聚合物水泥防水砂浆未达到硬化状态时，不得浇水养护或直接受雨水冲刷，硬化后应采用干湿交替的养护方法。潮湿环境中，可在自然条件下养护。

5）水泥砂浆防水层分项工程检验批的抽样检验数量，应按施工面积每 100m² 抽查 1 处，每处 10m²，且不得少于 3 处。

（2）水泥砂浆防水层施工质量控制包括以下方面：

1）主控项目

①防水砂浆的原材料及配合比必须符合设计规定。

检验方法：检查产品合格证、产品性能检测报告、计量措施和材料进场检验报告。

②防水砂浆的粘结强度和抗渗性能必须符合设计规定。

检验方法：检查砂浆粘结强度、抗渗性能检验报告。

③水泥砂浆防水层与基层之间应结合牢固，无空鼓现象。

检验方法：观察和用小锤轻击检查。

2）一般项目

①水泥砂浆防水层表面应密实、平整，不得有裂纹、起砂、麻面等缺陷。

检验方法：观察检查。

②水泥砂浆防水层施工缝留槎位置应正确，接槎应按层次顺序操作，层层搭接紧密。

检验方法：观察检查和检查隐蔽工程验收记录。

③水泥砂浆防水层的平均厚度应符合设计要求，最小厚度不得小于设计厚度的85%。

检查方法：用针测法检查。

④水泥砂浆防水层表面平整度的允许偏差应为5mm。

检验方法：用2m靠尺和楔形塞尺检查。

390. 涂料防水层施工质量控制要求包括哪些方面?

（1）涂料防水层的施工应符合下列规定：

1）多组分涂料应按配合比准确计量，搅拌均匀，并根据有效时间确定每次配制的用量。涂料应分层涂刷或喷涂，涂层应均匀，涂刷应待前遍涂层干燥成膜后进行。每遍涂刷时应交替改变涂层的涂刷方向，同层涂膜的先后搭压宽度宜为30~50mm。

2）涂料防水层的甩槎处接槎宽度不应小于100mm，接涂前应将其甩槎表面处理干净。采用有机防水涂料时，基层阴阳角处应做成圆弧；在转角处、变形缝、施工缝、穿墙管等部位应增加胎体增强材料和增涂防水涂料，宽度不应小于500mm。

3）胎体增强材料的搭接宽度不应小于10mm。上下两层相邻两幅胎体的接缝应错开1/3幅宽，且上下两层胎体不得相互垂直铺贴。

4）涂料防水层完工并经验收合格后应及时做保护层。保护层应符合规范有关规定。涂料防水层分项工程检验批的抽样检验数量，应按涂层面积每100m² 抽查1处，每处10m²，且不得少于

463

3 处。

（2）涂料防水层施工质量控制要求包括以下方面：

1）主控项目

①涂料防水层所用的材料及配合比必须符合设计要求。

检验方法：检查产品合格证、产品性能检测报告、计量措施和材料进场检验报告。

②涂料防水层的平均厚度应符合设计要求，最小厚度不得小于设计厚度的90%。

检验方法：用针测法检查。

③涂料防水层在转角处、变形缝、施工缝、穿墙管等部位做法必须符合设计要求。

检验方法：观察检查和检查隐蔽工程验收记录。

2）一般项目

①涂料防水层应与基层粘结牢固，涂刷均匀，不得流淌、鼓泡、露槎。

检验方法：观察检查。

②涂层间加铺胎体增强材料时，应使防水涂料浸透胎体、覆盖完全，不得有胎体外露现象。

检验方法：观察检查。

③侧墙涂料防水层的保护层与防水层应结合紧密，保护层厚度应符合设计要求。

检验方法：观察检查。

391. 施工缝施工质量控制要求包括哪些方面？

施工缝施工质量控制要求包括以下方面：

（1）主控项目

1）施工缝用止水带、遇水膨胀止水条或止水胶、水泥基渗透结晶型防水涂料和预埋注浆管必须符合设计要求。

检验方法：检查产品合格证、产品性能检测报告和材料进场检验报告。

2）施工缝防水构造必须符合设计要求。

检验方法：观察检查和检查隐蔽工程验收记录。

（2）一般项目

1）墙体水平施工缝应留设在高出底板表面不小于 300mm 的墙体上。拱、板与墙结合的水平施工缝，宜留在拱、板与墙交接处以下 150～300mm 处；垂直施工缝应避开地下水和裂隙水较多的地段，并宜与变形缝相结合。

检验方法：观察检查和检查隐蔽工程验收记录。

2）在施工缝处继续浇筑混凝土时，已浇筑的混凝土抗压强度不应小于 1.2MPa。

检查方法：观察检查和检查隐蔽工程验收记录。

3）水平施工缝浇筑混凝土前，应将其表面浮浆和杂物清除，然后铺设净浆、涂刷混凝土界面处理剂或水泥基渗透结晶型防水涂料，再铺 30～50mm 厚的 1:1 水泥砂浆，并及时浇筑混凝土。

检验方法：观察检查和检查隐蔽工程验收记录。

4）垂直施工缝浇筑混凝土前，应将其表面清理干净，再涂刷混凝土界面处理剂或水泥基渗透结晶型防水涂料，并及时浇筑混凝土。

检验方法：观察检查和检查隐蔽工程验收记录。

5）中埋式止水带及外贴式止水带埋设位置应准确，固定应牢靠。

检验方法：观察检查和检查隐蔽工程验收记录。

6）预埋注浆管应设置在施工缝断面中部，注浆管与施工缝基面应密贴并固定牢靠，固定间距宜为 200～300mm；注浆导管与注浆管的连接应牢固、严密，导管埋入混凝土内的部分应与结构钢筋绑扎牢固，导管的末端应临时封堵严密。

检验方法：观察检查和检查隐蔽工程验收记录。

392. 后浇带施工质量控制要求包括哪些方面？

后浇带施工质量控制要求包括以下方面：

（1）主控项目

1）后浇带用遇水膨胀止水条或止水胶、预埋注浆管、外贴式止水带必须符合设计要求。

检验方法：检查产品合格证、产品性能检测报告和材料进场检验报告。

2）补偿收缩混凝土的原材料及配合比必须符合设计要求。

检验方法：检查产品合格证、产品性能检测报告、计量措施和材料进场检验报告。

3）后浇带防水构造必须符合设计要求。

检验方法：观察检查和检查隐蔽工程验收记录。

4）采用掺膨胀剂的补偿收缩混凝土，其抗压强度、抗渗性能和限制膨胀率必须符合设计要求。

检验方法：检查混凝土抗压强度、抗渗性能和水中养护14d后的限制膨胀率检验报告。

（2）一般项目

1）补偿收缩混凝土浇筑前，后浇带部位和外贴式止水带应采取保护措施。

检验方法：观察检查。

2）后浇带两侧的接缝表面应先清理干净，再涂刷混凝土界面处理剂或水泥基渗透结晶型防水涂料；后浇混凝土的浇筑时间应符合设计要求。

检验方法：观察检查和检查隐蔽工程验收记录。

3）后浇带混凝土应一次浇筑，不得留设施工缝；混凝土浇筑后应及时养护，养护时间不得少于28d。

检验方法：观察检查和检查隐蔽工程验收记录。

393. 锚喷支护工程施工质量控制要求包括哪些方面？

（1）锚喷支护工程的施工应符合下列规定：

1）喷射混凝土施工前，应根据围岩裂隙和渗漏水的情况，预先采用引排或注浆堵水。喷射混凝土所用材料应符合下列规定：

①选用普通硅酸盐水泥或硅酸盐水泥。

②中砂或粗砂的细度模数宜不大于 2.5，含泥量不应大于 3.0%；干法喷射时，含水率宜为 5% ~7%。

③采用卵石或碎石，粒径不应大于 15mm，含泥量不应大于 10%；使用碱性速凝剂时，不得使用含有活性二氧化硅的石料。

④不含有害物质的洁净水。

⑤速凝剂的初凝时间不应大于 5min，终凝时间不应大于 10min。

⑥混合料必须计量准确，搅拌均匀，并应符合下列规定：

⑦水泥与砂石质量比宜为 1:4 ~1:4.5，砂率宜为 45% ~55%，水胶比不得大于 0.45，外加剂和外掺料的掺量应通过试验确定。

⑧水泥和速凝剂称量允许偏差均为 ±2%，砂、石称量允许偏差均为 ±3%。混合料在运输和存放过程中严防受潮，存放时间不应超过 2h；当掺入速凝剂时，存放时间不应超过 20min。

2）喷射混凝土终凝 2h 后应采取喷水养护，养护时间不得少于 14d；当气温低于 5℃时，不得喷水养护。

（2）锚喷支护工程施工质量控制要求包括以下方面：

1）主控项目。

①喷射混凝土所用原材料、混合料配合比及钢筋网、锚杆、钢拱架等必须符合设计要求。

检验方法：检查产品合格证、产品性能检测报告、计量措施和材料进场检验报告。

②喷射混凝土抗压强度、抗渗性能和锚杆抗拔力必须符合设计要求。

检验方法：检查混凝土抗压强度、抗渗性能检验报告和锚杆抗拔力检验报告。

③锚喷支护的渗漏量必须符合设计要求。

检验方法：观察检查和检查渗漏水检测记录。

2）一般项目。

①喷层与围岩以及喷层之间应粘结紧密，不得有空鼓现象。

检验方法：用小锤轻击检查。

②喷层厚度有 60% 以上检查点不应小于设计厚度，最小厚度不得小于设计厚度的 50%，且平均厚度不得小于设计厚度。

检查方法：用针探法或凿孔法检查。

③喷射混凝土应密实、平整，无裂缝、脱落、漏喷、露筋。

检验方法：观察检查。

④喷射混凝土表面平整度 D/L 不得大于 1/6。

检查方法：尺量检查。

394. 渗排水、盲沟排水工程施工质量控制要求包括哪些方面？

（1）渗排水、盲沟排水工程的施工应符合下列规定：

1）渗排水适用于无自流排水条件、防水要求较高且有抗浮要求的地下工程。盲沟排水适用于地基为弱透水性土层、地下水量不大或排水面积较小、地下水位在结构底板以下或在丰水期地下水位高于结构底板的地下工程。

2）渗排水应符合下列规定：

①渗排水层用砂、石应洁净，含泥量不应大于 2.0%。

②粗砂过滤层总厚度宜为 300mm，如较厚时应分层铺填；过滤层与基坑土层接触处，应采用厚度为 100 ~ 150mm、粒径为 5 ~ 10mm 的石子铺填。

③集水管应设置在粗砂过滤层下部，坡度不宜小于 1%，且不得有倒坡现象。集水管之间的距离宜为 5 ~ 10mm，并与集水井相通。

④工程底板与渗排水层之间应做隔浆层，建筑周围的渗排水

层顶面应做散水坡。

3）盲沟排水应符合下列规定：

①盲沟成型尺寸和坡度应符合设计要求。

②盲沟的类型及盲沟与基础的距离应符合设计要求。

③盲沟用砂、石应洁净，含泥量不应大于2.0%。

④盲沟反滤层的层次和粒径组成应符合表7-95的规定。

表7-95　盲沟反滤层的层次和粒径组成

反滤层的层次	建筑物地区地层为砂性土时 （塑性指数 $I_p < 3$）	建筑物地区地层为黏性土时 （塑性指数 $I_p > 3$）
第一层（贴天然土）	用 1~3mm 粒径砂子组成	用 2~5mm 粒径砂子组成
第二层	用 3~10mm 粒径小卵石组成	用 5~10mm 粒径小卵石组成

⑤盲沟在转弯处和高低处应设置检查井，出水口处应设置滤水算子。

4）渗排水、盲沟排水均应在地基工程验收合格后进行施工。

5）渗排水、盲沟排水分项工程检验批的抽样检验数量，应按10%抽查，其中按两轴线间或10延米为1处，且不得少于3处。

（2）渗排水、盲沟排水分项工程施工质量控制要求包括以下方面：

1）主控项目

①盲沟反滤层的层次和粒径组成必须符合设计要求。

检验方法：检查砂、石试验报告和隐蔽工程验收记录。

②集水管的埋置深度和坡度必须符合设计要求。

检验方法：观察和尺量检查。

2）一般项目

①渗排水构造应符合设计要求。

检验方法：观察检查和检查隐蔽工程验收记录。

②渗排水层的铺设应分层、铺平、拍实。

检验方法：观察检查和检查隐蔽工程验收记录。

③盲沟排水构造应符合设计要求。

检验方法：观察检查和检查隐蔽工程验收记录。

④集水管采用平接式或承插式接口应连接牢固，不得扭曲、变形和错位。

检验方法：观察检查。

395. 地下防水工程子分部工程质量验收要求有哪些规定？

（1）地下防水工程竣工和记录资料应符合表7-96的规定。

表7-96　地下防水工程竣工和记录资料规定

序号	项　目	竣工和记录资料
1	防水设计	施工图、设计交底记录、图纸会审记录、设计变更通知单和材料代用核定单
2	资质、资格证明	施工单位资质及施工人员上岗证复印证件
3	施工方案	施工方法、技术措施、质量保证措施
4	技术交底	施工操作要求及安全等注意事项
5	材料质量证明	产品合格证、产品性能检测报告、材料进场检验报告
6	混凝土、砂浆质量证明	试配及施工配合比、混凝土抗压强度、抗渗性能检验报告、砂浆粘结强度
7	中间检查记录	施工质量验收记录、隐蔽工程验收记录、施工检查记录
8	检验记录	渗漏水检测记录、观感质量检查记录
9	施工日志	逐日施工情况
10	其他资料	事故处理报告、技术总结

（2）地下防水工程应对下列部位做好隐蔽工程验收记录：

1）防水层的基层。

2）防水混凝土结构和防水层被掩盖的部位。

3）变形缝、施工缝等防水构造的做法。

4）管道穿过防水层的封固部位。

5）渗（排）水层、盲沟和坑槽。

6）结构裂缝注浆处理部位。

7）衬砌前围岩渗漏水处理部位。

8）基坑的超挖和回填。

（3）地下防水工程观感质量检查应符合下列规定：

1）防水混凝土应密实，表面应平整，不得有露筋、蜂窝等缺陷；裂缝宽度不得大于0.2，并不得贯通。

2）水泥砂浆防水层应密实、平整、粘结牢固，不得有空鼓、裂纹、起砂、麻面等缺陷；防水层厚度应符合设计要求。

3）卷材防水层接缝应粘结牢固、封闭严密，防水层不得有损伤、空鼓、皱折等缺陷。

4）涂层防水层应粘结牢固，不得有脱皮、流淌、鼓泡、露胎、皱折等缺陷；涂层厚度应符合设计要求。

5）塑料防水板防水层应铺设牢固、平整，搭接焊缝严密，不得有下垂、绷紧、破损现象。

6）金属板防水层焊缝不得有裂纹、未熔合、夹渣、焊瘤、咬边、烧穿、弧坑、针状气孔等缺陷。

7）变形缝、施工缝、后浇带、穿墙管、埋设件、预留通道、接头、桩头、孔口、坑、池等防水构造应符合设计要求。

8）排水系统不淤积、不堵塞，确保排水畅通。

9）结构裂缝的注浆效果应符合设计要求。

（4）地下防水工程验收，应填写子分部工程质量验收记录，随同工程验收资料分别由建设单位和施工单位存档。

396. 扣件式钢管脚手架搭设施工前应注意做好哪些施工准备工作？

（1）脚手架搭设前，应按专项施工方案向施工人员进行交底。

1）单位工程负责人交底时，应注意方案中设计计算使用条件与工程实际工况条件是否相符的问题。

2）监理工程师检查交底记录时，对以上问题的检查是重点检查内容。

（2）应按扣件式钢管脚手架规范的规定和脚手架专项施工方案要求对钢管、扣件、脚手板、可调托撑等进行检查验收，不合格产品不得使用。

（3）经检验合格的构配件应按品种、规格分类，堆放整齐、平稳，堆放场地不得有积水。

（4）应清除搭设场地杂物，平整搭设场地，并应使排水畅通。

397. 扣件式钢管脚手架搭设对地基与基础的施工有哪些要求？

（1）脚手架地基与基础的施工，应根据脚手架所受荷载、搭设高度、搭设场地土质情况与现行国家标准《建筑地基基础工程施工质量验收规范》GB 50202 的有关规定进行。

（2）压实填土地基应符合现行国家标准《建筑地基基础设计规范》GB 50007 的相关规定；灰土地基应符合现行国家标准《建筑地基基础工程施工质量验收规范》GB 50202 的相关规定。

（3）立杆垫板或底座底面标高宜高于自然地坪 50～100mm。

（4）脚手架基础经验收合格后，应按施工组织设计或专项方案的要求放线定位。

398. 扣件式钢管脚手架搭设的具体要求有哪些？

（1）单、双排脚手架必须配合施工进度搭设，一次搭设高度不应超过相邻连墙件以上两步；如果超过相邻连墙件以上两步，无法设置连墙件时，应采取撑拉固定等措施与建筑结构拉结。

（2）每搭完一步脚手架后，应按规范的规定校正步距、纵距、横距及立杆的垂直度。

（3）底座安放应符合下列规定：

1）底座、垫板均应准确地放在定位线上。

2）垫板应采用长度不少于 2 跨、厚度不小于 50mm、宽度不小于 200mm 的木垫板。

（4）立杆搭设应符合下列规定：

1）相邻立杆的对接连接应符合规范的规定。

2）脚手架开始搭设立杆时，应每隔6跨设置一根抛撑，直至连墙件安装稳定后，方可根据情况拆除。

3）当架体搭设至有连墙件的主节点时，在搭设完该处的立杆、纵向水平杆、横向水平杆后，应立即设置连墙件。

（5）脚手架纵向水平杆的搭设应符合下列规定：

1）脚手架纵向水平杆应随立杆按步搭设，并应采用直角扣件与立杆固定。

2）纵向水平杆的搭设应符合规范的规定。

3）在封闭型脚手架的同一步中，纵向水平杆应四周交圈设置，并应用直角扣件与内外角部立杆固定。

（6）脚手架横向水平杆搭设应符合下列规定：

1）搭设横向水平杆应符合规范的规定。

2）双排脚手架横向水平杆的靠墙一端至墙装饰面的距离不应大于100mm。

3）单排脚手架的横向水平杆不应设置在下列部位：

①设计上不允许留脚手眼的部位。

②过梁上与过梁两端成60度角的三角形范围内及过梁净跨度1/2的高度范围内。

③宽度小于1m的窗间墙。

④梁或梁垫下及其两侧各500mm的范围内。

⑤砖砌体的门窗洞口两侧200mm和转角处450mm的范围内，其他砌体的门窗洞口两侧300mm和转角处600mm的范围内。

⑥墙体厚度小于或等于180mm。

⑦独立或附墙砖柱，空斗砖墙、加气块墙等轻质墙体。

⑧砌筑砂浆强度等级小于或等于M2.5的砖墙。

（7）脚手板的铺设应符合下列规定：

1）脚手板应铺满、铺稳，离地面的距离不应大于150mm。

2）采用对接或搭接时均应符合规范的规定；脚手板探头应

473

用直径 3.2mm 的镀锌钢丝固定在支承杆件上。

3）在拐角、斜道平台口处的脚手板，应用镀锌钢丝固定在横向水平杆上，防止滑动。

（8）扣件安装应符合下列规定：

1）扣件规格应与钢管外径相同。

2）螺栓拧紧扭力矩不应小于 40N·m，且不应大于 65N·m。

3）在主节点处固定横向水平杆、纵向水平杆、剪刀撑、横向斜撑等用的直角扣件、旋转扣件的中心点的相互距离不应大于 150mm。

4）对接扣件开口应朝上或朝内。

5）各杆件端头伸出扣件盖板边缘的长度不应小于 100mm。

（9）脚手架连墙件安装应符合下列规定：

1）连墙件的安装应随脚手架搭设同步进行，不得滞后安装。

2）当单、双排脚手架施工操作层高出相邻连墙件以上两步时，应采取确保脚手架稳定的临时拉结措施，直到上一层连墙件安装完毕后再根据情况拆除。

3）脚手架剪刀撑与单、双排脚手架横向斜撑应随立杆、纵向和横向水平杆等同步搭设，不得滞后安装。

399. 扣件式钢管脚手架拆除的具体要求有哪些？

（1）脚手架拆除应按专项方案施工，拆除前应做好下列准备工作：

1）应全面检查脚手架的扣件连接，连墙件、支撑体系等是否符合构造要求。

2）应根据检查结果补充完善脚手架专项方案中的拆除顺序和措施，经审批后方可实施。

3）拆除前应对施工人员进行交底。

4）应清除脚手架上杂物及地面障碍物。

（2）单、双排脚手架拆除作业必须由上而下逐层进行，严禁上下同时作业；连墙件必须随脚手架逐层拆除，严禁先将连墙件整层或数层拆除后再拆脚手架；分段拆除高差大于两步时，应增设连墙件加固。

（3）当脚手架拆至下部最后一根长立杆的高度（约6.5m）时，应先在适当位置搭设临时抛撑加固后，再拆除连墙件。当单、双排脚手架采取分段、分立面拆除时，对不拆除的脚手架两端，应先按规范的有关规定设置连墙件和横向斜撑加固。

（4）架体拆除作业应设专人指挥，当有多人同时操作时，应明确分工、统一行动，且应具有足够的操作面。

（5）卸料时各构配件严禁抛掷至地面。

400. 扣件式钢管脚手架管理要求是什么？

（1）扣件式钢管脚手架安装与拆除人员必须是经考核合格的专业架子工。架子工应持证上岗。

（2）搭拆脚手架人员必须戴安全帽、系安全带、穿防滑鞋。

（3）脚手架的构配件与搭设质量，应按规范的规定进行检查验收，并应确认合格后使用。

（4）钢管上严禁打孔。

（5）作业层上的施工荷载应符合设计要求，不得超载。不得将模板支架、缆风绳、泵送混凝土和砂浆的输送管等固定在架体上；严禁悬挂起重设备，严禁拆除或移动架体上安全防护设施。

（6）满堂支撑架在使用过程中，应设有专人监护施工，当出现异常情况时，应立即停止施工，并应迅速撤离作业面上人员。应在采取确保安全的措施后，查明原因、做出判断和处理。

（7）满堂支撑架顶部的实际荷载不得超过设计规定。

（8）当有六级强风及以上风、浓雾、雨雪天气时应停止脚手架搭设与拆除作业。雨、雪后上架作业应有防滑措施，并应扫除积雪。

（9）夜间不宜进行脚手架搭设与拆除作业。

（10）脚手架的安全检查与维护，应按规范的规定执行。

（11）脚手板应铺设牢靠、严实，并应用安全网双层兜底，施工层以下每隔 10 米应用安全网封闭。

（12）满堂脚手架与满堂支撑架在安装过程中，应采取防倾覆的临时固定措施。

（13）临街搭设脚手架时，外侧应有防止坠物伤人的防护措施。

（14）在脚手架上进行电、气焊作业时，应有防火措施和专人看守。

（15）工地临时用电线路的架设及脚手架接地、避雷措施等，应按现行行业标准《施工现场临时用电安全技术规范》JGJ 46 的有关规定执行。

（16）搭拆脚手架时，地面应设围栏和警戒标志，并应派专人看守，严禁非操作人员入内。

参考文献

[1] 建设工程监理概论（全国监理工程师培训考试教材）．北京：知识产权出版社，2010．

[2] 建设工程监理相关法规文件汇编（全国监理工程师培训考试教材）．北京：知识产权出版社，2010．

[3] 建设工程合同管理（全国监理工程师培训考试教材）．北京：知识产权出版社，2010．

[4] 建设工程投资控制（全国监理工程师培训考试教材）．北京：知识产权出版社，2010．

[5] 建设工程进度控制（全国监理工程师培训考试教材）．北京：知识产权出版社，2010．

[6] 建设工程质量控制（全国监理工程师培训考试教材）．北京：知识产权出版社，2010．

[7] 建设工程信息管理（全国监理工程师培训考试教材）．北京：知识产权出版社，2010．

[8] 吴锡桐．建设工程施工现场监理人员实用手册．上海：同济大学出版社，2010．

[9] 建设部标准定额司．工程建设标准强制性条文（房屋建筑部分）（2009版）．北京：中国计划出版社，2009．

[10] 刁爱国等．建设工程质量检测见证取样工作指南．南京：河海大学出版社，1999．

[11] 徐之新．建筑工地技术手册．北京：中国建材工业出版社，2002．

[12] 中华人民共和国国家标准．建筑工程施工质量验收统一标准（GB50300—2001）．北京：中国建筑工业出版社，2001．

[13] 中华人民共和国国家标准．建设工程文件归档整理规范（GB/T 50328—2001）．北京：中国建筑工业出版社，2001．

[14] 中华人民共和国国家标准．建设工程项目管理规范（GB/T 50326—2006）．北京：中国建筑工业出版社，2002．

[15] 中国建筑工程总公司　建筑地基基础工程施工质量标准 ZJQ—SG—014—2006．

[16] 中华人民共和国国家标准．砌体结构工程施工质量验收规范（GB

50209—2011). 北京：中国建筑工业出版社，2011.

［17］中华人民共和国国家标准．混凝土工程施工质量验收规范（GB 50204—2002). 北京：中国建筑工业出版社，2002.

［18］中华人民共和国国家标准．钢结构工程施工质量验收规范（GB 50205—2001). 北京：中国建筑工业出版社，2001.

［19］中华人民共和国国家标准．建筑装饰装修施工质量验收规范（GB 50210—2001). 北京：中国建筑工业出版社，2001.

［20］中华人民共和国国家标准．住宅装饰装修工程施工规范（GB 50327— 2001). 北京：中国建筑工业出版社，2001.

［21］中华人民共和国国家标准．建筑地面工程施工质量验收规范（GB 50209—2010). 北京：中国建筑工业出版社，2010.

［22］中华人民共和国国家标准．屋面工程质量验收规范（GB 50207—2002). 北京：中国建筑工业出版社，2002.

［23］中华人民共和国国家标准．地下防水工程质量验收规范（GB 50208— 2011). 北京：中国建筑工业出版社，2011.

［24］中华人民共和国行业标准．外墙饰面砖工程施工及验收规程（JGJ 126—2001). 北京：中国建筑工业出版社，2001.

［25］中华人民共和国行业标准．建筑施工安全检查标准（JGJ 59—2011). 北京：中国建筑工业出版社，2011.

［26］中华人民共和国行业标准．建筑施工扣件式钢管脚手架安全技术规范 （JGJ 130—2011). 北京：中国建筑工业出版社，2011.

［27］中华人民共和国行业标准．建筑桩基技术规范（JGJ 94—2008). 北京：中国建筑工业出版社，2008.

［28］中华人民共和国国家标准．《质量管理体系　基础和术语》（GB/T 19000—2008/ISO 9000：2005). 北京．中国建筑工业出版社．

［29］中华人民共和国行业标准．湿陷性黄土地区建筑基坑工程安全技术规 程（JGJ 167—2009). 北京：中国建筑工业出版社，2009.

［30］中华人民共和国行业标准．高层建筑岩土工程勘察规程（JGJ 72—2004). 北京：中国建筑工业出版社，2004.

［31］中华人民共和国行业标准．镇乡村建筑抗震技术规程（JGJ 161—2008). 北京：中国建筑工业出版社，2008.

［32］中华人民共和国行业标准．建筑节能工程施工质量验收规范（GB 50411—2007). 北京：中国建筑工业出版社，2007.

［33］ 中华人民共和国行业标准．高层建筑混凝土结构技术规程（JGJ 3—2010）．北京：中国建筑工业出版社，2010．

［34］ 中华人民共和国国家标准．建设工程监理规范（GB 50319—2000）．北京：中国建筑工业出版社，2000．

［35］ 中华人民共和国国家标准．建筑内部装修防火施工及验收规范（GB 50354—2005）．北京：中国计划出版社，2005．

［36］ 《节约能源法》中华人民共和国主席令　第 77 号．

［37］ 《民用建筑节能条例》中华人民共和国国务院令　第 530 号．

［38］ 《建筑施工企业安全生产许可证管理规定》中华人民共和国建设部令　第 128 号．

［39］ 《房屋建筑和市政基础设施工程竣工验收备案管理办法》中华人民共和建设部令　第 78 号．

［40］ 《建筑工程施工发包与承包计价管理办法》中华人民共和国建设部令　第 107 号．